The World of Antique Toys

JAC AND FRÉDÉRIC REMISE

De gauche à droite : Frédéric Remise, Jac Remise, Jacques Milet, le comte Antonio Giansanti-Coluzzi, Daniel Rémy, Francis Boucrot, Walter Störchli, Jean Alsac et Peter Ottenheimer. Ce jouet Tipp Co., rallongé pour la composition, mesure en réalité 44,5 cm (coll. W. Störchli).

From the left: Frédéric Remise, Jac Remise, Jacques Milet, Count Antonio Giansanti-Coluzzi, Daniel Rémy, Francis Boucrot, Walter Störchli, Jean Alsac and Peter Ottenheimer. This Tipp Co. toy, somewhat stretched for the benefit of our collage, is actually 17.5 inches long. (W. Störchli collection)

CARRIAGES CARS AND CYCLES

Distributed by
SCHIFFER PUBLISHING LTD.
Box E
Exton, Pennsylvania 19341
(215) 696-1001

English translation by Simon Fear

ISBN 2 - 88001 - 179 - 5
Imprimé en Suisse

ISBN 2 - 88001 - 180 - 9
Printed in Switzerland

TABLE DES MATIÈRES — CONTENTS

AVANT-PROPOS

L'invention de la roue, à laquelle nous devons la spectaculaire évolution de la locomotion terrestre, fut à l'origine de véhicules de plus en plus évolués, qui ont permis de raccourcir les distances et de nous faire découvrir une nouvelle dimension de la liberté.

Nous présentons dans cette encyclopédie, consacrée aux jouets routiers européens (1830-1920), des voitures hippomobiles et automobiles, des vélocipèdes, des motocyclettes et divers petits véhicules inspirés de ceux qui tinrent une place dans l'histoire de la route.

Nous verrons avec quelle ingéniosité les fabricants de Nuremberg, de Paris et d'ailleurs suivirent cette évolution si riche en aventures.

De ces jouets, qui font aujourd'hui le bonheur de tant d'amateurs, nous avons dressé un inventaire aussi complet que possible, accompagné des commentaires de certains collectionneurs qui les connaissent particulièrement bien: MM. Alsac, Boucrot, Giansanti-Coluzzi, Milet, Ottenheimer, Rémy, Störchli et quelques autres, qui ont préféré demeurer anonymes.

Ces commentaires enrichiront notre sujet de points de vue personnels que d'aucuns jugeront peut-être anecdotiques, ou superflus, mais qui nous seront utiles pour nous aider à découvrir en profondeur l'attrait, l'intérêt et les secrets de ces objets d'art que sont les jouets anciens.

Je remercie ces collectionneurs qui m'ont apporté leur précieux concours et ont permis à mon fils Frédéric de photographier leurs trésors.

Je souhaite que ce livre, qui doit être le premier ouvrage à grouper autant de jouets automobiles et dans lequel j'ai cherché à rendre compte d'une expérience acquise au cours de vingt-cinq années de collection, permette aux amateurs de jouets d'authentifier ou de comparer leurs modèles et d'en évaluer au mieux l'intérêt historique, technique et artistique.

FOREWORD

The invention of the wheel, to which we owe the spectacular development of land transport, gave rise to ever more sophisticated vehicles that served to shorten distances and allow us to discover a new dimension of freedom.

This pictorial encyclopedia is dedicated to European toy vehicles made between 1830 and 1920: horse-drawn and horseless carriages, bicycles, motorcycles, and the various small vehicles that hold a place in the history of road transport. We shall see with what ingenuity the toymakers of Nuremberg, Paris and elsewhere followed these exciting developments.

These toys, which attract the attention of so many present-day enthusiasts, appear in this volume in as complete a catalogue as possible, accompanied by the comments of those collectors whose knowledge of them is particularly thorough: Messrs Alsac, Boucrot, Giansanti-Coluzzi, Milet, Ottenheimer, Rémy, Störchli and several others who prefer to remain anonymous.

These commentaries enrich our subject by giving personal viewpoints, which to some may seem perhaps merely anecdotal, or maybe superfluous, but which will be useful to help us discover, in depth, the attraction, the interest and the secrets of those veritable *objets d'art* that are antique toys.

I take this opportunity to thank these collectors, who gave me their invaluable co-operation and allowed my son Frédéric to photograph their treasures.

I hope that this book, which must be the first work to group so many road vehicle toys, and in which I have tried to bring to bear experience gathered over the course of 25 years of collecting, will enable toy enthusiasts to authenticate or compare their own models and to better evaluate their historic, technical and artistic merits.

Jac Remise

Les Attelages

Horse-drawn Carriages

Les voitures hippomobiles, charrettes attelées, calèches, diligences, fiacres et guimbardes ont largement inspiré les créateurs de jouets.
Ceux-ci ont réalisé des petites merveilles, rarement mécaniques, mais plus souvent conçues pour être tirées, ou poussées à la main, qui suscitèrent, jusqu'au début de notre siècle, un enthousiasme au moins égal à celui que les jouets automobiles soulèvent chez les enfants d'aujourd'hui.
C'est en Allemagne et en France que furent construits les modèles les plus intéressants; ceux-là même que nous pouvons admirer dans les collections privées et dans les grands musées. Ils évoquent les longues étapes cahoteuses des diligences et des malles-poste, auxquelles le brigandage donnait un parfum d'aventure, avant que le chemin de fer, moyen de transport plus rapide et plus sûr, ne s'impose définitivement.
La rivalité de ces deux modes de locomotion, qui se manifesta tout au long du XIXᵉ siècle, défraya continuellement la chronique, car les voyages sur les routes quasi désertes et sur les premières voies ferrées étaient fertiles en incidents et parfois même en catastrophes. Des aventures souvent pleines d'imprévus attendaient les voyageurs qui sillonnaient la campagne en hiver, ou qui traversaient, la nuit, d'immenses forêts.
Dans les villes, les cochers se trouvaient sans cesse empêtrés dans des embouteillages très dangereux. L'absence d'une réglementation claire et précise ne favorisait pas la circulation et ce méli-mélo de véhicules attelés, où les piétons avaient intérêt à ne se risquer qu'avec la plus extrême prudence, était aggravé par les rivalités qui opposaient les compagnies, dont les voitures se disputaient âprement la chaussée afin d'arriver plus vite à bon port. Il en résultait de fréquents accidents, malgré l'interdiction de dépasser les diligences à vive allure.
On imagine mal, aujourd'hui, ce que pouvait être, dans les grandes villes, l'imbroglio des voitures publiques, des véhicules de livraison, des omnibus et des calèches lancés au rythme des sabots et des grelots des chevaux, dans un concert de cris et de jurons!
En 1860, la Compagnie Générale des Omnibus, qui fut à l'origine de tant de jouets charmants, comptait à Paris 753 voitures et une écurie de 4000 solides percherons pour assurer son trafic. De nombreux loueurs de grande remise possédaient également leurs propres écuries. Parmi eux, mon arrière-grand-père, Jean Firmin Remise (au nom prédestiné pour exercer cette profession!), était quant à lui propriétaire de 124 chevaux et de 64 voitures, coupés et victorias. Ses écuries, installées 14, rue Baudelique, dans le 18ᵉ arrondissement de Paris, comprenaient des remises, des sel-

Horse-drawn carriages — broughams, Victorias, cabs, stage coaches, and humble carts — were a great source of inspiration for toymakers.
Many of their toys were miracles in miniature, seldom clockwork, but more often built to be pulled or pushed by hand. Until the turn of the present century, they sustained an enthusiasm at least equal to that given today to toy cars.
The most interesting models were those built in Germany and France, if only because these are the ones we can admire today in the larger museums and private collections. They bring to mind the long, rough rides of the stage coaches, with highwaymen thrown in to add to the adventure, in the days before the iron road, quicker and safer, had made all that a thing of the past.
The rivalry that lasted throughout the 19th century between these two means of transport was always a lively topic, since journeys along almost deserted roads and along the first iron rails alike were full of incident, and sometimes even catastrophe. Adventures of an often unforeseeable nature awaited the intrepid traveller who ploughed a way through a snow-covered countryside, or who drove through the immense forests by night.
In the towns, the coachmen were forever finding themselves stuck in some perilous traffic congestion. The absence of clear and precise regulations certainly did not help, and this maelstrom of horses and carriages, into which it paid pedestrians not to venture except with extreme caution, was further aggravated by the rivalries between the various transport companies, whose vehicles literally fought for space on the road to be first to arrive at their destination. Hardly surprisingly, there were frequent accidents, despite the prohibition of overtaking stage coaches.
Today it is hard to imagine what it must have been like in the city streets: a melee of public vehicles, delivery carts, omnibuses and coaches, all dancing to the rhythm of horses' hooves and neighs, orchestrated by shouting and oaths.
In Paris in 1860, the *Compagnie Générale des Omnibus* — inspiration for many fine toys — owned 753 vehicles and a stable of 4000 draught horses to make sure they ran. Many of the larger coach-house keepers also ran their own stables. One such man was my great-great-grandfather, Jean Firmin Remise (the surname, as though by pre-destiny, actually means "coach-house"), who was the proprietor of 124 horses and 64 delivery vehicles, broughams and Victorias. His stables, at 14, rue Baudelique, in the 18th *arrondissement* or subdistrict of Paris, included coach-

leries et des hangars et faisaient vivre tout un petit monde: nourrisseurs, palfreniers, cochers, bourreliers, charrons...

Entre 1884 et 1894, beaucoup de cochers parisiens se groupèrent pour obtenir que certains droits leurs soient reconnus dans la réglementation de la circulation, qui devenait de plus en plus dense et dangereuse. Mais la mauvaise entente qui régnait au sein de leur association aboutit à des agitations et des grèves qui ne firent que dégrader la situation. En outre, les taximètres n'étant pas encore inventés pour enregistrer le prix des courses, certains de ces hommes tiraient, abusivement, le maximum des chevaux qui leur étaient confiés, pour empocher des gains supplémentaires à l'insu de leurs patrons.

Lorsque mon grand-père, Jean-Antoine Remise, reprit l'affaire de son père en 1898, il eut, comme lui, fort à faire avec les cochers qui crevaient ainsi ses chevaux, l'obligeant souvent à recourir à la force pour récupérer le fruit des courses qu'ils ne lui déclaraient pas. C'est peu de temps après qu'il eut vendu son affaire, découragé par ce métier difficile, que fut inventé le taximètre!

Une définition pittoresque, relevée dans un journal de l'époque, montre sur quel ton les humoristes parlaient des conducteurs de voitures:

«Gare! = Cri que poussent les cochers... quand ils viennent de renverser quelqu'un».

Les seuls témoins concrets de cette lointaine époque sont nos amis les jouets.

J'aime cet omnibus F.V. de 55 cm, peint en rouge et finement décoré, où figurent des personnages en terre cuite, disposés sur l'impériale et sur les banquettes intérieures. Les messieurs sont coiffés de hauts-de-forme, les dames portent des crinolines et les deux chevaux, d'une rare élégance, sont maintenus au-dessus du sol par leurs brancards.

J'aime aussi ces trois modèles luxueux, comportant des banquettes en satin et des capotes en cuir véritable, qui furent conçus en petite série, vers 1880, par un constructeur français anonyme, et dont certains se vendaient au magasin *Le paradis des enfants*.

Le premier de ces jouets, une victoria (comme on en construisait, en 1880, chez Binder à Paris), longue de 61 cm, possède une capote repliable et deux lanternes en laiton argenté. Le deuxième, un coupé, qui a également deux lanternes, est tiré par un cheval en zinc peint, dont le harnachement, en cuir et simili cuir, émerveille par sa finition. Il se fabriquait en deux tailles (53 cm pour le plus grand), en rouge et noir (le modèle de Francis Boucrot), ou en bleu et noir, avec des filets jaunes. Le troisième véhicule, dit «Favorite»,

houses, saddlerooms and storage sheds and gave a livelihood to its own whole family of stable lads, grooms, coachmen, saddlers and cartwrights.

Between 1884 and 1894, many of the Paris coachmen formed an organization to make sure that they would have certain recognized rights within the traffic regulations; the streets were becoming ever more populated and dangerous. But ill will reigning at the heart of the organization resulted in unrest and strikes that only served to worsen the situation. In addition, the taximeter not yet having been invented to register the price of a journey, drivers were prone to overwork the horses they had been entrusted with in order to pocket some extra money behind the company's back.

When my grandfather, Jean-Antoine Remise, took over the family business in 1898, he found he had his hands full with the coachmen and their mistreatment of his horses, and he was often obliged to resort to force to recover the fares his drivers had not declared. It was not very long after he had sold the business, put off working in this difficult trade, that the taximeter was invented.

A colourful definition, taken from a contemporary newspaper, shows how humorists spoke of carriage drivers:

"Make way!: Cry let out by coachmen when they have just run somebody over."

The only concrete witnesses to this distant age are the toys it has left us.

I really like that 21.7-inch FV omnibus, painted in red and finely decorated, with its tera cotta passengers sitting up on the open top deck or on the bench seats under cover. The men are sporting top hats, the women are wearing crinolines, and the two exceptionally elegant horses are held just above the ground on the carriage shafts.

Also among my favourites are three deluxe models, fitted with satin upholstery and real leather hoods (tops), made in limited numbers in around 1880 by an unknown French manufacturer, of which a few were sold in a shop called *Le paradis des enfants* ("the children's paradise").

The first of these toys, a Victoria (like those produced by Binder in Paris in 1880), 24 inches long, had a folding hood/top and two lamps in silver plated brass. The second, a brougham, also with two lamps, was drawn by a horse in painted zinc whose leather and imitation leather trappings were astonishingly well executed. The toy came in two scales (the bigger one was 20.9 inches long), in red and black (as is the one in Francis Boucrot's collection) or in blue and black, with yellow trim lines. The third vehicle, a so-

long de 81 cm, est inspiré des attelages à carrosserie tonneau, utilisés par les Compagnies de Chemins de Fer, pour transporter les voyageurs de la gare à l'hôtel. On accédait aux banquettes par une porte située à l'arrière de la caisse. Cette disposition se retrouve sur ce jouet à deux chevaux attelés côte-à-côte et montés sur roulettes.

Je ne saurais parler de beaux attelages sans évoquer la voiture postale allemande, la *Postpaket-Bestellwagen*, de 60 cm, en bois et papier imprimé, dont la fabrication est assez ancienne. On découvre sur ce jouet une foule de détails intéressants, comme les uniformes des personnages, les inscriptions sur les paquets et la décoration générale du véhicule. Ce fourgon postal, que l'enfant pouvait tirer avec une ficelle, est attelé à une paire de chevaux en bois montés sur une planche à roulettes.

Deux autres jouets d'exception, auxquels j'accorde un égal intérêt, illustrèrent un article d'André Borie, qui fut publié dans le *Monde illustré* de 1901. L'auteur y rend compte d'une exposition qu'il organisa lui-même à Paris au Petit Palais sur le thème des jouets anciens (avec une section consacrée aux objets d'art et une autre à la pédagogie) et qui ne réunit pas moins de quatre mille jouets, du XVIIe au XIXe siècle!

... *Je ne parle,* écrit-il, *que de celle* (l'exposition des jouets) *pour laquelle on comprendra que j'ai tendresse d'âme, l'ayant tout entière organisée, tâche agréable, quand on aime le bibelot, et dans l'espèce, tâche facile, car les collectionneurs particuliers, quand ils ont su qu'une exposition de ce genre allait se tenir au profit des petits pauvres de Paris, ont mis avec une bonne grâce charmante toutes leurs collections à ma disposition.*

Ce compliment touche encore la grande famille des collectionneurs qui ont effectivement contribué, par leur participation à de telles manifestations, à la sauvegarde du patrimoine de leur pays et permis de faire connaître des sujets d'une extrême variété. Sans ces «bienfaiteurs», auxquels il serait juste que les gouvernements apportent aide et encouragement, combien d'objets précieux ne seraient-ils pas à jamais perdus!

Léo Claretie, auteur et collectionneur de jouets (à qui André Borie fit appel pour son exposition), mettait déjà ces idées en évidence, tout en soulignant l'intérêt historique et pédagogique des jouets. Il écrivait:

... *le jouet peut instruire autant qu'il amuse, et l'historien aurait tort d'en faire fi. Pour toutes ces raisons, il importe de l'entretenir, de le recueillir, de le garder, d'encourager les collections privées et d'en faire part quelquefois au public par des exhibitions qui seraient un divertissement et un enseignement.*

called "Favorite", had coachwork inspired by the tonneau style as used by the *Compagnies de Chemins de Fer* to transport passengers from train stations to their hotels. The seats of these vehicles were accessed via a door at the rear, just as they are in this toy carriage and pair, with its horses mounted on wheels.

I should not talk about beautiful carriages without mentioning the German *Postpaket-Bestellwagen* mail coach, 23.6 inches long in wood and printed paper, of rather early manufacture. This toy is packed with interesting details, such as the figures' uniforms, the writing on the parcels and the general decoration of the vehicle. The coach, which the child would pull along on a string, was drawn by a pair of wooden horses on wheels.

Two other exceptional toys of equal interest to me were those illustrated in an article by André Borie in *Monde illustré* magazine in 1901. The author gives an account of an exhibition he had organized in Paris at the *Petit Palais* on the theme of antique toys (with one section devoted to *objets d'art* and another to education), where were assembled no less than 4000 toys, dating from the 17th to the 19th century. He wrote:

...I only write of this [the toy exhibition], of which one will understand I have a particular fondness, having organized the entire thing, an agreeable task, when one loves curios, and an easy task in particular, for the individual collectors, when they learned that an exhibition of this nature would be for the benefit of the orphan children of Paris, put their entire collections at my disposal with charming good grace.

This compliment still goes for the large number of collectors who have effectively contributed, by their participation in such exhibitions, to safeguarding their country's heritage and to bringing subjects of extreme variety into public knowledge. Without these "benefactors", to whom it would be just if government aid and encouragement were forthcoming, how many precious items would have remained lost forever?

Léo Claretie, author and toy collector (one of those whom André Borie called on for his exhibition) was already showing an awareness of these ideas while underlining the historic and educational value of toys. He wrote:

...toys can instruct as much as they amuse, and the historian would be wrong to scoff. For all these reasons, it is important to maintain them, to gather them and keep them, to encourage private collections and to share these from time to time with the public by means of exhibitions which would be both diverting and instructional.

Revenons à l'exposition du Petit Palais, car y figuraient d'intéressants attelages dont un carrosse de promenade peint au vernis Martin, agrémenté de motifs floraux*, et une calèche de l'époque Restauration, tirée par deux chevaux au galop, avec deux personnages et deux laquais.
Les jouets de cette classe, qu'on peut admirer dans le livre d'Henri d'Allemagne, sont rares et particulièrement intéressants, parce qu'ils sont anciens et que leur fabrication artisanale, excessivement soignée, fait appel à des matériaux traditionnels: bois, carton et fer blanc.
L'attelage anglais, que possède Francis Boucrot, sur lequel se trouvent apparemment la reine Victoria et Albert de Saxe-Cobourg-Gotha est un autre exemple de jouet exceptionnel (il date approximativement de 1840), bien qu'il soit d'une taille plus réduite (38 cm) que les précédents.
Je citerai encore la livreuse de lait: «Lait pur» (18 cm) de Charles Rossignol, qui fonctionne avec un mécanisme à inertie. Pour la faire avancer, on tire vigoureusement une crémaillère en laiton qui fait tourner le volant en plomb dont l'axe repose sur les roues. Malgré leur différence de conception, ces jouets simples et naïfs dégagent un charme attendrissant.
Entre ces modèles et les *penny toys*, il existe une catégorie d'attelages en tôle vernissée d'une bien jolie facture. L'un d'eux, un phaéton de 14 cm, rappelle l'attelage de Napoléon III, qui aimait, assure-t-on, filer bon train sur les routes, sans respecter la droite.
Parmi les créations remarquables dans leur simplicité, je citerai encore le «Cab» Martin (comportant malgré tout 35 pièces) que Léo Claretie décrivit ainsi dans son ouvrage *Les jouets*.
Regardez cet élégant Hansom cab; le cheval se déplace avec un gracieux mouvement de ses quatre jambes et le cocher agite doucement la main qui tient les guides pour activer du geste le galop accéléré de la superbe bête.
Créé vers 1890, ce jouet à friction, vendu 29 sous, avait encore, en 1906, un certain succès sur les boulevards des Capucines et des Italiens, où quantité de baraques de jouets étaient installées pour les fêtes de fin d'année.
A cette époque, on vendait, toujours sur les boulevards, bien d'autres jouets de ce genre, dont l'«Âne entêté» (le *Störrischer Esel*) de Lehmann, qui figurait, avec le cab, sur le catalogue E. Mathieu (29 rue de Valois, Paris Ier), de la *Maison des inventions nouvel-*

* Un jouet de ce genre figure sur un tableau de Goya: le Duc et la Duchesse d'Osuna et leurs enfants, au musée du Prado de Madrid.

Let us go back to the exhibition at the *Petit Palais*, because there was an interesting light carriage there, painted in *Vernis Martin* lacquer, with floral motifs,* and a carriage from the time of the French Restauration (1815 to 1830), drawn by a pair of horses at the gallop, with two passengers and two servants.
The toys in this category, which can be admired in Henri d'Allemagne's book, are rare and particularly interesting; not only are they old, but their craftsmanlike manufacture, excessively painstaking, was based on commonly found materials: wood, cardboard and tin plate.
Francis Boucrot's British carriage, made in around 1840, whose passengers are apparently Queen Victoria and Prince Albert, is another exceptional toy, even though at 15 inches long it is to a smaller scale than those mentioned above.
I should also mention the "Lait pur" milk wagon from Charles Rossignol, 7.1 inches long, fitted with friction drive. To make it run, you had to give the brass toothed rack a strong tug to power the flywheel, which had its axle resting on the wheels. Though conceived along different lines, these simple, unpretentious toys have more than a touch of charm.
Between these models and penny toys came a category of attractively made carriages in varnished sheet metal. One of these, a 5.5-inch phaeton, resembles the carriage of Napoleon III (who, we are told, liked to drive at full speed without keeping to the right side of the road).
Among those creations that are remarkable for their simplicity I should mention the Martin "Cab" (even though this is made up from 35 parts), which Léo Claretie, in his book *Les jouets* ("Toys"), described as follows:
Consider this elegant hansom cab; the horse moves along with a graceful movement of its four legs and the coachman gently shakes the hand that holds the reins as if to quicken by this gesture the swift gallop of the superb creature.
Made in around 1890, this friction toy, sold for 29 *sous,* was still selling in 1906 on the *Grands Boulevards* in Paris where many toy stalls were set up for the end-of-year festivals.
At this time there were many other mechanical toys sold on the street-market stalls. One of these was the Lehmann *Störrischer Esel* ("The Stubborn Donkey"), which was listed, with the cab, in the E. Mathieu (29 rue des Valois, Paris) catalogue of the *Maison des*

* A toy of this type appears in Goya's painting of the Duke and Duchess of Osuna and their children, now in the Prado Museum, Madrid, Spain.

les et pratiques. Cette charrette Lehmann, tirée par un âne se déplaçant en avant et en arrière, est conduite par un clown. D'une facture différente du jouet Martin, elle préfigure le style de l'après-guerre (principalement des jouets Tipp Co.), avec ses deux roues pleines, ornées de chromolithographies.
Les sociétés Martin et Lehmann, sans doute inspirées par les mêmes idées, produisirent des jouets parfois semblables, comme ce livreur tirant une charrette à bras, *Express* (Lehmann), et «Service accéléré» (Martin); ou ces pousse-pousse nommés *Masuyama* (Lehmann) et «Pousse-Pousse» (Martin).
Nous avançons à pas comptés dans la classification des jouets anciens, à mesure que paraissent les livres qui leur sont consacrés. Mais de combien d'informations ne manquerons-nous pas, faute de ne pas avoir compris plus tôt l'intérêt si attachant de ce sujet!
Parmi les jouets représentant des attelages, nous citerons encore les traîneaux en bois taillé des pays de l'Europe du Nord et de l'Est, qui furent réalisés en grand nombre.
Il existait, dans la Russie des tsars, d'importantes fabriques de jouets de cet ordre. Celle de Bogorodsk, près de Moscou, était, paraît-il, très réputée.
Deux grands collectionneurs de jouets hippomobiles, Francis Boucrot et Jean Alsac, sont attirés par ces jouets, mais ils leur préfèrent les représentations plus élaborées de l'Europe occidentale.
Pour Jean Alsac, les attelages sont des jouets pittoresques que leur allure désuète et la présence de chevaux contribuent à rendre poétiques et vivants. De tels modèles, pense Francis Boucrot, complètent harmonieusement une collection de jouets automobiles.
Parmi les autres collectionneurs, Daniel Rémy trouve ces jouets gracieux et évocateurs de l'époque où la machine à vapeur n'avait pas encore pris la relève de l'énergie musculaire. Et il précise que les dimensions d'une calèche, d'un cab, ou d'un fiacre, importent peu, car il existe de beaux modèles en tous formats. Il n'est, pour s'en convaincre, que de détailler les somptueux attelages Märklin et les modestes productions Dessein (D.S.). Les premiers vous coupent le souffle par leur qualité technique et les seconds vous attendrissent par leur élégance.
Ces petites merveilles sans mécanique se tiraient à l'aide d'une ficelle, se poussaient à la main ou avec une tige rigide démontable, qui se fixait à l'arrière (voir les chiens Märklin de Francis Boucrot).
Francis Boucrot, qui a réuni une collection aussi riche que variée de calèches, préfère ces jouets aux automobiles, car ils évoquent un passé plus lointain et plus fertile en histoires de toutes sortes. C'est un plaisir

inventions nouvelles et pratiques ("House of new and practical inventions"). This Lehmann cart, drawn by a donkey, which moves backwards and forwards, is driven by a clown. Of different manufacture to the Martin toy, it anticipated the style of the 1920s (mainly the Tipp Co. toys) with its two solid wheels decorated with multicolour lithographed prints.
Martin and Lehmann, both inspired by the same ideas, sometimes produced similar toys, such as those of a deliveryman drawing a handcart ("Express" from Lehmann and "Service accéléré" from Martin), or rickshaws ("Masuyama" from Lehmann and "Pousse-Pousse" from Martin).
As new books come onto the market, it is gradually becoming possible to classify antique toys. But how much information is lost forever as a result of not having realized the subject's absorbing interest earlier?
Among carriage toys should also be mentioned the carved-wood sleighs made in great numbers in northern and eastern Europe.
Czarist Russia had some large factories making this kind of toy. The one in Bogorodsk, near Moscow, seems to have been of high repute.
Two great collectors of horse-drawn vehicle toys, Francis Boucrot and Jean Alsac, find these toys attractive, but prefer the more elaborate models made in western Europe.
To Jean Alsac, carriages are charming toys given poetry and life by their old world charm and the presence of horses. Francis Boucrot thinks such models go well with a collection of toy cars.
Among the other collectors, Daniel Rémy finds these toys graceful and evocative of the era before the steam engine had taken over from muscle power. To which he adds that the dimensions of a carriage, or a cab, are of little importance, since there are fine models in all sizes. For evidence, you only have to compare the de luxe Märklin carriages with the unpretentious offerings from Dessein. The former will take your breath away with their technical mastery; the latter will charm you with their elegance.
Some of these gems, unmotorized, were pulled along by a string; others were pushed by hand or with a collapsible rod fitting onto the rear of the model (such as on Francis Boucrot's Märklin dogs).
Francis Boucrot, whose collection of carriages is as large as it is varied, prefers these toys to automobile models because they evoke a more distant past, and one richer in stories of every kind. It is a real pleasure to hear him speak of them with the sensitivity of an artist. Often secretive of his likes and dislikes and not a man to waste words, he always has the right phrase

de l'entendre en parler avec sa sensibilité d'artiste. Souvent secret dans ses appréciations et peu prodigue en paroles superflues, il a toujours le mot juste pour souligner les détails des jouets qu'il aime.
Walter Störchli est assez proche de Francis Boucrot quand il décrit ses modèles favoris. Ses goûts rejoignent, par ailleurs, ceux de Daniel Rémy lorsqu'il se refuse à dissocier les attelages des voitures automobiles, celles-ci, comme ceux-là, constituant deux chapitres essentiels d'une même histoire: celle de la route. Sur le plan esthétique, il trouve les calèches Märklin très belles et très vivantes. Il aime leurs couleurs, leurs formes découpées et les personnages qui y sont assis pour un voyage indéfini... Il regrette seulement que ces jouets soient devenus rares, car il lui est difficile d'enrichir sa collection de bons modèles et de quelques luges et traîneaux Märklin, dont il apprécie la beauté. Amateur de jouets de neige, Jacques Milet affirme même que les plus beaux de tous les traîneaux sont les Märklin, mais que des attelages d'hiver, comme les calèches D.S. et F.V. l'emportent dans des rêves.
Une chose l'irrite cependant, dans la plupart des jouets français: l'identification souvent impossible. Il ne doute pas cependant du bon résultat prochain de nos recherches collectives en ce domaine. Il cite en exemple une marque qui était encore inconnue il y a peu de temps: la société Rock & Graner, fondée en 1813, à Biberach et dont la production était déjà importante avant qu'elle ne soit rachetée par Märklin, en 1904. Rock & Graner fabriquait beaucoup de voitures à vapeur, ainsi que des tramways et des bateaux.
Le comte Giansanti-Coluzzi n'a acquis qu'assez récemment le goût des voitures hippomobiles. Ce fut lors d'une vente de jouets anciens, à Krefeld (Allemagne) où un charmant petit carrosse, sans chevaux, était à sa grande surprise l'enjeu d'une lutte acharnée entre deux collectionneurs. Après l'adjudication, il examina attentivement ce jouet, pour découvrir ce qu'il pouvait avoir de si intéressant, et il s'aperçut que, malgré l'absence de ses chevaux, il était très attachant et plein de charme. Après cette révélation, le Comte se promit de profiter de la première occasion qui se présenterait pour acquérir un jouet de ce type. Ce qu'il fit quelques mois plus tard, quand un collectionneur lui proposa une victoria tirée par deux chevaux.
Définitivement conquis, Antonio Giansanti-Coluzzi trouva par la suite deux autres jouets qui font aujourd'hui rêver Walter Störchli: un fiacre, puis une malle-poste Märklin. Le fait qu'il manquait à cette malle-poste ses chevaux, son timon et ses roues d'origine, posèrent à Antonio un cas de conscience. Devait-il ou non laisser ce jouet en cet état? J'ai évo-

to point out the details of the models he likes.
In describing his favourite models, Walter Störchli is like Francis Boucrot. His views, in other respects, are the same as those of Daniel Rémy, in their refusal to segregate horse-drawn and horseless vehicles, both of them making up two chapters of a single story: that of the road.
Aesthetically, he thinks the Märklin carriages are very beautiful and full of life. He likes the colours, their clean lines, and the passengers setting off on an indefinitely long journey... His only regret is that these toys have become rare, since that makes it difficult to supplement his collection with good models. He is also on the lookout for Märklin sleighs and toboggans which he finds attractive.
A snow vehicle enthusiast, Jacques Milet confirms that the most beautiful sleigh models are indeed the Märklins, but that the winter carriages, such as those from DS and FV, tip the scales in terms of dreams.
Just one thing irritates him though; the near impossibility of identifying many French toys. But he is confident that our collective research in this field will soon show some good results. He quotes by way of example a firm only recently rediscovered: Rock & Graner, founded in 1813 in Biberach, whose production was already considerable before the firm was bought by Märklin in 1904. Rock & Graner made a large number of steam cars, plus trams and boats.
Count Giansanti-Coluzzi has only fairly recently acquired a taste for horse-drawn vehicles. At an antique toy sale in Krefeld, Germany, he was greatly surprised to see two collectors fighting over a carriage without horses. After the purchaser had been decided, he examined the toy in detail to find out just what it was about it that was so interesting, and he realized that, despite the missing horses, it was actually very attractive and full of charm. After this revelation, the Count promised himself that he would buy a toy of this kind at the first opportunity. Which he did, a few months later, when a collector offered him a victoria drawn by two horses.
Definitely a convert, Antonio Giansanti-Coluzzi then found two other toys that Walter Störchli would dearly love: a cab and a Märklin mail coach. The fact that the mail coach was missing its horses, its shafts and its original wheels left Antonio with a dilemma: should the toy be left in its present state? I have written elsewhere of the delicate moral questions involved in repairing toys* and I will not do so again here. But I

* See *L'Encyclopédie des Jouets Anciens de 1830 à 1920: Les Bateaux* (Pygmalion, Paris, 1981).

qué déjà les problèmes délicats que pose la réparation des jouets* et je n'y reviendrai pas. Mais je crois que le Comte mérite d'être félicité pour avoir su redonner à cette malle-poste son élégance d'autrefois, en la confiant à un habile restaurateur.
Les collectionneurs de voitures hippomobiles sont peu nombreux, car ces jouets sont rares et, curieusement, ils n'ont pas la popularité qu'ils méritent. Et si de nouveaux collectionneurs s'intéressent à des types de jouets plus conventionnels et, surtout, plus récents, faute de ne trouver plus fréquemment des pièces anciennes, il est indéniable que beaucoup d'entre eux n'en apprécient pas moins les qualités esthétiques et poétiques des attelages miniatures.
Personnellement, je considère qu'ils comptent parmi les plus beaux jouets qui soient.

* Cf. Encyclopédie des jouets anciens de 1830-1920, Les bateaux, Jac et Frédéric Remise. Pygmalion/Gérard Watelet.

feel that the Count should be commended for having brought the mail coach back to its former elegance through the hands of a skilled restorer.
Collectors of horse-drawn vehicles are few and far between; these toys are rare, and curiously don't enjoy the popularity they merit. But if, as a result of not coming across antique toys more often, many collectors are keener on the more conventional, and above all more recent, kinds of toys, it is undeniable that most of them appreciate the aesthetic and poetic charms of the miniature carriage.
Personally, I think these models are among the most beautiful toys ever made.

«Hue, dia, mouton», gravure ancienne de Francis C. datant de 1832. On connaît d'autres scènes de jeux dessinées par cet artiste.

Hue, dia, mouton ("Gee up!"); an early engraving by Francis C. dated at 1832. Certain other Francis C. works with play as the subject are also known.

Francis Boucrot (à droite) accorde la préférence à cet omnibus parisien long de 39 cm : il lui trouve de l'élégance et de belles couleurs rouge, jaune et noir. Derrière Jac Remise, deux portraits de créateurs de jouets du XVIIIe siècle.

Francis Boucrot (on the right) with his favourite toy, a 15.4-inch long Parisian omnibus; he likes its elegance and the fine colours (red, yellow and black). Behind Jac Remise are the portraits of two 18th-century toymakers.

Estampilles E.S. et Dessein (D.S.).
Dessein and ES trademarks.

Omnibus (France) en tôle peinte de couleur rouge, jaune et noire, long de 39 cm. Coll. F. Boucrot.

French tin plate omnibus painted in red, yellow and black; 15.4 inches long. (F. Boucrot collection)

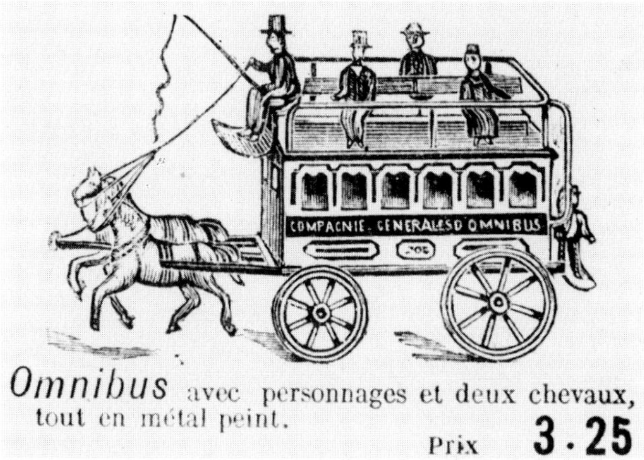

Omnibus en tôle peinte extrait d'un catalogue français.

Extract from a French catalogue showing an omnibus in painted tin plate.

Omnibus D.S. (France) en tôle imprimée long de 15,5 cm. Coll. F. Boucrot.

Omnibus from DS (France) in lithographed tin plate, 6.1 inches long. (F. Boucrot collection)

Omnibus de fabrication française en tôle peinte vert, long de 25,5 cm. Coll. J. Alsac.

French-built omnibus in green-painted tin plate, 10 inches long. (J. Alsac collection)

Omnibus «Entreprise générale des omnibus» fabriqué en France, en tôle peinte vert foncé et noir, long de 29 cm. Coll. F. Boucrot.

Omnibus of the "Entreprise générale des omnibus" ("General Omnibus Co."). A French toy in tin plate painted black and deep green; 11.4 inches long. (F. Boucrot collection)

Omnibus de fabrication française, en tôle peinte rouge, de 25 cm de long. Coll. F. Boucrot.

French-built omnibus in red painted tin plate, 9.8 inches long. (F. Boucrot collection)

Tramway attelé de fabrication française en tôle peinte de 22 cm. Coll. J. Alsac.

Horse-drawn street car of French manufacture in painted tin plate, 8.7 inches long. (J. Alsac collection)

◁ Calèche Restauration, extrait de la revue *Le monde illustré*.

French *calèche* of the early 19th century in an extract from *Le monde illustré* magazine.

Carrosse de promenade peint au vernis Martin, extrait de la revue *Le monde illustré*.

Light coach lacquered in *Vernis Martin*; the extract is taken from *Le monde illustré*.

◁ Petits carrosses illustrés dans l'ouvrage de Léo Claretie *Les Jouets*. Coll. Bernard.

Toy carriages illustrated in Léo Claretie's book *Les Jouets*. (Bernard collection)

Malle-poste, jouet de Sonneberg (Allemagne) en bois et papier imprimé, long de 60 cm.

Mailcoach made in Sonneberg, Germany, in wood and printed paper, 23.6 inches long.

Malle-poste du fabricant français Jouet de Paris (J.P.), en tôle ▷ peinte, long de 53,5 cm. Ce jouet, postérieur à 1920, comportait 8 personnages. Coll. J. Alsac.

Mailcoach by the French firm, Jouet de Paris (JP) in painted tin plate, 21 inches long. This toy, of post-1920 manufacture, carried eight passengers. (J. Alsac collection)

Carrosse de Buchner (Allemagne) en tôle peinte, vert amande et noir, long 27 cm. Les chevaux sont en bois. Coll. J. Alsac.

Tin plate coach from Buchner in Germany, painted leaf green and black, 10.6 inches long, with wooden horses. (J. Alsac collection)

Extrait d'un catalogue allemand.

Extract from a German catalogue.

Favorite (France) en tôle peinte au vernis Martin bleu de Prusse et rouge à filets jaunes, longue de 81 cm.

French *favorite*, finished in *Vernis Martin*; tin plate painted red and Prussian blue with trim lines in yellow, 31.9 inches long.

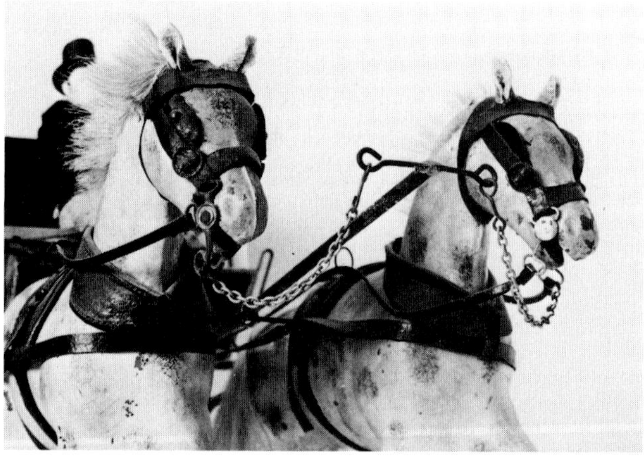

Détail des chevaux du sociable en zinc peint au vernis Martin.

Detail of the painted-zinc horses from the French *calèche* .

Fiacre Märklin (Allemagne), en tôle peinte, noir et bleu avec roues rouges, long de 30 cm. Coll. A. Giansanti-Coluzzi.

Märklin (German) hackney carriage in tin plate painted black and blue with red wheels, 11.8 inches long. (A. Giansanti-Coluzzi collection)

Fiacre (Allemagne), en tôle peinte rouge, long de 50 cm. ▷

Hackney carriage of German manufacture, in red painted tin plate, 19.7 inches long.

Coupé (France), en tôle peinte au vernis Martin bleu outremer et noir avec des filets jaunes, long de 53 cm.

French Brougham finished in *Vernis Martin*, in tin plate painted ultramarine and black with yellow trimming, 20.9 inches long.

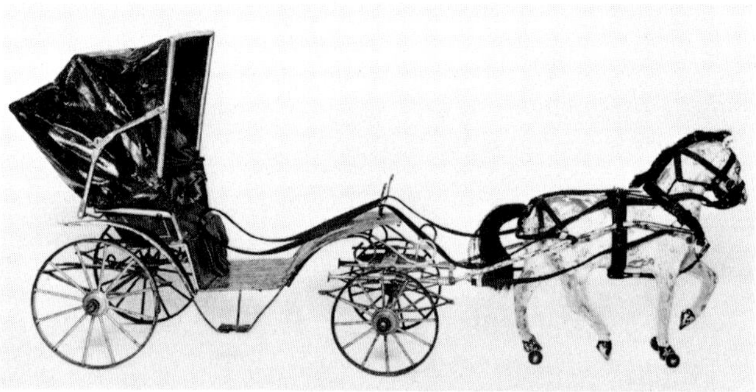

Calèche française en tôle peinte au vernis Martin, couleur bleu de Prusse, longue de 60 cm. Coll. Musée du Jouet de Poissy.

French *calèche*, in Prussian blue tin plate lacquered in *Vernis Martin*, 23.6 inches long (on view in the *Musée du Jouet de Poissy* in France).

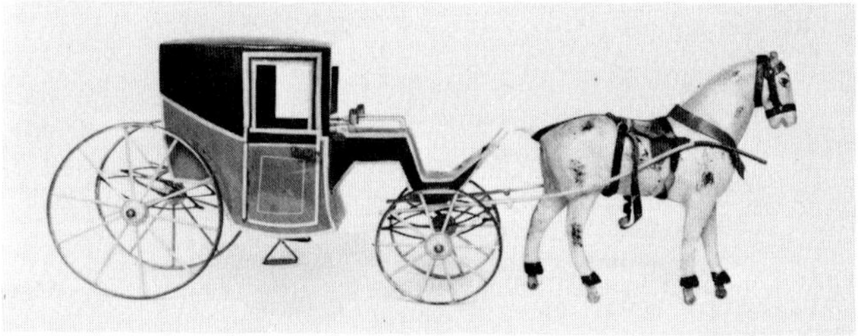

Fiacre de fabrication française, en tôle peinte noir et rouge, long de 52 cm. Les portières s'ouvrent et le cheval est en papier mâché. Coll. F. Boucrot.

Made in France: a hackney carriage in tin plate painted black and red, 20.5 inches long. The doors open and the horse is papier-mâché. (F. Boucrot collection)

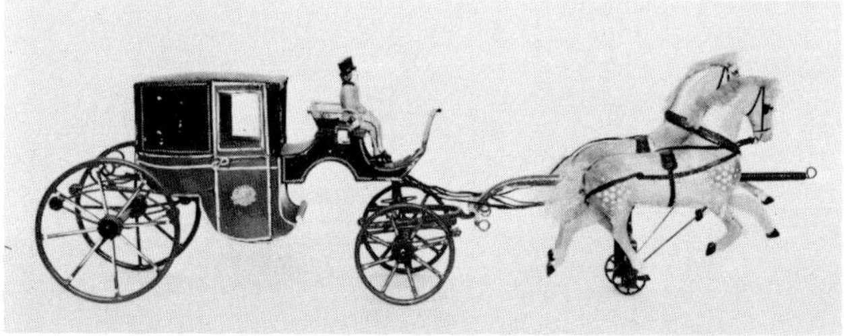

Ecuries, remises, voiture de maître et tapissière de fabrication française en tôle peinte. Le socle mesure 33 cm sur 20 cm. Coll. J. Alsac.

Stables, coach-houses, brougham and covered wagonette, of French manufacture, in painted tin plate. The base measures 13 × 7.9 inches. (J. Alsac collection)

Ecurie faite en Allemagne en carton bouilli et bois, sur un socle de 24 cm sur 29 cm. Coll. W. Störchli.

German-built stable in wood and cardboard; base size is 9.4 × 11.4 inches. (W. Störchli collection)

Attelages de Roitel-Rossignol (France) en fer peint, longs de 13 à 20 cm. Coll. J. Alsac.

Horse-and-carriage toys from Roitel-Rossignol (France) in painted tin plate and iron, 5.1 to 7.9 inches long. (J. Alsac collection)

Ecuries en tôle peinte de fabrication française mesurant 47,5 cm.

French-built stable-block in painted tin plate, 18.7 inches wide.

Coupé deux places fait en France, en tôle peinte de couleur jaune et noir, long de 37 cm.

Two-seater brougham from France, in tin plate painted yellow and black, 14.6 inches long.

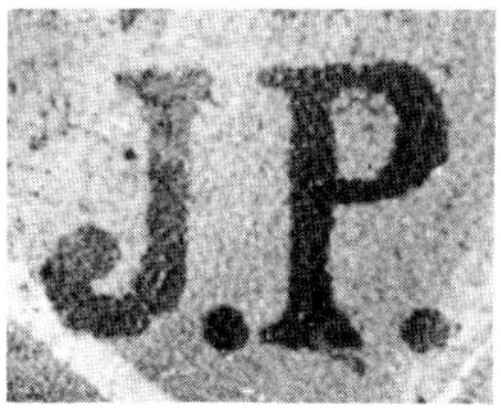

Marque du fabricant français Jouet de Paris (J.P.).

Trademark of French firm Jouet de Paris.

Série de fiacres de fabrication française en tôle peinte de 29, 12 et 25 cm. Coll. F. Boucrot.

Series of French-built hackney carriages in painted tin plate; 11.4, 4.7 and 9.8 inches long. (F. Boucrot collection)

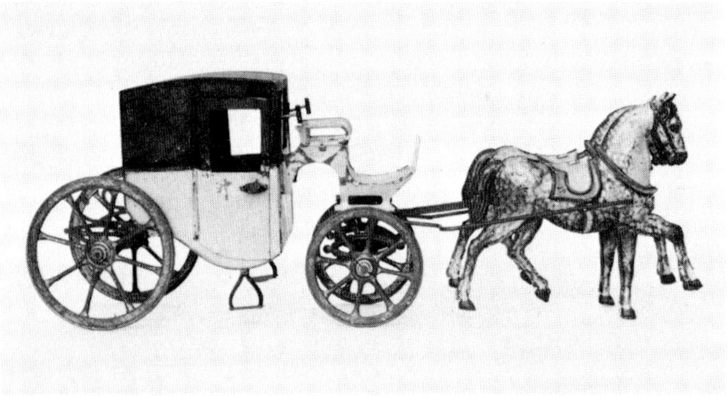

Fiacre dû au Jouet de Paris (J.P., France): la voiture est en tôle peinte, les chevaux sont en tôle imprimée, l'ensemble mesure 41 cm. Coll. J. Alsac.

Hackney carriage from Jouet de Paris (JP) in France. Of tin plate manufacture, the carriage is painted and the horses are lithographed; the whole measures 16.1 inches. (J. Alsac collection)

Coupé (16 cm) et phaéton (14 cm) de fabrication française en tôle peinte au vernis.

Brougham (6.3 inches) and phaeton (5.5 inches), made in France in painted and varnished tin plate.

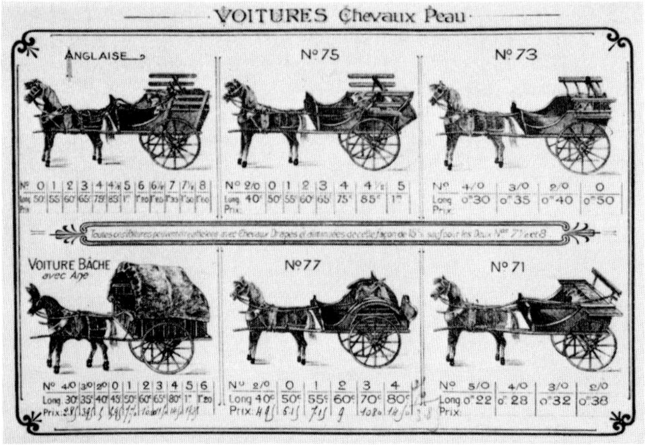

Catalogue G. Lenoble (France) du début du siècle.

Catalogue from G. Lenoble (France) dating from the turn of the century.

Catalogue de G. Lenoble (France). ▷

Catalogue from G. Lenoble in France.

Pompe à incendie de Bing (Allemagne) en tôle peinte. Le jouet mesure 52 cm. ▷

Fire engine by the German manufacturer, Bing, in painted tin plate, 20.5 inches long.

Pompe à incendie à vapeur de fabrication française en tôle peinte, rouge et or, longue de 43 cm. Les roues sont en fonte. L'alarme caractéristique est actionnée par deux bielles. Coll. J. Alsac. ▷

Steam fire engine of French manufacture, in tin plate painted red and gold, 16.9 inches long. The wheels are cast. The standard French fire-engine alarm is rung by two cranks. (J. Alsac collection)

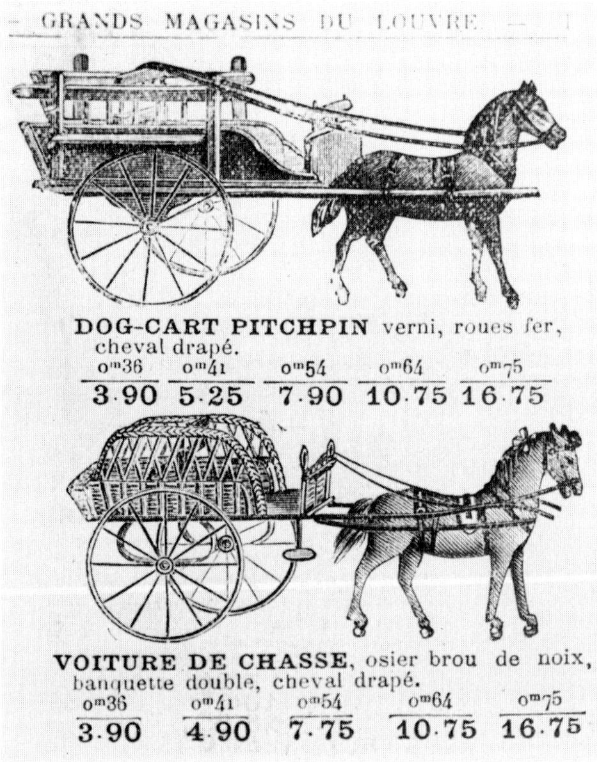

Catalogue français daté de 1903.

French catalogue of 1903.

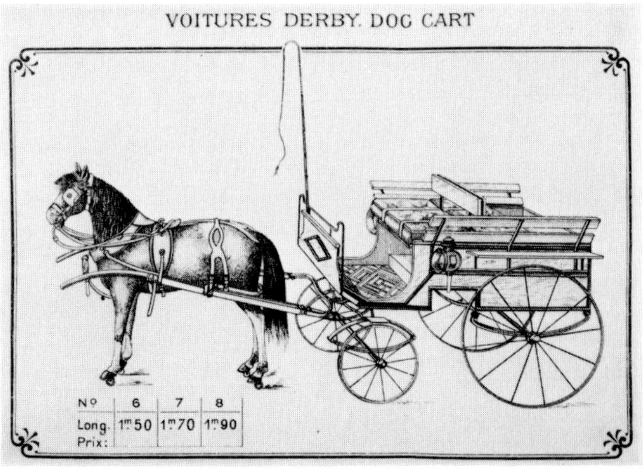

Sociable (France), en tôle peinte au vernis Martin bleu de Prusse à filets jaunes, long de 90 cm. La société allemande Rock & Graner a fabriqué un modèle à peu près identique.

French *sociable* finished in *Vernis Martin* lacquer, in tin plate painted Prussian blue with yellow trim lines, 35.4 inches long. The German firm Rock & Graner made an almost identical model.

Coupé à un cheval, de fabrication française, en tôle peinte, long de 53 cm. Les chevaux sont en zinc peint, le harnais est en cuir, les banquettes sont en satin capitonné et les lanternes en verre et laiton.

Horsedrawn brougham, of French manufacture, in painted tin plate, 20.9 inches long. The horses are in painted zinc, the harness is leather, the seats are upholstered in satin and the lamps are glass and copper.

Fiacre fabriqué en Allemagne, en tôle peinte, long de 70 cm.

Made in Germany: a hackney carriage in painted tin plate, 27.6 inches long.

Ecurie de fabrication allemande, en bois et papier mâché imprimé, haute de 43,5 cm. Coll. W. Störchli.

Stable made in Germany of wood and printed papier-mâché, 17.1 inches high. (W. Störchli collection)

HOTEL
CAFE
COMPAGNIE GENERALE DES OMNIBUS

Diligence Märklin (Allemagne) en tôle peinte, noir et crème, longue de 46,5 cm. Coll. W. Störchli.

Stage-coach from Märklin in Germany, in tin plate painted black and cream, 18.3 inches long. (W. Störchli collection)

Omnibus (France) en tôle peinte long de 55 cm.

French omnibus in painted tin plate, 21.7 inches long.

Calèche tirée par des rennes. Ce jouet, en tôle peinte, de 25 cm, est de fabrication allemande. Coll. Monique Garnier.

Carriage pulled by reindeer. This German toy, in painted tin plate, is 9.8 inches long. (Monique Garnier collection)

Calèche de la reine Victoria en tôle peinte rouge et noire, longue de 38 cm. Les chevaux sont en bois et les personnages en plâtre. Coll. F. Boucrot.

Queen Victoria's carriage, in tin plate painted red and black, 15 inches long. The horses are wood, and the figures are plaster. (F. Boucrot collection)

Voiture bâchée fabriquée par T. & M. (France), en tôle peinte, longue de 25,5 cm. Coll. D. Rémy.

Covered wagon made by T. & M. (France) in painted tin plate, 10 inches long. (D. Rémy collection)

Voiture à chèvre de fabrication française à mécanisme, caisse en rotin et siège en satin, mesurant 45 cm.

Mechanical goat-drawn carriage of French manufacture; the body is made of cane and the upholstery is satin. 17.7 inches long.

Charrette de George Sand mécanique fabriquée en France en tôle peinte (15 cm de long). Les jambes du personnage marchent. On connaît du même fabricant un jouet semblable avec Napoléon III et l'impératrice Eugénie comme passagers. Coll. F. Boucrot.

Mechanical model of authoress George Sand in a rickshaw, made in France in painted tin plate, 5.9 inches long. The figure's legs make a walking movement. We know of a similar toy from the same maker with royal passengers: Napoleon III and his wife, the Empress Eugenie. (F. Boucrot collection)

Penny toy en tôle imprimée long de 14,5 cm. Coll. P. Ottenheimer.

Lithographed tin plate penny toy, 5.7 inches long. (P. Ottenheimer collection)

Omnibus E.S. (France) en tôle imprimée long de 22 cm. Coll. F. Boucrot.

Omnibus by the French firm, ES, in lithographed tin plate, 8.7 inches long. (F. Boucrot collection)

Vers 1928, les jouets hippomobiles sont en fin de carrière. Ici, le frère de Jac Remise, Georges, en vacances à Mers-les-Bains, joue avec un char à bancs en bois verni.

By about 1928, horse-drawn vehicle toys had reached the end of their career. Here Jac Remise's brother Georges, on holiday in Mers-les-Bains, France, is playing with a varnished-wood horse and cart.

Gravure publicitaire Peugeot.

Peugeot advertisement.

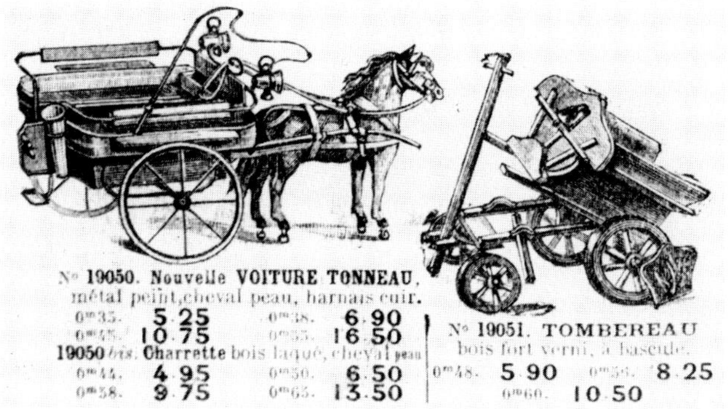

Extraits de catalogues français.

Extracts from various French catalogues.

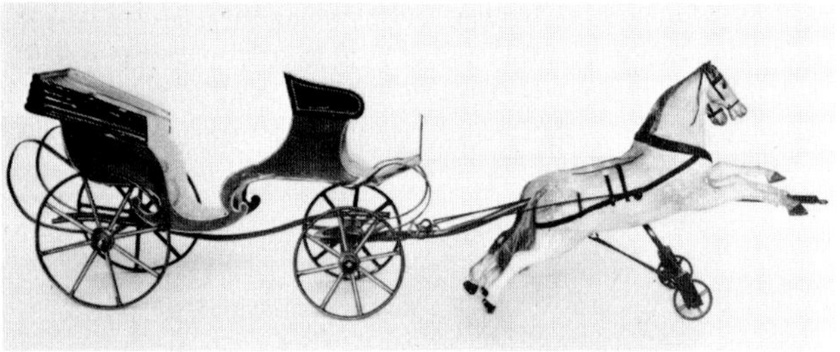

Calèche de fabrication allemande, en tôle peinte rouge et noir, longue de 37,5 cm. Une étiquette collée sous le cheval gauche donne l'adresse du revendeur — Gondar, 19 place Bellecour, Lyon — alors que sous le cheval droit figure le nom de l'enfant à qui appartenait le jouet — Marie de Guelle. Coll. W. Störchli.

German-built carriage in tin plate painted red and black, 14.8 inches long. A label glued onto the left-hand horse gives the retailer's address — Gondar, 19 place Bellecour, Lyon [France] — while the right-hand horse bears the name of the child whose toy it was — Marie de Guelle. (W. Störchli collection)

Dog-cart de fabrication allemande, en tôle peinte, long de 25 cm. Coll. F. Boucrot.

Dog-cart of German manufacture in painted tin plate, 9.8 inches long. (F. Boucrot collection)

Victoria Märklin (Allemagne) en tôle peinte vert bouteille, avec des roues ocres, une capote en moleskine et des sièges en satin. La voiture, à laquelle il manque les chevaux, est longue de 63 cm. Coll. A. Giansanti-Coluzzi.

Märklin (German) victoria in tin plate painted bottle-green, with ochre wheels, imitation-leather hood/top and satin upholstery. The carriage, which is missing its horses, is 24.8 inches long. (A. Giansanti-Coluzzi collection)

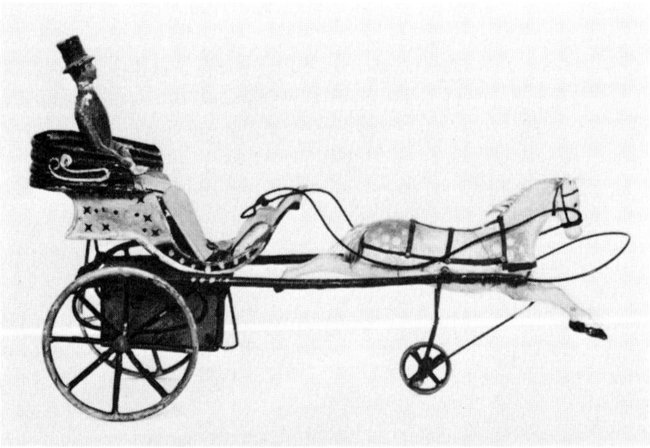

Charrette mécanique tirée par un cheval au galop, de fabrication allemande, en tôle peinte, longue de 19 cm.

Clockwork cart drawn by a galloping horse, of German manufacture in painted tin plate, 7.5 inches long.

Extrait d'un catalogue français.

Extract from a French catalogue.

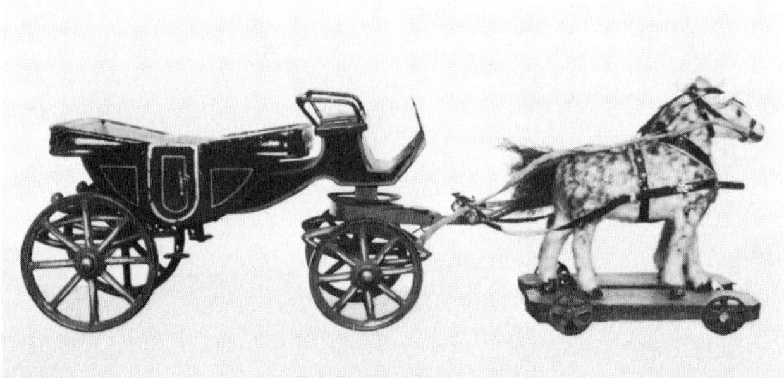

Victoria à deux chevaux de Märklin (Allemagne), en tôle peinte bleu foncé, longue de 29 cm. Les roues sont rouges et les chevaux sont montés sur des socles de bois. Coll. A. Giansanti-Coluzzi.

Victoria carriage and pair from Märklin in Germany, in tin plate painted deep blue, 11.4 inches long. The wheels are red and the horses have wooden bases. (A. Giansanti-Coluzzi collection)

Phaéton fait en Allemagne en tôle peinte (chevaux en bois), long de 19,5 cm. Coll. F. Boucrot.

Phaeton of German origin in painted tin plate (with wooden horses), 7.7 inches long. (F. Boucrot collection)

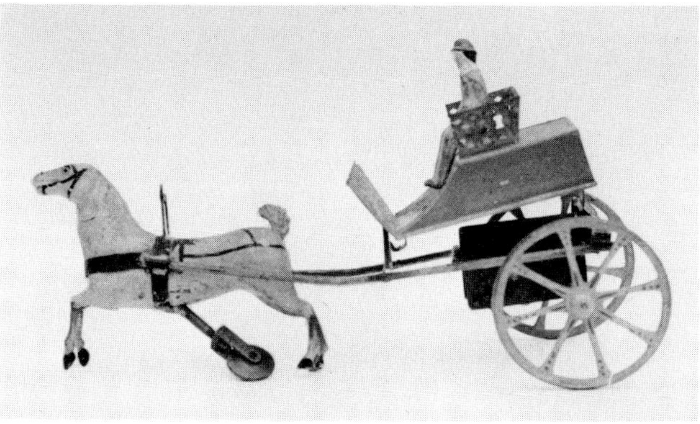

Charrette anglaise mécanique faite en Allemagne. L'ensemble mesure 19 cm. Le cheval est en papier mâché. Coll. Scherpereel.

Clockwork dog-cart made in Germany, 7.5 inches long overall. The horse is papier-mâché. (Scherpereel collection)

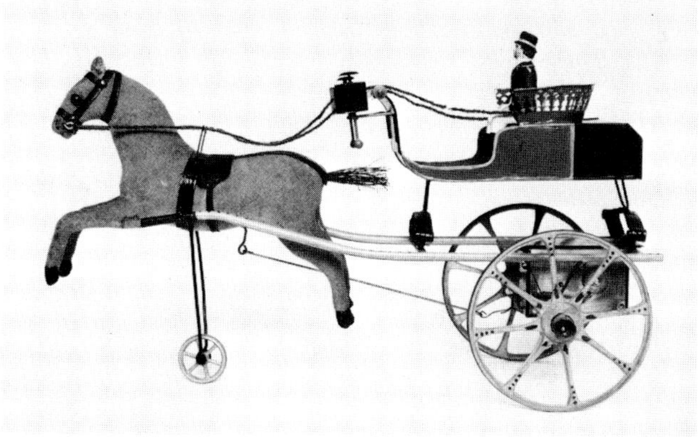

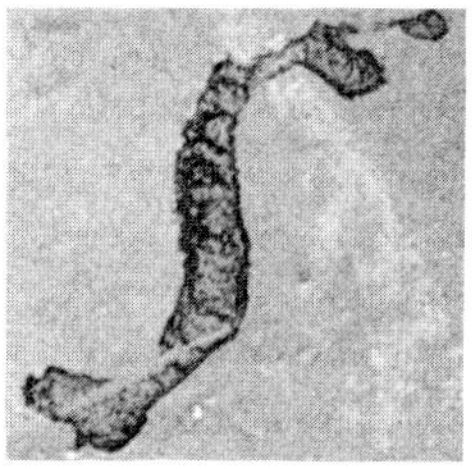

Dog-cart de Sonneberg (Allemagne) et portant la marque du fabricant illustrée ici. Le jouet, long de 32 cm, est en tôle peinte en vert. Coll. F. Boucrot.

Dog-cart made in Sonneberg, Germany, bearing the trademark shown here. The toy, 12.6 inches long, is in tin plate and painted green. (F. Boucrot collection)

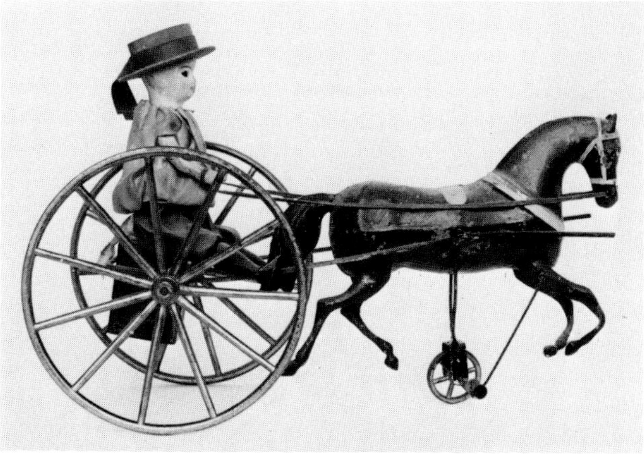

Sulky mécanique en tôle peinte avec personnage à tête de porcelaine. Ce jouet français mesure 27 cm.

Mechanical sulky from France, in painted tin plate, 10.6 inches long. The figure has a porcelain head.

Charrette Märklin (Allemagne). La voiture est en tôle peinte rouge et l'ensemble mesure 45 cm. Coll. F. Boucrot.

Cart with galloping horses from Märklin in Germany, in tin plate, painted red, 17.7 inches long overall. (F. Boucrot collection)

Charrette anglaise de fabrication allemande, en tôle peinte rouge, longue de 22 cm. Coll. J. Alsac.

German-built dog-cart in tin plate, painted red, 8.7 inches long. (J. Alsac collection)

Charrette anglaise de fabrication allemande, en tôle peinte bleu et noir, longue de 45 cm.

Dog-cart of German manufacture, in tin plate painted blue and black, 17.7 inches long.

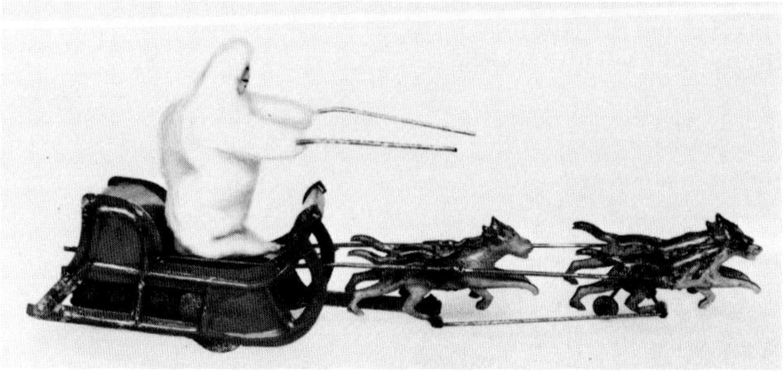

Sur ce traîneau mécanique de Fernand Martin (F.M.), en tôle vernie, long de 21,5 cm, les chiens se balancent et l'esquimau agite ses deux fouets. Coll. F. Boucrot.

On this clockwork Fernand Martin (FM) sleigh, in varnished tin plate, measuring 8.5 inches, the dogs jump up and down and the eskimo waves his whips. (F. Boucrot collection)

Traîneau en bois sculpté fait en Russie (32,5 cm).

Carved-wood sleigh from Russia, 12.8 inches long.

Traîneau fabriqué en Allemagne, en tôle peinte, long de 32 cm. ▷ Coll. J. Alsac.

German-built sleigh in painted tin plate, 12.6 inches long. (J. Alsac collection)

Voiture à chèvre de fabrication française à mécanisme, caisse en rotin et siège en satin, mesurant 45 cm.

Mechanical goat-drawn carriage of French manufacture; the body is made of cane and the upholstery is satin. 17.7 inches long.

17812. Cheval trotteur, à clochette, roues fer. Longueur $0^m,30$. **3.90**

Comme le montre cette carte postale 1900, les voitures à chèvres étaient utilisées dans les parcs pour promener les enfants.

As illustrated on this postcard of the 1900s, goat-drawn carriages were used to take children for a drive in the park.

TOMBEREAU avec cheval, tout en fer peint. Longueur 0^m34.

Prix **1.95**

Animaux en caoutchouc, mouton, chien ou cheval.
Prix **1.25**, **1.95** et **2.90**

Voiture bois verni, roues fer, cheval peau. Long.	0,40	0,44	0,50	0,58	0,66
Prix. . . .	3.25	4.50	5.90	7.90	9.90

TOMBEREAU attelé, métal colorié, garni de jouets longueur $0^m,33$.
Prix. **1.75**

Extraits de catalogues français : on y trouvait une grande variété de voitures utilitaires.

Extracts from various French catalogues; note the wide range of utility vehicles listed.

Extrait d'un catalogue français montrant «la voiture du mandarin».

Extract from a French catalogue: "the mandarin's carriage".

Charrette à chien (21 cm), attelage portugais (19 cm) et autruche attelée (13 cm). Coll. F. Boucrot.

Cart drawn by a dog (8.3 inches), Portuguese horse and cart (7.5 inches), and a 1-ostrich-power wagon (5.1 inches). (F. Boucrot collection)

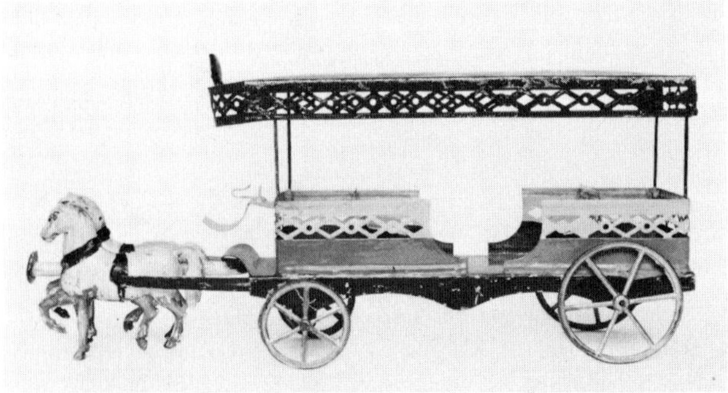

Char à bancs de fabrication française, en tôle peinte rouge, de 30,5 cm de long. Coll. F. Boucrot.

French-built charabanc in tin plate, painted red, 12 inches long. (F. Boucrot collection)

Chevaux Märklin (Allemagne) à pousser en carton pâte, longs de 73 cm, poussoir inclus. Coll. F. Boucrot.

Push-along carton horses from Märklin in Germany. The toy is 28.8 inches long overall. (F. Boucrot collection)

Ce jeu «Maître Paul» de Watillaux (France) est un montage en carton et bois sur une plaque de bois rainurée. Il mesure 32 cm.

This "Maître Paul" piece-together set from Watillaux in France is a flat construction in wood and cardboard on a 12.6-inch-long grooved wooden base (not shown).

Carrosse en plomb de 9 cm fait en France.

Lead-alloy coach, 3.5 inches long, of French manufacture.

Penny toys de 12 cm chacun représentant un fiacre et un tramway. Coll. P. Ottenheimer.

Penny toys, both 4.7 inches long, of a hackney carriage and a tramcar. (P. Ottenheimer collection)

Catalogue de la maison Bazinet. Coll. J. Alsac.

Bazinet catalogue. (J. Alsac collection)

Zèbre attelé «Zirka» mécanique de Lehmann (Allemagne) en tôle imprimée, long de 22 cm.

«Zirka», a mechanical cart drawn by a zebra from Lehmann in Germany, in lithographed tin plate, 8.7 inches long.

Extraits de catalogues français décrivant des charrettes tirées par des animaux en peau ou en drap. ▷

Extracts from various French catalogues describing carts drawn by animals made of leather or cloth.

Petit carrosse, jouet en argent du XVIIIe siècle, extrait de l'ouvrage *Les Jouets* de Léo Claretie.

Small cart. An 18th-century silver toy shown as an extract from Léo Claretie's book *Les Jouets*.

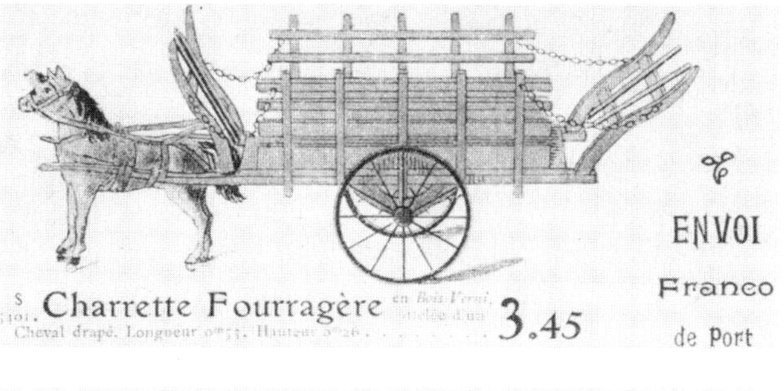

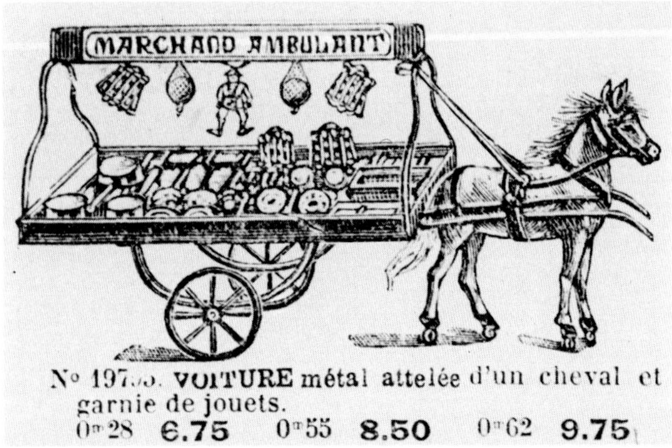

Deux jouets mécaniques et une charrette de marché extraits de catalogues français.

Two mechanical toys and a market cart; extracts from French catalogues.

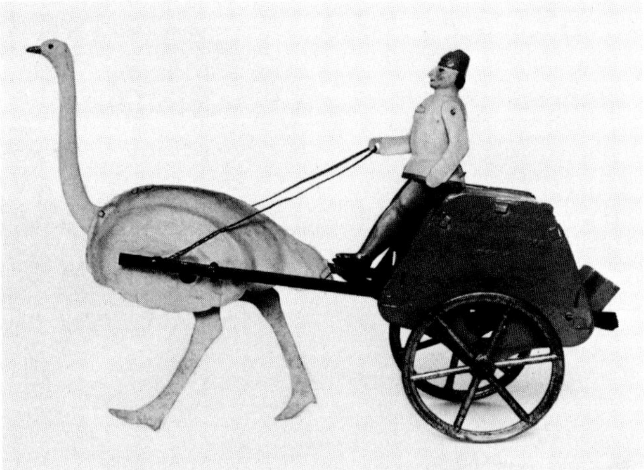

Autruche attelée mécanique de Fernand Martin (F.M.) en tôle peinte, longue de 19 cm. Coll. F. Boucrot.

Mechanical ostrich-drawn cart from Fernand Martin (FM), in painted tin plate, 7.5 inches long. (F. Boucrot collection)

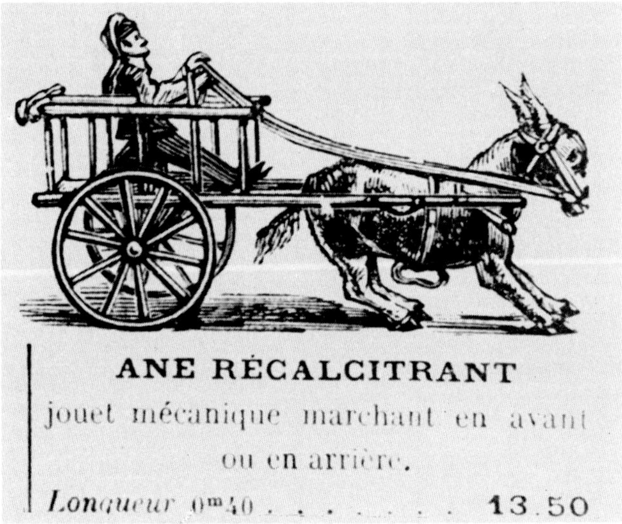

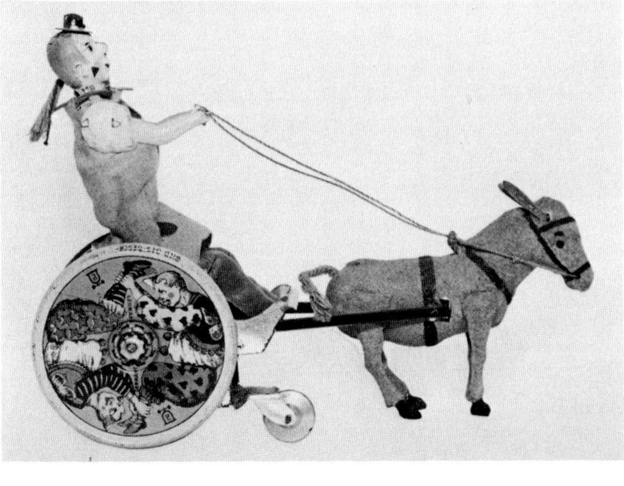

Ane attelé mécanique «Störrischer Esel» de Lehmann (Allemagne), ▷ en tôle imprimée, long de 19,5 cm. L'animal avance et recule en ruant. Un jouet un peu semblable, intitulé «âne récalcitrant», figurait dans un catalogue français.

"Störrischer Esel" ("The Stubborn Donkey"), a mechanical toy from Lehmann in Germany, in lithographed tin plate, 7.7 inches long. The animal bucks when it moves back and forth. A similar toy, sold as "âne récalcitrant", featured in a French catalogue.

Tapissière de Roitel-Rossignol (France) en tôle peinte de 25 cm. Cet article, numéro 31, fut soldé à 30 F la douzaine vers 1925-1930 comme l'indique l'étiquette dont le jouet est encore pourvu. Coll. J. Alsac.

Covered wagonette from Roitel-Rossignol (France) in painted tin plate, 9.8 inches long. This toy, No. 31, was sold as a job lot for 30 French francs a dozen in around 1925-1930, as indicated on the price tag it still bears. (J. Alsac collection)

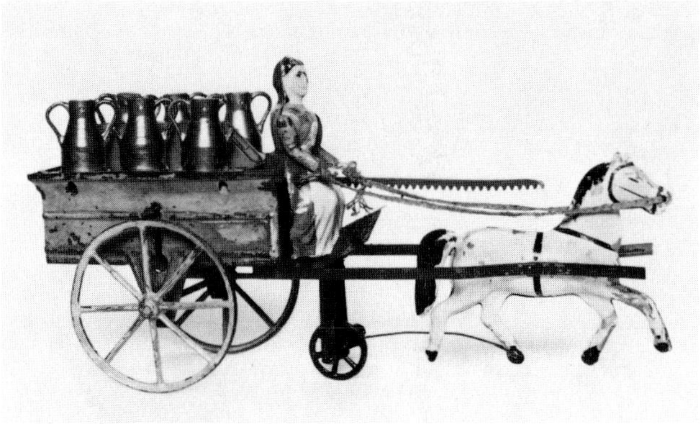

Charrette à lait de Charles Rossignol (France). Ce jouet à crémaillère, en tôle peinte, était long de 24 cm. Coll. D. Rémy.
Cet extrait de catalogue nous montre un autre jouet français de même nature.

Milk-cart from Charles Rossignol (France) in painted tin plate, 9.4 inches long. The toothed rack was there to drive the friction motor. (D. Rémy collection)
The catalogue extract shows another French toy built along the same lines.

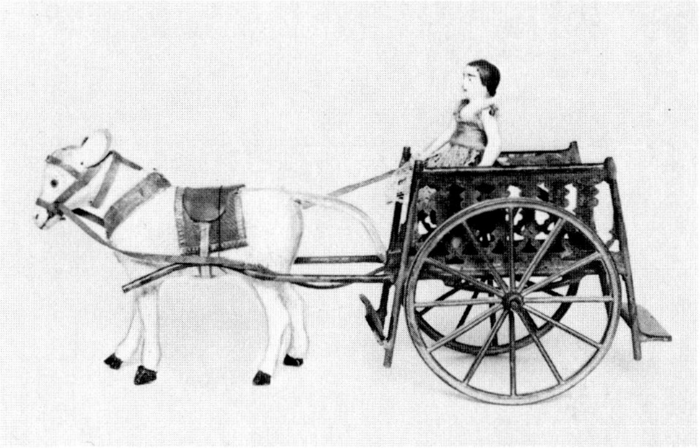

Charrette à lait de fabrication française, en tôle peinte en vert, longue de 20,5 cm. L'âne est en peau. Coll. F. Boucrot.

Milk-cart of French origin, in tin plate, painted green, ,8 inches long. The donkey is made of leather. (F. Boucrot collection)

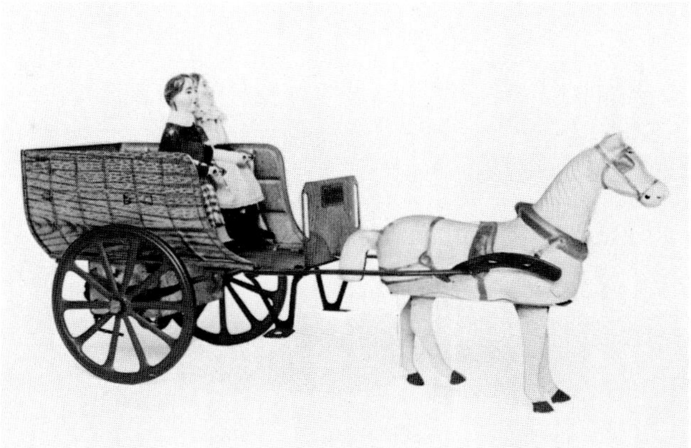

Charrette mécanique fabriquée par Victor Bonnet (V.B.), le successeur de F. Martin. Elle est en tôle imprimée et mesure 24 cm. Coll. F. Boucrot.

Mechanical cart made by Victor Bonnet (VB), F. Martin's successor. In lithographed tin plate, the toy is 9.4 inches long. (F. Boucrot collection)

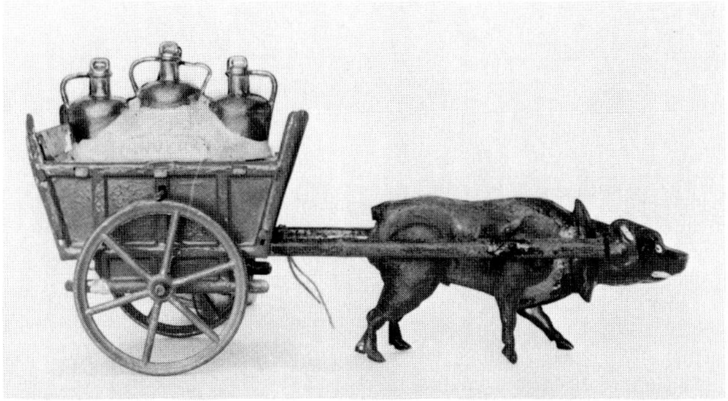

Charrette pour le transport du lait tirée par un chien faite par Fernand Martin (F.M.) en France. Le jouet, en tôle peinte, long de 19,5 cm, est à friction. Coll. J. Alsac.

Milk-cart pulled by a dog, from Fernand Martin (FM) in France. This is a friction toy, in painted tin plate, 7.7 inches long. (J. Alsac collection)

Attelage de brasserie de fabrication allemande. La voiture est en bois alors que les chevaux sont en Elastolin. L'ensemble mesure 60 cm. Coll. W. Störchli.

Brewer's dray, of German manufacture. The carriage is wooden and the horses are made of elastolin. Length is 23.6 inches overall. (W. Störchli collection)

Fourragère de Roitel-Rossignol (France), en tôle imprimée de couleur rouge, longue de 33 cm. Coll. J. Alsac.

Haycart from Roitel-Rossignol (France) in lithographed tin plate, red, 13 inches long. (J. Alsac collection)

Citerne de Roitel-Rossignol (France), en tôle peinte, de 35 cm, pouvant se remplir d'eau et se vider par le robinet. Coll. J. Alsac.

Horse-drawn tanker from Roitel-Rossignol (France) in painted tin plate, 13.8 inches long. The tank can be filled with water and emptied by a tap at the rear. (J. Alsac collection)

Tonne d'eau de fabrication française, en tôle peinte, rouge et jaune, longue de 30,5 cm.

Water-carrying wagon of French manufacture, in tin plate painted red and yellow, 12 inches long.

Tonneau d'arrosage de Roitel-Rossignol (France), en tôle peinte, long de 36 cm. L'eau s'écoule par une rampe percée en plusieurs points. La voiture était accompagnée d'un personnage.

Street-cleaner from Roitel-Rossignol (France) in painted tin plate, 14.2 inches long. Water is sprayed through holes in the pipe at the back. The wagon was originally accompanied by a toy figure.

Balayeuse de Roitel-Rossignol (France), en tôle peinte, longue de 26 cm. Coll. J. Alsac.

Street sweeper from Roitel-Rossignol (France) in painted tin plate, 10.2 inches long. (J. Alsac collection)

Haquet pour le transport des tonneaux fabriqué par Roitel-Rossignol (France) en tôle peinte. Les longerons s'abaissent pour descendre les tonneaux et un cabestan permet de tendre les ficelles. Le jouet mesure 47 cm. Coll. J. Alsac.

Barrel-transporter from Roitel-Rossignol (France) in painted tin plate. The side-members tilt down to unload the barrels and a winch tightens the ropes. The toy measures 18.5 inches. (J. Alsac collection)

Tombereau à bascule (ici en position de marche) fabriqué en France par Roitel-Rossignol. La voiture de tôle peinte mesure 37 cm. Coll. J. Alsac.

Tipper cart with lifting skip made in France by Roitel-Rossignol, in painted tin plate, 14.6 inches long. (J. Alsac collection)

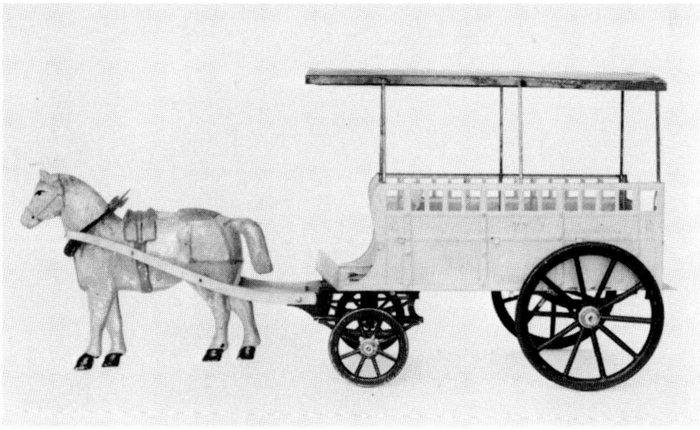

Tapissière de Roitel-Rossignol (France), en tôle peinte bleu ciel, long de 43 cm. Coll. J. Alsac.

Covered wagon from Roitel-Rossignol (France) in tin plate, painted sky-blue, 16.9 inches long. (J. Alsac collection)

Cavaliers suisses et leur cantine (43 cm). Coll. W. Störchli. ▷

Swiss cavalrymen and their canteen wagon (16.9 inches long). (W. Störchli collection)

Attelage militaire de Roitel-Rossignol (France) en tôle peinte se composant, de gauche à droite, d'une voiture régimentaire (27 cm), d'un canon de 75 attelé (32 cm) et d'une ambulance (20 cm).

Military group from Roitel-Rossignol (France) in painted tin plate, comprising (from the left) a regimental carriage (10.6 inches), a 75-mm cannon with carriage (12.6 inches) and ambulance (7.9 inches).

Ambulance du fabricant parisien C.B.G. en plomb peint, longue de 19,5 cm.

Ambulance by the French firm, CBG, in Paris, in painted lead alloy, 7.7 inches long.

Attelage d'artillerie de fabrication française, en plomb, mesurant 40 cm. Coll. J. Alsac.

Artillery team of French manufacture, in lead alloy, 15.7 inches long. (J. Alsac collection)

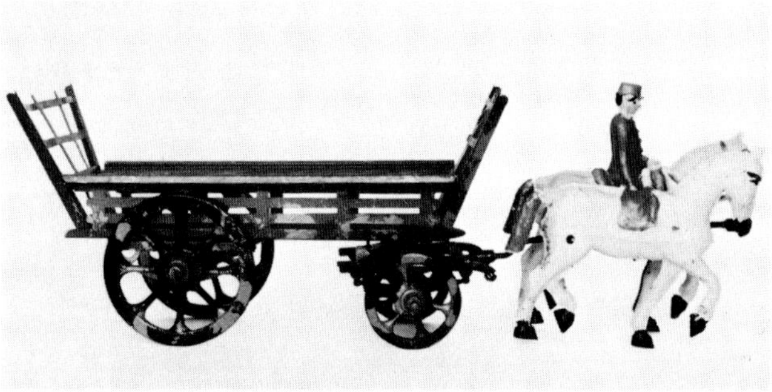

Fourragère de Roitel-Rossignol (France), en tôle peinte, longue de 28 cm. Ce jouet portait la référence 46. Coll. J. Alsac.

Haywagon from Roitel-Rossignol (France) in painted tin plate, 11 inches long. This toy bore catalogue number 46. (J. Alsac collection)

Ambulance de Roitel-Rossignol (France) à friction, en tôle peinte, longue de 23 cm. Le cheval est animé par une bielle. Coll. J. Alsac.

Ambulance by the French manufacturer, Roitel-Rossignol, with friction drive, in painted tin plate, 9 inches long. The horse's movement was effected by the connecting rod behind the front wheel. (J. Alsac collection)

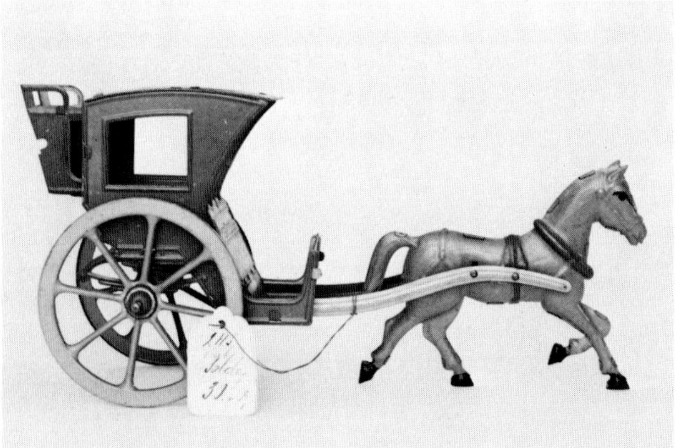

Cab de Charles Rossignol (C.R.), en tôle peinte, de 28 cm. Ce jouet français qui portait la référence 245 au catalogue du fabricant se voyait soldé 30 F la douzaine vers 1925-1930. Coll. J. Alsac.

Cab made by Charles Rossignol (CR), in painted tin plate, 11 inches long. This French toy, catalogue number 245, was sold off for 30 francs a dozen in around 1925-1930. (J. Alsac collection)

Cab en tôle peinte long de 20 cm fabriqué en Allemagne. Coll. P. Ottenheimer.

Cab in painted tin plate, 7.9 inches long, made in Germany. (P. Ottenheimer collection)

Cab du fabricant français Fernand Martin (F.M.). Le jouet, en tôle peinte, long de 21 cm, est à friction.

Cab with friction motor from Fernand Martin (FM) (France) in painted tin plate, 8.3 inches long.

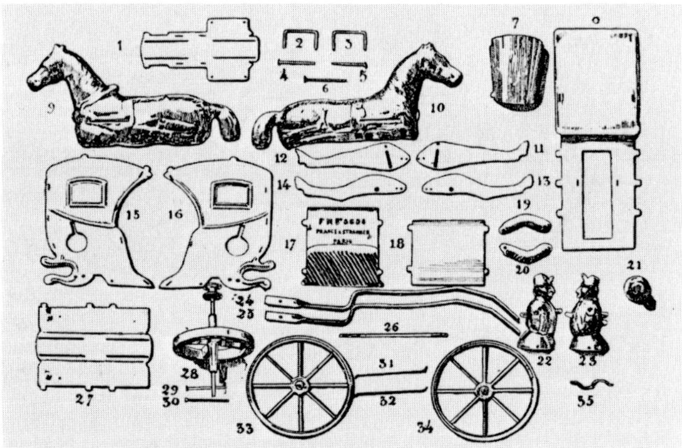

Le cab de Fernand Martin tel qu'il était illustré dans *Les Jouets* de Léo Claretie.

The Fernand Martin cab as illustrated in *Les Jouets* by Léo Claretie.

Cab de fabrication allemande, en fer peint, haut de 21 cm. Coll. W. Störchli.

German-built cab, in painted iron, 8.3 inches high. (W. Störchli collection)

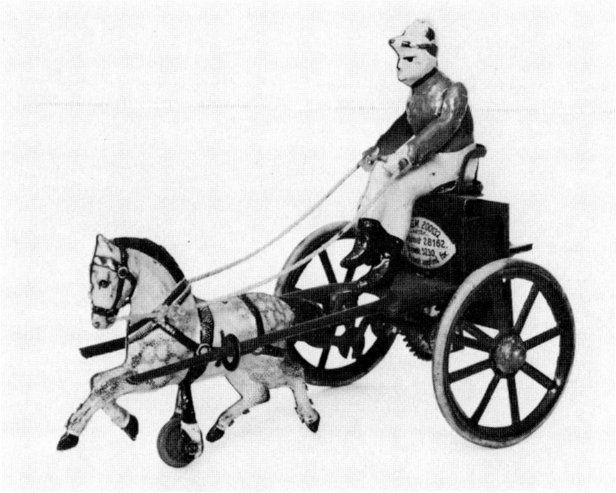

Sulky de Günthermann (Allemagne), mécanique, en tôle imprimée, long de 13 cm. Coll. J. Alsac.

Mechanical sulky from the German firm of Günthermann, in lithographed tin plate, 5.1 inches long. (J. Alsac collection)

Charrette de Günthermann (Allemagne), en tôle imprimée, longue de 21 cm. Coll. J. Alsac.

Cart from Günthermann in Germany, in lithographed tin plate, 8.3 inches long. (J. Alsac collection)

Chèvre attelée mécanique de Günthermann (Allemagne), en tôle peinte, longue de 22 cm.

Mechanical goat-drawn cart from Günthermann in Germany, in painted tin plate, 8.7 inches long.

Tilbury Günthermann (Allemagne), en tôle peinte, long de 33 cm. ▹ Coll. P. Ottenheimer.

Tilbury from Günthermann in Germany, in painted tin plate, 13 inches long. (P. Ottenheimer collection)

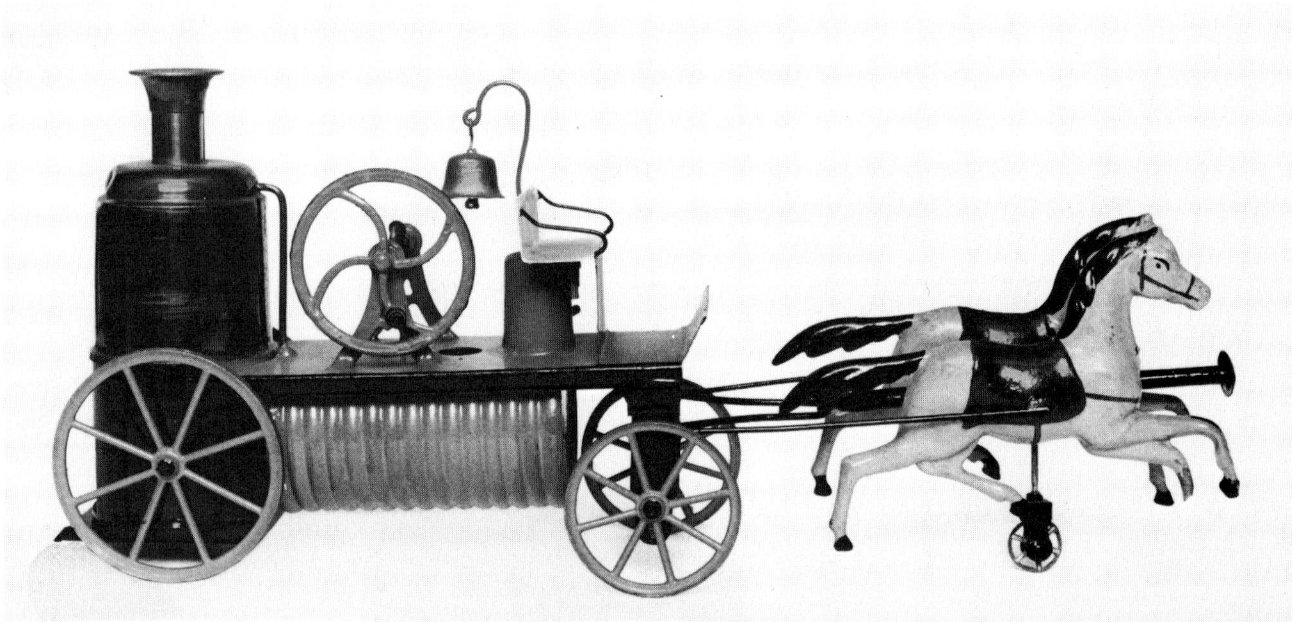

Pompe à incendie à vapeur de fabrication française, en tôle peinte, longue de 29 cm. Coll. F. Boucrot.

French-built steam fire engine, in painted tin plate, 11.4 inches long. (F. Boucrot collection)

Assortiment de pompiers au catalogue d'un marchand français vers 1900.

Fire brigade set from a French retailer's catalogue of around 1900.

Pompe à incendie à vapeur de Märklin (Allemagne) datant de 1903. Elle est en tôle peinte et mesure 50 cm.

Steam fire engine by the German firm, Märklin, dating from 1903. The toy is 19.7 inches long, in painted tin plate.

Auto-pompe figurant au catalogue d'un grand magasin parisien du début du siècle. ▷

Fire-pump featured in the catalogue of a Paris department store at the turn of the century.

Pompe à incendie à vapeur de Charles Rossignol (C.R.), en tôle peinte au vernis, longue de 22 cm.

Steam fire engine from Charles Rossignol (CR), in lacquered tin plate, 8.7 inches long.

Pompe à incendie à vapeur de Charles Rossignol (C.R.) en tôle peinte et vernie, longue de 22 cm. L'échelle était amovible et se plaçait, repliée à l'horizontale, entre le siège et la chaudière. Coll. F. Boucrot.

Steam fire engine from Charles Rossignol (CR), in painted and varnished tin plate, 8.7 inches long. The ladder was detachable and rested, when suitably collapsed, between the seat and the boiler. (F. Boucrot collection)

Carte postale 1900. Il y est écrit: «Mille remerciements. Une petite amie vous envoie ses meilleurs baisers».

French postcard of the 1900s. The message translates literally as: "A thousand thanks. A small lady-friend sends you her best kisses".

Les cycles

Cycles

LES CYCLES

C'est à partir de 1890, lorsque le vétérinaire et ingénieur écossais John Boyd Dunlop inventa le pneumatique, que la bicyclette, enfin pratique et confortable, devint d'un usage courant chez les enfants.

L'année suivante, elle se présentait déjà sous son aspect définitif, puisqu'elle comportait deux roues de même diamètre (l'une directrice, l'autre motrice), un pédalier à transmission par chaîne, une selle, un guidon (encore appelé gouvernail) et un frein.

Au Palais des Sports de la rue de Berry, à Paris, comme en d'autres lieux publics de Londres, de Berlin ou de Rome, chacun se pressait pour défier, dans la joie, les lois de l'équilibre. Puis on créa des vélodromes, on organisa de grandes courses sur route (Paris-Brest-Paris, Paris-Bordeaux), des concours d'élégance où, à la surprise des spectateurs, la jupe culotte fit pour la première fois son apparition, et d'autres rencontres publiques, aux quatre coins de l'Europe.

Tout naturellement, le jouet suivit le mouvement, en s'inspirant des modèles, à deux ou trois roues, avec lesquels triomphaient les sportifs de la route et de la piste. Pour sa part, la société Vichy réalisa d'admirables tricycles avec poupées mignonnettes, à tête en porcelaine, vêtues selon la mode que présentaient les élégantes du Bois de Boulogne, et un ravissant cyclecar fonctionnant avec une crémaillère.

D'une facture plus rustique, un jouet français en bois (vendu 3,50 F en 1900), qui obtint un certain succès, avait été baptisé «l'infatigable cycliste». L'enfant le poussait à l'aide d'un long manche et la rotation de la roue arrière animait les jambes du coureur.

Ce tricycle allemand baptisé «cycliste-sonneur» est plus ancien, sa marche se trouvait rythmée par un petit marteau qui venait frapper un timbre à chaque tour de roue, et il était chevauché par un personnage qui portait l'une des premières casquettes de sport.

Nombre de fabricants tirèrent de bonnes idées de l'univers du cycle. Mais il est amusant de noter que peu de modèles fonctionnaient sur deux roues. La plupart en avaient trois, pour être plus stables, comme le cycliste-sonneur que je viens de citer et divers jouets de boulevard en tôle peinte au vernis.

L'un de ces jouets à «deux sous», le «vélocipédiste» (Allemagne), fonctionnait à friction. D'une structure assez frêle, il est néanmoins d'une élégance qui fait honneur au talent de son auteur.

Pour faire rouler les vélos sur deux roues, certains fabricants avaient recours à d'astucieux artifices. «La famille en promenade» (Allemagne), qui en est un pittoresque exemple, se compose de trois vélos, solidai-

CYCLES

From 1890 on, once Scottish engineer and veterinary surgeon John Boyd Dunlop had invented the pneumatic tyre, the bicycle, finally made comfortable and practical, became commonly used by children.

By the following year the bicycle's definitive shape was decided; it now bore two wheels of the same diameter (one for the steering, one for the drive), a pedal-wheel for chain drive, a saddle, handlebars, and a brake.

In the sports centre in rue de Berry in Paris, as in similar places in cities all over the world, people were flocking in to take their turn at defying the laws of gravity. Then came tracks purpose-built for bicycles, and the great road races such as Paris-Brest-Paris and Paris-Bordeaux; then there were the concours d'élégance, where to visitors' surprise culottes made their first appearance, and a host of other public meetings all over Europe.

Of course, toys soon followed this trend with models of the two- and three-wheelers the heroes of the roads and tracks were riding.

Vichy was one such maker, producing some admirable tricycles with tiny riders, porcelain-headed, dressed in the height of fashion, and a beautiful cyclecar with toothed-rack powered friction motor.

Along more traditional lines was a rather popular French toy in wood, sold for 3.50 francs in 1900: "l'infatigable cycliste" ("the untiring cyclist"). Its owner pushed it along with a stick, and as the rear wheel turned, so the cyclist pedalled.

The German bell-ringing cyclist toy is older. A tiny hammer hit a bell as the wheel turned, and the rider was wearing one of the first ever crash helmets.

Although the world of cycles was a source of great inspiration for many makers, it is interesting to note that few of the models worked on only two wheels. Most had three, for extra stability; such was the case for the German toy just mentioned, and for several market-stall toys in lacquered tin plate.

One of these penny toys, a German cyclist, had friction drive. Though not a very sturdy model, its elegance says much for its maker's talent.

Some makers used a little cunning to make their cycles run on two wheels. The German "family out for a ride", a prime example, had three bicycles soldered together to make a six-wheeled, stable structure. Another toy, a scooter made in France, was balanced with a gyroscope. And it was easy enough to hold a group of bicycles via rods onto a central, motorized pivot, as was done on the "Course cycliste" bicycle-

res les uns des autres, dont les six roues constituent une assise stable. Un autre jouet, une patinette, de marque française, se tenait en équilibre avec un gyroscope. Il était encore facile de faire tenir des vélos sur un jeu, comme ceux de la «Course cycliste» tournant en rond autour d'un axe moteur, avec des tringles. Inspiré des courses disputées au vélodrome parisien de Buffalo, ce jouet de salon qui permettait d'engager des paris fut réalisé en deux modèles de tailles différentes, avec trois et quatre cyclistes.

Mais la bicyclette est un jouet en elle-même, et outre ces modèles, un large éventail de véritables vélos et tricycles, généralement construits en métal, permettaient aux enfants de s'initier aux plaisirs du sport. Un modèle curieux, «la pédalette», à cadre en bois, roues en fer et selle ajustable, se vendait vers 1900, entre 25,50 F et 34 F aux *Grands Magasins du Louvre*.

Unique en son genre dans le domaine du cycle fut la bicyclette en bois de M. Paul Clerc (7 et 15, rue de l'Estrapade, à Paris), qui connut assez de succès pour trouver place, en 1899, dans la rubrique des inventions ingénieuses de la revue *La Nature*, où elle fut ainsi décrite:

Nos lecteurs se rappellent sans doute la petite draisienne en bois décrite ici il y a quelque temps. L'inventeur vient de créer une bicyclette à cadre normal en bois, boulonné et ajusté solidement... La fourche arrière du bas seule est en fer. Il y a des tendeurs pour la chaîne, comme sur les grandes bicyclettes. Le guidon, sans être cintré, place cependant les poignées vers le corps, de sorte que la position du cycliste est suffisamment commode.

Cette bicyclette ne coûte que 25 F, ce qui la met à portée de toutes les bourses. Elle est spécialement destinée au premier âge, de 8 à 12 ans, et nous pensons que ceux qui nous lisent seront heureux que nous la signalions au moment des étrennes.

Un vélo plus perfectionné, nommé «Prefer», valait 130 F au début du siècle. Son cadre était en fer et son équipement comprenait une chaîne à double rouleau nickelé, une sacoche garnie et des pneus gonflables.

Mais qu'il soit simple ou perfectionné, le vélo est toujours un jouet intéressant pour l'enfant, parce qu'il lui donne la notion de l'équilibre et lui permet de prendre conscience très tôt des dangers de la route, tout en lui apportant des sensations grisantes de liberté. C'est du moins l'impression que je garde de mes propres expériences de jeunesse. Aussi est-il dommage que le comte Giansanti-Coluzzi n'ait jamais eu autrefois le plaisir de posséder de tels jouets. Et quand le hasard voulut qu'un jour M. Opel en personne lui propose de réaliser le rêve de sa vie en lui offrant un vélo, Antonio eut

race toy. Inspired by the races at the Buffalo track in Paris, this betting game came in two sizes: one with three cyclists, the other with four.

Still, a bicycle is a toy in its own right, and apart from these models there was a wide range of real, mostly metal, two- and three-wheelers, serving to initiate the young to the pleasures of sport. A curious machine called the "pédalette", with "wooden frame, iron wheels and adjustable saddle", was sold in around 1900 for between 25.50 and 34 francs in the *Grands Magasins du Louvre* in Paris.

Unique among toy cycles was a wooden bicycle made by M. Paul Clerc at 7 & 15, rue de L'Estrapade, Paris. Its success was sufficient for it to find a place in the inventions column of *La Nature* magazine in 1899, where it was described as follows:

Our readers will no doubt recall the small wooden dandy-horse described here not long ago. The inventor has just created a bicycle with a normal frame in wood, bolted and solidly fitted together. Only the bottoms of the rear forks are iron. There are tension wheels for the chain as on a full-size machine. The handlebars, although not dropped, place the handgrips towards the body, so that the rider's position is comfortable enough.

This bicycle costs only 25 francs, which puts it within reach of everybody's budget. It is especially intended for the young, from 8 to 12 years, and we think that readers will be happy that we have mentioned the cycle at the time that it is put on sale.

A more sophisticated bicycle, the "Prefer", cost 130 francs at the turn of the century. It had an iron frame, a nickel-plated chain, an equipped saddlebag and pneumatic tyres.

But whether simple or de luxe, the bicyle was always an interesting toy for children, giving them a sense of balance and a very early taste of the dangers of the road, while at the same time giving them the heady sensation of freedom. At least, that's the impression my own youthful experiences have left me with. What

la cruelle déception d'entendre sa mère répondre au grand constructeur allemand qu'elle ne voulait pas voir son fils utiliser un jouet aussi dangereux!

Les chevaux mécaniques montés sur trois roues se vendaient très bien à la fin du siècle dernier, car l'automobile n'avait pas supplanté la traction animale et les enfants avaient encore le goût de l'équitation. Il existait des chevaux mécaniques de toutes tailles et à tous les prix, peints ou gainés de peau.

Voici des prix qui se rapportent à la vente d'un cheval de série à trois roues en fer, comportant un collier grelottière, des jambes indétachables, un tapis et une «selle riche»:

3 ans: 12,25 F	4 ans: 14,50 F	5 ans: 16,50 F
6 ans: 19,50 F	7 ans: 22,60 F	8 ans: 25,50 F

Les premiers chevaux-tricycles étaient construits en bois (tête et roues). Ils furent plus tard conçus industriellement, avec des roues à rayons en fer et une tête en fonte.

L'enfant utilisait ces jouets de trois façons: soit avec un pédalier en prise directe sur la roue avant, soit avec une manivelle (l'axe traversant la tête de l'animal était relié à l'axe de la roue avant par une chaîne), ou bien avec un pédalier relié par une chaîne au pignon de l'axe des roues arrière. On dirigeait ces tricycles à l'aide de poignées fixées de chaque côté de la tête du cheval qui était solidaire de la roue avant.

La décoration de ces jouets, remarquable dans le détail, comprenait une crinière et une queue, en crins véritables et, pour les modèles luxueux, un gainage en peau imitant le pelage des chevaux. Parmi les accessoires, on trouvait des harnachement complets, avec mors, selle et étriers, ainsi que des plumets, des pompons et des grelots.

Il n'est pas douteux que ces jouets, si représentatifs de leur époque, tenaient une grande place dans les jeux des enfants, si j'en juge par les documents qui sont parvenus jusqu'à nous et par ce qu'écrivaient les journalistes et les littérateurs de la fin du siècle dernier.

Voici comment Léo Claretie traduisait les sentiments d'un jeune cavalier à l'égard de son cheval:

Il l'adore, il le désire, il met toute son illusion à se figurer qu'il chevauche. Il rayonne si son père, à son retour et au débotté, le fait asseoir quelques minutes sur sa selle, tandis que le palefrenier tient la bête au mors par précaution. Quand on l'a remis à terre, il continue, dans sa petite imagination, la grande cavalcade qu'il a rêvée, il l'achève sur son manche à balai ou sur son dada de carton, dont il punit à grands coups de cravache les écarts et les emballements.

a pity Count Giansanti-Coluzzi never had the pleasure of owning such a plaything, even though one day Herr Opel himself offered him one. Antonio was dealt a cruel blow by his mother's reply to the great German manufacturer that she never wanted to see her son with such a dangerous toy.

Mechanical horses on three wheels sold well at the end of the 19th century; the car had not yet supplanted animal power and children still had a taste for horse-riding.

Such mechanical horses, painted or leather, came in all sizes and at all prices.

Here's the price list for a popular series of horses with three iron wheels, fitted with a jingling harness, non-detachable legs, and a blanket under a "richly decorated saddle":

3 years: 12.25 F	4 years: 14.50 F	5 years: 16.50 F
6 years: 19.50 F	7 years: 22.60 F	8 years: 25.50 F

The first horse-tricycles had head and wheels in wood. Later, they were built industrially with spoked iron wheels and cast head.

There were three methods of operation: with the pedals fixed directly to the front wheel; with a lever (an axle through the horse's head being linked to the front axle by chain); or with a pedal-wheel linked by chain to a sprocket on the rear axle. Steering was via handgrips fitted to the horse's head, which was fixed to the front wheel.

The remarkably detailed decoration of these toys included a main and a tail, in real horsehair, and more de luxe models had leather to imitate the horse's coat. As accessories could be found complete harnesses, with bit, saddle and stirrups, and all kinds of plumes, tassels and bells.

There is no doubt that these toys, so representative of their era, played a large part in children's games, judging by the illustrative material that has survived and the writings of journalists and authors at the end of the 19th century.

This is how Léo Claretie described a young rider's feelings with regard to his horse:

He adored it, he craved for it, he put his all into imagining he was riding. He beamed if his father, back from riding, sat him in the saddle for a few minutes while the groom held the bridle as a precaution. Once put back on the ground he continued, in his young imagination, the great cavalcade of which he dreamt; he finished it off riding his broom handle or his cardboard hobby-horse, flogging it with a horsewhip if it shyed or bolted.

What charming poetry there is in the young child's horse! The poor beast has received so many blows

Quelle charmante poésie dans le cheval de bébé! La pauvre bête a tant reçu de coups qu'elle est fort endommagée, avec une patte en moins, ni queue ni oreilles, les angles usés et gris, mais l'air toujours fier et hardi, la patte gauche noblement levée, prête pour la grande traite à fournir, la tête altière sous les caresses comme sous les injures, les récriminations et les coups de poing....

C'est une pénible destinée que celle du cheval pour enfant, et il y faut une robuste constitution. Les chevaux de luxe, en bois sculpté, avec engrenage à mécanique qui actionne trois roues, ne résistent pas longtemps à ce dur travail: chacun sait que les pur-sang sont plus délicats que les gros percherons, et ont besoins de soins et de ménagements. Le percheron du baby, c'est le traditionnel palefroi de carton-pâte, docile, souple dans les coups, résistant à la fatigue, sans compter que son prix modeste permet de le remplacer plus aisément et plus souvent. Ses pieds posent tantôt sur quatre petites roulettes de fauteuil, tantôt sur une bascule pareille à celle du rocking-chair américain, fort propre à accoutumer l'enfance contre le mal de mer.

Depuis quelques années, on fabrique des bêtes un peu plus grosses, qui reposent par le milieu du ventre sur un solide ressort à boudin: par des mouvements de reins, le cavalier leur imprime une allure accélérée, au trot invraisemblable où la monture fait alternativement un saut en avant en un saut en arrière, ce qui est encore une façon de marquer le pas.

LES MOTOS

C'est à Ernst-Paul Lehmann que revient l'honneur d'avoir fabriqué les plus belles motos jouets (quoi de plus sympathique, en effet, que les modèles *Halloh*, *Echo* et *Roon* aux formes élégantes et si bien lithographiés?) et à Güthermann d'avoir produit, vers 1910, les premiers échantillons du genre.

Il serait toutefois injuste d'oublier les firmes allemandes Fischer, Greppert-Kelch, et Müller & Kadeler qui réalisèrent des modèles non moins séduisants, très souvent avec side-car.

La France fut moins fertile en ce domaine, alors qu'elle fit preuve de tant de créativité dans la grande industrie du cycle et de la moto. Mentionnons toutefois que la marque Jouet Français fabriqua certains modèles avec side-car, dans un style assez intéressant, mais plus rustique.

L'un de ces jouets mécaniques (avec personnage vêtu d'une pelisse) est équipé d'un projecteur électrique ali-

that it has become severely damaged; it is missing a hoof, its tail and its ears. Grey and tattered, it remains proud and bold, its left hoof nobly raised, ready for the long stretch ahead, its head as haughty when stroked as when insulted, blamed and punched...

Being a child's horse is a hard destiny, and it needs a strong constitution. The de luxe models, in carved wood, with mechanical gearing to drive three wheels, cannot withstand the hard work for long; everyone knows that thoroughbreds are more delicate than carthorses, and need care and consideration. The

infant's horse is the traditional pasteboard palfrey; docile, supple under blows, not easily fatigued, without mentioning that its low price allows it to be replaced more easily and more often. On some models the feet rest on four armchair-type casters; on others the base is like that of a rocking chair, perfect for preparing youth against sea-sickness.

Slightly larger models have been made for some years where the horse's belly rests on a large coil spring. By pulling the reins the rider quickens the horse's pace to an improbable trot where the mount jolts alternately to the front and to the rear, yet another way of marking time.

MOTORCYCLES

Motorcycle toy honours go to Ernst-Paul Lehmann for having made the most beautiful models (what others can compete with the elegant and finely lithographed "Halloh", "Echo" and "Roon"?) and toGünthermann for having produced, in around 1910, the first examples of the species.

But it would be an injustice to omit to mention German firms Fischer, Greppert-Kelch and Müller & Kadeler, who all produced certain models, often with sidecars, that were no less attractive.

France was less active in this field, although not

menté par une pile de 4,5 V; détail que l'on ne trouve pas sur la plupart des jouets allemands de l'époque.
Comme je l'ai expliqué dans le chapitre des vélos, c'est pour échapper aux lois de l'équilibre que les constructeurs de jouets fabriquèrent plus volontiers des tricycles. Pour les motos, ils ajoutèrent des side-cars, une béquille ou des roulettes stabilisatrices.
Dans le monde de la collection, les motos anciennes sont assez rares, mais la tendance agit en leur faveur car elles sont prisées des jeunes générations. Il est certain que la collection de motos jouets comptera à l'avenir parmi les grands thèmes, d'autant que de beaux modèles ont été produits, dans tous les pays, depuis la dernière guerre.
Mais le point de vue de nos grands collectionneurs de jouets automobiles est mitigé à ce sujet. Pour Daniel Rémy, ces mécaniques à deux roues enrichissent une collection d'autos, parce qu'elles créent un trait d'union entre ces dernières et les vélos. Il attache en outre un certain intérêt à ces jouets qui lui rappellent de bons souvenirs de motard. Considérant de ce fait que les motos sont des engins sympathiques, il regrette qu'on les ait traitées, dans le passé, en parent pauvre de la locomotion. C'est ainsi qu'il explique la raison de leur rareté dans l'univers des jouets.
Walter Störchli les aime aussi, mais il se plaint de n'en trouver que trop rarement dans ses recherches, car il lui tarde de combler certaines lacunes avec de bons classiques fabriqués par Lehmann, Müller & Kadeler, ou encore Greppert-Kelch.
Le comte Giansanti-Coluzzi n'aime pas ces jouets parce qu'il n'a jamais apprécié les vrais modèles. Il considère la moto comme un «abrégé» des transports routiers; une «demi-portion» d'automobile avec laquelle on ne peut se déplacer que dans un confort très relatif. L'automobile est pour lui la seule et véritable conquérante de la route. Il n'a de tendresse que pour les triporteurs, dont il souhaite avoir un jour un bel échantillon, en souvenir de ceux qu'il voyait autrefois rouler dans les rues de Paris, bariolés de publicités et avec lesquels les garçons livreurs faisaient la course.
Jacques Milet défend un point de vue tout différent, parce qu'il a toujours été un passionné de vraies motos. Il aime les Lehmann et est heureux de posséder la première Günthermann, mais il s'intéresse aussi aux jouets moins connus et plus récents, dont ceux qui furent réalisés en Espagne par la société Paya.
Notons que le personnage figurant sur l'un de ces modèles (side-car N° 804) ressemble étrangement au chauffeur de la voiture *Tut-Tut* de Lehmann. Il est corpulent et signale son arrivée avec la trompe qu'il porte à sa bouche.

lacking in creativity when it came to making real cycles. Mention should nevertheless be made of the firm Jouet Français, maker of a few models with sidecars in an interesting, if cruder, style.
One of the firm's clockwork toys, with cloak-wearing rider, is fitted with a 4.5-volt battery-powered headlamp, a detail not found on most German models of the era.
As I explained in the section on cycles, the laws of equilibrium dictated that makers were happier producing three-wheelers. For motorcycles, they would add sidecars, a stand, or stabilizers.
In the world of collecting, old motorcycles are rather rare, but the trend is moving in their favour, since they are now being sought after by the younger generation. Motorcycles will certainly be one of the major collecting themes of the future, especially bearing in mind the number of fine models made in all parts of the world since World War II.
Views on this subject are mixed among the collectors we interviewed. Daniel Rémy thinks motorcycles enrich a car collection because they represent the bridge between cars and bicycles, and he has a particular interest in these toys, which remind him of his motorcycling days. Given that they are fine machines, he mourns the fact that motorcycles were looked upon in the past as a poor relation of powered transport. This, he says, explains their rarity in the world of toys.
Walter Störchli is another motorcycle enthusiast, but he complains of finding them all too seldom, which delays his collection of certain Lehmann, Müller & Kadeler and Greppert-Kelch classics.
Count Giansanti-Coluzzi doesn't like these toys because he has never liked the real machines. He considers the motorcycle as an "abbreviation" of a means of transport; a mere half of a car offering travel in very limited comfort. The car alone, he says, is conqueror of the road. His heart only opens when it comes to carrier tricycles; he would like to find a fine example one day as a memory of those he used to see in Paris. They used to be covered in colourful advertisements, and the delivery boys would run races through the streets in them.
Jacques Milet, always an enthusiast for real motorbikes, defends quite another point of view. His favourites are the Lehmanns and he is the proud possessor of an example of the first Günthermann, but he is also interested in less known and more recent models, including those from Spanish firm Paya. Note the strange resemblance of the rider of one of these models (with sidecar, No. 804) to that of the

La moto pour laquelle Jacques Milet témoigne du plus grand enthousiasme est une Müller & Kadeler qu'il acheta au Marché aux Puces de Londres et pour laquelle il n'hésita pas à donner la quasi totalité du budget de son séjour en Angleterre!

Je n'ai, personnellement, jamais eu beaucoup de motos. Je le constate avec surprise, étant donné que tant de jouets différents me sont passés entre les mains et que je n'ai aucune antipathie pour ces objets que je trouve jolis et surtout plus silencieux que les modèles réels, dont j'exècre les rugissements. La raison en est probablement due au hasard.

N'est-ce pas à «Monsieur Hasard», le régisseur secret des commerces de brocante, que nous devons souvent nos découvertes?

Lehmann "Tut-Tut". A well-fed character, he signals his arrival by blowing a trumpet.

Jacques Milet waxes most enthusiastic over a certain Müller & Kadeler motorcycle he bought in a London flea-market — without hesitation in spending very nearly all the money he had put aside for his stay in England!

I myself have never had many motorcycles. I am surprised, bearing in mind all the different toys that have passed through my hands and given that I have no aversion to these models, which I find attractive and above all a lot quieter than the real machines, whose roaring I detest. It's just the way things seem to have turned out.

Is it not to luck that we owe many of our discoveries?

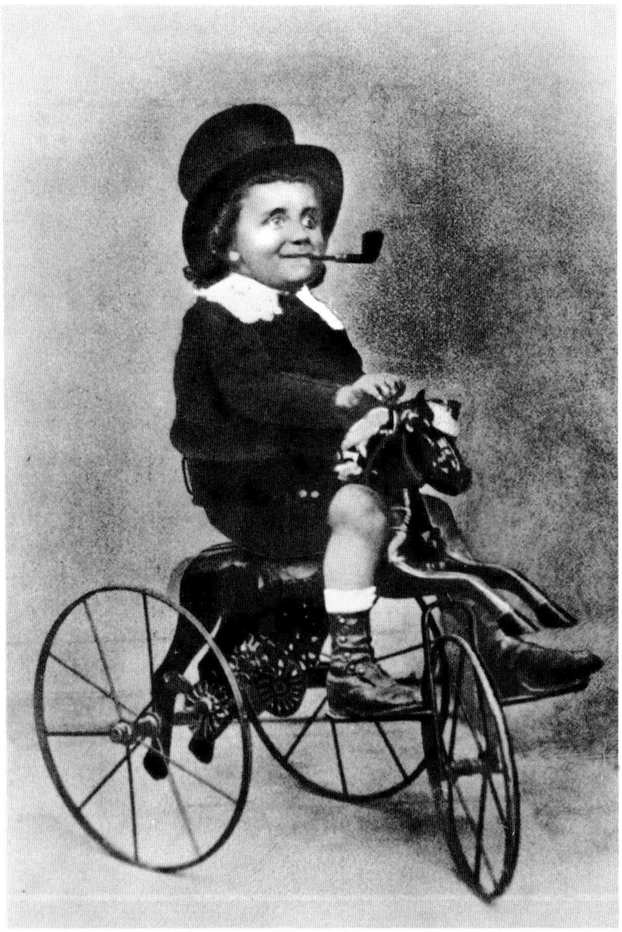

Le cheval mécanique, photo prise vers 1890. Tous les jeunes cavaliers de cette époque ne fumaient pas la pipe!

"Mechanical horse" in a photo taken in around 1890. You didn't *have* to smoke a pipe to own one!

Extrait d'un catalogue français montrant un tricycle dit cheval mécanique.

Extract from a French catalogue referring to a tricycle as a "mechanical horse".

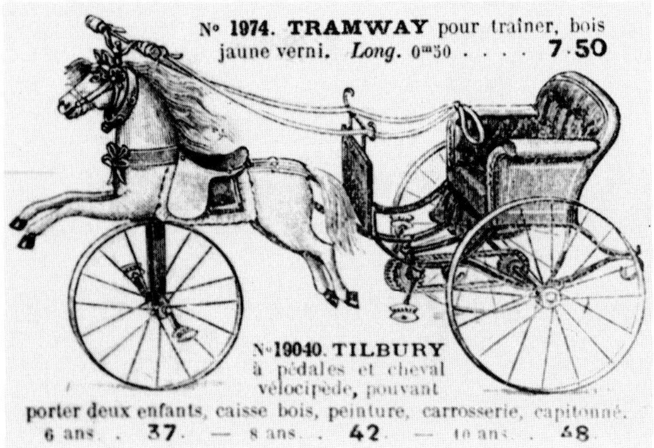

Extrait d'un catalogue français, un tilbury à pédales tiré par un cheval vélocipède pouvant porter deux enfants.

Extract from a French catalogue showing a pedal-driven Tilbury drawn by a bicycle/horse, for two children.

Cette charrette mécanique, présentée dans un catalogue français, était destinée à des enfants de 6 à 10 ans.

This mechanical cart, shown in a French catalogue, was designed for children from six to ten years.

Cheval mécanique coureur de Dannay (France).

Mechanical horse from Dannay in France.

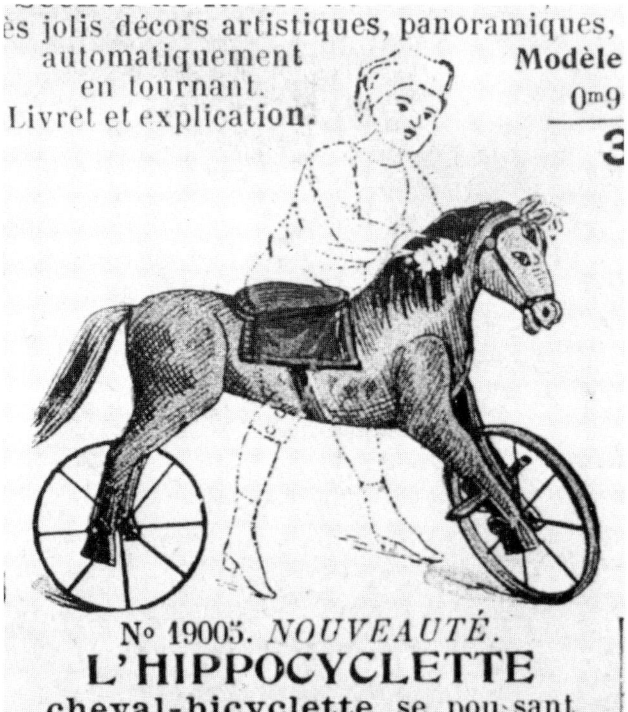

Cette hippocyclette figurait dans un catalogue parisien vers 1910.

This horse/bicycle was shown in a French catalogue of 1910.

Tricycle de fabrication française à entraînement par chaîne, en ▷ métal peint de couleur crème, long de 103 cm.

French chain-drive tricycle in cream-painted metal, 3 feet 4.5 inches long.

Ce cheval, une fois déplié, était à bascule. Replié, il se transformait en cheval à roulettes.

When in the up position, this toy was a rocking horse; folded down, it was a horse on wheels.

Tricycle à chaîne, extrait d'un catalogue français.

Chain-drive tricycle; extract from a French catalogue.

Tricycle de fabrication française, en bois, métal et osier, long de 90 cm. Le pédalier est monté sur l'axe de la roue avant.

French tricycle in wood, metal and wicker, just under 3 feet long. The pedals were mounted on the front axle.

Tricycle à grande roue fabriqué en France. Il est en métal peint en noir et long de 80 cm. Les pédales sont montées sur le moyeu avant.

Penny-farthing tricycle of French manufacture, in black-painted metal, 2 feet 7.5 inches long. The pedals are fitted to the front axle.

◁ Tricycle en fer forgé et poupée F.G. de 90 cm.

Wrought iron tricycle and F.G. doll (3 feet tall).

Le jeune Dunlop, âgé de 10 ans, essaie les deux premiers pneumatiques fabriqués par son père, J.B. Dunlop, vétérinaire à Belfast.

Master Dunlop, aged 10, trying out the first set of his father's pneumatic tyres. J.B. Dunlop was a Belfast vet.

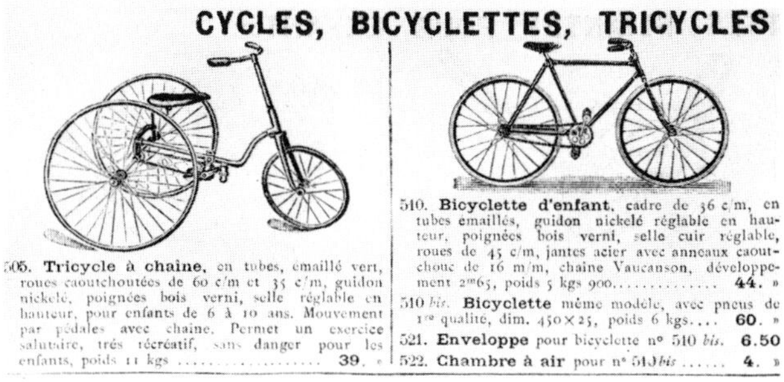

CYCLES, BICYCLETTES, TRICYCLES

505. **Tricycle à chaine**, en tubes, émaillé vert, roues caoutchoutées de 60 c/m et 35 c/m, guidon nickelé, poignées bois verni, selle réglable en hauteur, pour enfants de 6 à 10 ans. Mouvement par pédales avec chaine. Permet un exercice salutaire, très récréatif, sans danger pour les enfants, poids 11 kgs .... **39.** »

510. **Bicyclette d'enfant**, cadre de 36 c/m, en tubes emaillés, guidon nickelé réglable en hauteur, poignées bois verni, selle cuir réglable, roues de 45 c/m, jantes acier avec anneaux caoutchouc de 16 m/m, chaine Vaucanson, développement 2m65, poids 5 kgs 900.............. **44.** »

510 *bis*. **Bicyclette** même modèle, avec pneus de 1re qualité, dim. 450×25, poids 6 kgs.... **60.** »

521. **Enveloppe** pour bicyclette n° 510 *bis*. **6.50**

522. **Chambre à air** pour n° 510 *bis* ...... **4.** »

Extrait du catalogue de la Manufacture des Armes et Cycles de St. Etienne de 1912: le tricycle coûtait 39 F, la bicyclette 44 F.

Extract from the 1912 catalogue of the Manufacture des Armes et Cycles de St-Etienne (France). The tricycle cost 39 francs; the bicycle was 44.

Vélocipèdes

N° 33. CÉLERETTE

En fer plat entièrement peinte, selle rembourrée réglable

Numéros. . .	1	2
Roues de c/m . . .	25	30
Age . . . . . *ans*	4	6
Roues fer	6.50	7.50
— caoutchoutées	9.50	10.50

N° 34. BICYCLETTE

En fer plat entièrement peinte, munie de pédales à la roue d'avant, selle rembourrée réglable.

Numéros. . .	1	2
Roues de c/m . . .	30	35
Age . . . . . *ans*	6	8
Roues fer	8.50	9.50
— caoutchoutées	11.50	13 »

N° 32
BICYCLETTE A CHAINE

En fer plat verni.
Selle et guidon nickel réglables

Numéros. .	1	2	3
Roues de c/m . .	45	50	55
Roues fer	14 »	15.50	18 »
— caoutchoutées.	17 »	18.50	21 »

N° 20. BICYCLETTE GARÇON en tube d'acier

Axes lisses, selle ajustable
tige de selle, guidon et chaine réglables. — Guidon nickelé
Roues caoutchoutées de 13 millimètres

Numéros. . .	1	2	3
Roues de	45	50	55
Prix	28 »	30 »	32 »
avec caoutchouc en 19 m/m . . .	33 »	35.50	38 »

N° 35. TRICYCLE

En fer plat entièrement peint, muni de pédales à la roue d'avant, selle rembourrée et réglable.

Numéros . .	1	2	3
Roues de c/m . .	25	30	35
Roues fer	9 »	10.50	12 »
— caoutchoutées	13.50	15 »	16.50

N° 31. TRICYCLE A CHAINE

En fer plat verni.
Selle et guidon nickel réglables

Numéros	00	0	1	2	3
Roues de c/m. .	40	45	50	55	60
Roues fer	13 »	14 »	15 »	16.50	18 »
— caoutchoutées	17 »	18 50	20 »	22 »	24 »

MANUFACTURE

DE

VOITURES D'ENFANTS

Voitures de Poupées

JOUETS

Ancienne Maison H. PETITJEAN & SEVETTE

FRÉDÉRIC SEVETTE

Ingénieur A.-&-M., Successeur

12, Cité Nys (38, rue de l'Orillon)

PARIS (XIe)

TÉLÉPHONE ROQUETTE 38-14

Tarif Jouets

1913-1914

Deux pages extraites du catalogue 1913-1914 de Frédéric Sevette, manufacture de voitures d'enfants, voitures de poupées, jouets, établi au 12, Cité Nys, Paris (XIe).

Two pages from the 1913-1914 catalogue of Frédéric Sevette, maker of doll's and childrens' vehicles and toys at 12, Cité Nys, Paris, France.

Jouet à pousser «L'infatigable cycliste» fabriqué en France. Il est en bois peint et long de 83,5 cm.

"The indefatigable cyclist"; a French push-along toy in painted wood, 2 feet 9 inches long.

Une bicyclette en bois. — Nos lecteurs se rappel
ans doute la petite draisienne en bois décrite ici il y a quel
emps. L'inventeur vient de créer une bicyclette à c
ıormal en bois, boulonné et ajusté solidement. Nous en donr
i-dessous le dessin. La fourche arrière du bas seule est en
l y a des tendeurs pour la chaîne comme sur les grandes b

Bicyclette en bois.

lettes. Le guidon, sans être cintré, place cependant les
;nées vers le corps de sorte que la position du cycliste
ufisamment commode. Cette bicyclette ne coûte que 25 fr

Dessin illustrant un article sur la bicyclette en bois parue dans la revue *La Nature*.

Illustration from an article on wooden bicycles in French magazine *La Nature*.

◁ Bicyclette en bois au catalogue d'un grand magasin parisien.

Wooden bicycle featured in the catalogue of a Paris department store.

Pédalette de fabrication française, en bois peint, longue de 135 cm.

French "pédalette" in painted wood, 4 feet 5 inches long.

Famille à bicyclette, jouet mécanique en tôle peinte, long de 26 cm.

The family goes out for a ride; a clockwork toy in painted tin plate, 10.2 inches long.

Jouet à pousser «Bicycliste», extrait d'un catalogue français.

Push-along "bicyclist" shown in a French catalogue.

Les Deux Inséparables, jouet mécanique au catalogue d'un magasin parisien.

"The Inseperables", a mechanical toy shown in an extract from a Paris shop catalogue.

Vélocipède mû par un ressort en caoutchouc.

Penny-farthing driven by a rubber band.

Vélocipèdiste militaire, extrait d'un catalogue français. ▷

Military cyclist; extract from a French catalogue.

Le Sultan : jouet mécanique en fer et tissu — la tête du personnage est en porcelaine —, long de 39 cm. Le tricycle décrit une série de circuits elliptiques. Coll. F. Boucrot. ▷

The sultan; a clockwork toy in iron and fabric (the head is porcelain), 15.4 inches long. The tricycle runs in a series of curves. (F. Boucrot collection)

Tricycle mécanique en tôle peinte, long de 28 cm. Les deux cyclistes pédalent. Le timbre tinte à chaque tour de roue. Coll. F. Boucrot. ▷

Clockwork tricycle in painted tin plate, 11 inches long. The cyclists both pedal and the bell rings each time the wheel turns full circle. (F. Boucrot collection)

Patinette Victor Bonnet (V.B.) de fabrication française. Le jouet mécanique en tôle peinte et tissu mesure 22,5 cm. Le personnage avance en poussant le sol avec un pied.

Scooter from Victor Bonnet (VB) in France; a mechanical toy in painted tin plate and fabric, 8.9 inches long. The boy moves along by pushing a foot against the ground.

G.M.
ROAD SERVICE

A gauche, side-car du fabricant allemand Greppert-Kelch (G.K.) long de 16 cm. A droite, side-car fabriqué en Allemagne par Wilhelm Kraus (W.K.) long de 17,5 cm. Coll. P. Ottenheimer.

Two German sidecars; on the left, one from Greppert-Kelch (GK), 6.3 inches long; on the right, one from Wilhelm Kraus (WK), 6.9 inches long. (P. Ottenheimer collection)

Side-car mécanique de fabrication allemande, en tôle imprimée, long de 20 cm. Il était animé par un mouvement à ressort à boudin. Coll. J. Alsac.

German clockwork sidecar in lithographed tin plate, 7.9 inches long. Drive came from a coil spring. (J. Alsac collection)

Motocyclette mécanique Fischer (Allemagne), en tôle imprimée, longue de 17,5 cm. Coll. P. Ottenheimer.

Clockwork motorcycle from Fischer in Germany, in painted tin plate, 6.9 inches long. (P. Ottenheimer collection)

Side-car mécanique de fabrication française, en tôle peinte de couleur rouge, long de 23 cm. La pile logée sous le side-car alimente le phare électrique. Coll. D. Rémy.

Clockwork sidecar of French manufacture, in tin plate painted red, 9.1 inches long. The battery under the sidecar lit the electric headlamp. (D. Rémy collection)

Motocyclette mécanique SG (dernier sigle du fabricant allemand Günthermann), en tôle imprimée, longue de 18 cm. Coll. P. Ottenheimer.

Clockwork motorcycle from SG (the last trademark used by German firm Günthermann), in painted tin plate, 7.1 inches long. (P. Ottenheimer collection)

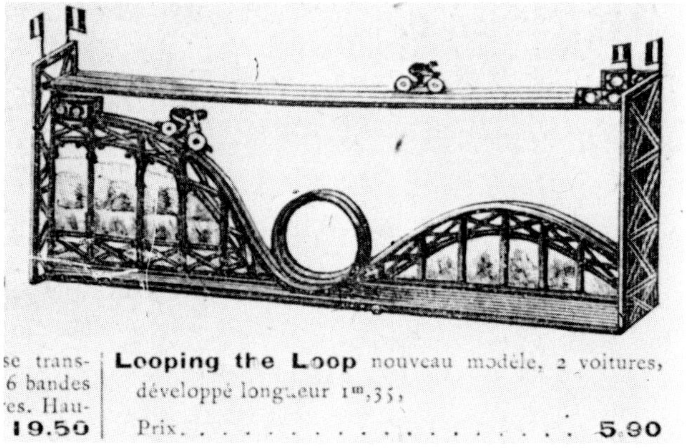

se trans- 6 bandes ·es. Hau- 19.50

Looping the Loop nouveau modèle, 2 voitures, développé longueur 1m,35,

Prix 5.90

«Looping the loop», jeu au catalogue d'un marchand français.

Looping the Loop; extract from a French retailer's catalogue.

TRICYCLE-VOITURETTE mécanique, roues caoutchoutées, 2 personnages costumés, mouvement à crémaillère.

Longueur 0m40. . . . . 15.50

Tricycle-voiturette mécanique au catalogue d'un magasin français.

Clockwork tricycle-drawn carriage shown in a French shop catalogue.

Cyclecar Vichy (France) en tôle peinte, long de 40 cm. Il était animé par un mécanisme à crémaillère qui était mis en mouvement par friction.

Painted tin plate cycle-car from Vichy in France, 15.7 inches long, set in motion via a rack and pinion mechanism driven by a friction motor.

Course cycliste mécanique de fabrication française, en tôle peinte sur socle de bois mesurant 24,4 cm de côté.

Clockwork bicycle race of French manufacture, in painted tin plate on a wooden base of side length 9.6 inches.

Triporteur en tôle imprimée, vert pâle et vert foncé. Ce jouet publicitaire, fait en France, mesure 53 cm.

Tin plate carrier-tricycle painted light and dark green; a French promotional toy measuring 20.9 inches.

Tricycliste fabriqué en France, en tôle peinte, haut de 13 cm.

French tricyclist in painted tin plate, 5.1 inches long.

Tricycle Vichy (France): à noter l'entraînement par les deux chaînes, la présence des deux selles et des deux guidons. Il manque les deux personnages.

Tricycle from Vichy in France. Note the double chain drive and the presence of two saddles and handlebars. The two figures are missing.

Tricycle de fabrication allemande, en tôle peinte au vernis, haut de 12 cm.

German-built tricycle in lacquered tin plate, 4.7 inches high.

Robert Spira examine un tricycle Vichy. La photo date de 1967.

Robert Spira examines a Vichy tricycle; photo taken in 1967.

Tricycle mécanique, en tôle peinte, haut de 14 cm. Les roues sont en plomb. Le personnage avance au rythme d'un timbre qui tinte à chaque tour de roue.

Clockwork tricycle in painted tin plate, 5.5 inches high. The wheels are lead. The rider moves to the accompaniment of a bell ringing as the wheels go round.

Moto-tricycle mécanique, en tôle peinte, long de 10 cm, fabriqué en France. Ce modèle était également disponible avec des roues pleines. Coll. D. Rémy.

Clockwork motor-tricycle of French manufacture, in painted tin plate, 3.9 inches long. This model was also available with plain wheels. (D. Rémy collection)

Motocyclette mécanique «Halloh» de Lehmann (Allemagne), en tôle imprimée, bleu foncé. Elle mesure 22 cm. Coll. P. Ottenheimer.

Clockwork "Halloh" motorcycle from Lehmann in Germany, in lithographed tin plate, deep blue, 8.7 inches long. (P. Ottenheimer collection)

◁ Tricycle mécanique: le personnage pédale et le cycle effectue des zig-zag. Le jouet mesure 21,5 cm. Coll. J. Alsac.

Clockwork tricycle. The rider pedals as the tricycle runs in a zig-zag. The toy is 8.5 inches long. (J. Alsac collection)

Tricycle mécanique (à gauche) de 12 cm et tricycle à vapeur de 20 cm (à droite). Les deux jouets, en tôle soudée, sont de fabrication française. Le second fut acheté à six exemplaires par le collectionneur P. Ottenheimer.

Clockwork tricycle (on the left; 4.7 inches) and steam tricycle (7.9 inches). Both these French toys are in soldered tin plate; collector P. Ottenheimer bought a batch of six of the second one.

Motocyclette mécanique «Echo» de Lehmann (Allemagne), en tôle imprimée, bleu clair, longue de 22 cm. Coll. P. Ottenheimer.

Clockwork "Echo" motorcycle from Lehmann in Germany, in lithographed tin plate, light blue, 8.7 inches long. (P. Ottenheimer collection)

Course poursuite entre la motocyclette Fischer (à gauche) et une motocyclette M.K. (Allemagne) longue de 20,5 cm. Toutes deux sont mécaniques et réalisées en tôle imprimée.

Pursuit race between the Fischer motorcycle (left) and an MK machine (made in Germany; 8.1 inches long). Both are clockwork and made of lithographed tin plate.

Motocyclette mécanique de Fischer (Allemagne), en tôle imprimée, longue de 21 cm. Coll. D. Rémy.

Clockwork motorcycle from Fischer in Germany, in lithographed tin plate, 8.3 inches long. (D. Rémy collection)

Motocyclette mécanique du fabricant allemand H. Keinberger (K.I. Co.), en tôle imprimée, longue de 22 cm. Coll. D. Rémy. ▷

Clockwork motorcycle by the German manufacture, H. Keinberger (KI Co.), in lithographed tin plate, 8.7 inches long. (D. Rémy collection)

Motocyclette mécanique fabriquée en Allemagne par Kellermann (C.K.), en tôle imprimée, jaune orange, longue de 16,5 cm. Coll. P. Ottenheimer.

Clockwork motorcycle made in Germany by Kellermann (CK), in lithographed tin plate, yellow-orange, 6.5 inches long. (P. Ottenheimer collection)

Motocyclette mécanique du fabricant allemand Müller & Kadeler (M.K.), en tôle imprimée, longue de 20 cm. La transmission se fait par un ressort à boudin. Coll. J. Alsac.

Clockwork motorcycle by the German firm, Müller & Kadeler (MK), in lithographed tin plate, 7.9 inches long. Drive was via a looped spring rather than a chain. (J. Alsac collection)

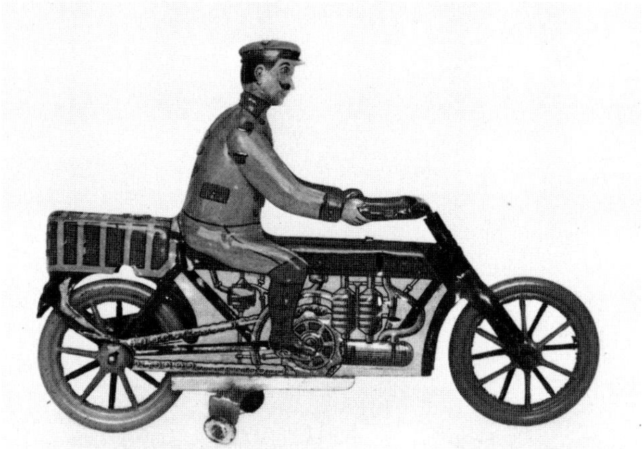

Motocyclette mécanique du fabricant allemand Wilhelm Kraus (W.K.), en tôle imprimée, longue de 16 cm. Coll. P. Ottenheimer.

Clockwork motorcycle from German manufacturer Wilhelm Kraus (WK), in lithographed tin plate, 6.3 inches long. (P. Ottenheimer collection)

Sigle du fabricant allemand Wilhelm Kraus.

Trademark of German manufacturer Wilhelm Kraus.

Moto-tricycle de fabrication allemande en tôle imprimée. Le jouet mécanique mesure 10 cm. Coll. P. Ottenheimer.

German motor-tricycle in lithographed tin plate; a clockwork toy, 3.9 inches long. (P. Ottenheimer collection)

Side-car mécanique de Greppert-Kelch (Allemagne), en tôle imprimée, long de 16 cm. Coll. D. Rémy.

Clockwork sidecar from Greppert-Kelch in Germany, in lithographed tin plate, 6.3 inches long. (D. Rémy collection)

Marque de Greppert-Kelch (Allemagne).

Trademark of Greppert-Kelch (Germany).

Side-car mécanique Müller & Kadeler (M.K.), en tôle imprimée, roues de couleur orange, long de 20 cm. La marque du fabricant allemand figure sur la portière du side. Coll. J. Milet.

Clockwork sidecar from Müller & Kadeler (MK), in lithographed tin plate with orange wheels, 7.9 inches long. The German manufacturer's trademark was on the sidecar door. (J. Milet collection)

Side-car mécanique de Fischer (Allemagne), en tôle imprimée, long de 19,5 cm. Le side est rouge, la moto verte. Coll. P. Ottenheimer.

Clockwork sidecar from Fischer in Germany, in lithographed tin plate, 7.7 inches long. The sidecar is red, and the cycle green. (P. Ottenheimer collection)

Side-car mécanique de fabrication allemande, en tôle imprimée, ▷ long de 20 cm. Il était animé par un mouvement à ressort à boudin. Coll. J. Alsac.

German clockwork sidecar in lithographed tin plate, 7.9 inches long. Drive came from a coil spring. (J. Alsac collection)

◁ Side-car Paya (Espagne) mécanique, en tôle imprimée. Coll. et photo J. Milet.

Clockwork sidecar from Paya in Spain, in lithographed tin plate. (Photo and owner: J. Milet)

Les automobiles

Automobiles

Par un beau matin enfumé de la fin du siècle dernier, naquit de l'alliance du fiacre et du moteur à vapeur, puis du moteur à explosion, un véhicule extraordinaire qui allait susciter bien des passions et inspirer une foule de jouets: l'automobile.
A ses débuts, ce nouveau mode de transport ne ressemblait à rien d'autre qu'à un fiacre dont on aurait supprimé les brancards et changé les chevaux en chaudière. Mais il n'empêche qu'il provoqua dans l'esprit des plus audacieux de nos grands-parents un enthousiasme sans limites; je dirais même sans bornes!
Les premières automobiles «à gaz de pétrole» apparurent en 1891, grâce à des pionniers qui se nommaient Benz, Daimler, Panhard et Levassor, Peugeot, de Dion Bouton...
Au début de notre siècle, suivant la mode et l'actualité de très près, le jouet automobile passait en tête des jouets routiers en distançant de cent coudées les attelages du bon vieux temps.
La progression de la courbe des ventes s'affirma en fonction du développement de l'industrie automobile, et demeura proportionnelle au nombre sans cesse croissant des véhicules en circulation.
A partir de 1925, le jouet automobile remplissait déjà toutes les vitrines des magasins. Mon père n'avait pas à courir bien loin pour combler ses deux fils, puisqu'au bas de notre immeuble se trouvait un marchand de jouets avec lequel il entretenait des relations très amicales.
Vers 1935, dans la chambre que je partageais avec mon frère Georges, qui était devenue la succursale de ce magasin de rêve, les autos s'étiraient en longues files sur le parquet. Il y avait des JEP, des Rossignol, des Citroën, des Dinky, quelques modèles «made in Germany» et beaucoup de voitures de pompiers, pour lesquelles j'avais un certain faible. J'aimais leur couleur rouge, leurs formes pittoresques, leurs accessoires en cuivre et le fameux «pinpon»!
Quand l'occasion m'en était donnée, au cours de mes promenades, ou en vacances à Mers-les-Bains, je ne manquais pas de faire un tour de manège dans l'une de ces merveilles que je croyais d'ailleurs être le seul à aimer. J'appris par la suite, avec étonnement, que ces autos exerçaient la même fascination auprès des autres enfants.
J'aimais également les voitures de course parce que les vrais modèles, dans lesquels mon oncle Lucien roulait à plus de 130 km/h, m'attiraient tout en m'emplissant d'angoisse, et parce que leurs formes étaient profilées comme celles des avions, que je trouvais d'une beauté sinistre.
Je possédais des modèles au 1/43, que j'aimais lancer

One fine but smoky morning at the end of the 19th century was born an alliance between the steam engine and the carriage, and soon after came the internal combustion engine, in an extraordinary vehicle that would raise everyone's passions and inspire countless toys: the automobile.
At first, this new means of transport looked like nothing other than a carriage with missing shafts and a motor instead of horses. But that didn't prevent it arousing the unparalleled enthusiasm of the braver of our grandparents.
The first "petrol gas" automobiles appeared in 1891, inspired by such pioneer manufacturers as Benz, Daimler, Panhard and Levassor, Peugeot, and de Dion Bouton.
At the beginning of the 20th century, closely following fashion and current affairs, cars became the most popular toys by a long stretch over their horsedrawn counterparts.
The sales curve proved to be a function of the development of the automobile industry, and remained proportional to the ever increasing number of vehicles in circulation.
By 1925, car toys were already filling all the shop windows. My father didn't have to go far to fulfil his two sons' wishes; there was a toy shop on the bottom floor of our block where he was very friendly with the owner.
Towards 1935, in the room I shared with my brother Georges, which had become almost a showroom for the shop downstairs, cars were drawn up in long lines on the floor. There were JEPs, Rossignols, Citroëns, Dinkys, some German models, and lots of fire engines, for which I had a particular weakness. I liked their red colour, their fine shapes, their copper accessories and, of course, the sirens.
When I was given the chance, out walking or on holiday in Mers-les-Bains, I wouldn't miss going for a ride on one of those on the merry-go-round, which I thought only I really liked. Later I learned, to my astonishment, that they exercised the same fascination on other children, too.
I loved racing cars as well, since the real vehicles, in which my uncle Lucien drove at over 80 mph, drew me despite filling me with anguish, and because they were shaped like aeroplanes, to my mind then a sinister beauty.
I had some 1:43 models that I liked to push by hand along the floor, and I prefered them to the clockwork cars, since I found winding toys up with a key childish. Moreover, 1:43 models could be easily carried to any play area.

à la main et que je préférais aux autos mécaniques, car le remontage à l'aide d'une clef me paraissait puéril. En outre, les 1/43 pouvaient se transporter facilement jusqu'au terrain de jeu.

Lorsque j'étais élève au lycée Montaigne, à Paris, je cachais ces voitures passe-partout au fond de mon cartable ou dans ma poche, pour disputer des courses avec mes camarades, après la classe. Nous avions pour habitude de jouer sur les chemins cimentés qui serpentaient dans le jardin du Luxembourg tout proche, et de nous livrer à des poursuites qui supplantèrent bien vite, en intérêt, les jeux de billes que nous avions jusque-là pratiqués.

Les courses d'autos nécessitaient de la dextérité pour couvrir des distances assez grandes sans capoter et sans sortir de la route. Pour être maintenus en ligne, ces jouets devaient avoir un certain poids. Nous avions en effet constaté que les modèles trop légers rebondissaient sur le bitume et capotaient, tandis que ceux que nous lestions avec du mastic ou de la pâte à modeler suivaient correctement leur trajectoire. Pour les rendre encore plus lourds, nous enfonçions des cailloux ou des morceaux de plomb dans la pâte. Nous leur mettions en outre de bons pneus, que nous avions toujours en réserve dans nos poches.

La marche correcte de ces autos dépendait également de la souplesse du poignet de celui qui les lançait.

Je jouais encore avec des modèles, dûment lestés, à Mers-les-Bains, où de nouveaux copains se passionnaient comme moi pour les courses de descente que nous disputions sur les caniveaux en ciment aménagés sur la pente du chemin de la falaise.

Il y avait, dans cette station balnéaire, bien d'autres endroits favorables aux courses d'autos miniatures. Je les repérais du haut de mes trois pommes, par l'habitude que j'avais d'examiner, plutôt que le paysage environnant, tous les reliefs des terrains sur lesquels je marchais.

Jean Alsac aimait les 1/43 autant que moi. Il les faisait rouler dans les dunes de Pornichet, sur des pistes inclinées, à virages relevés, qu'il modelait dans du sable mouillé. C'était vers 1935, à l'époque où se disputaient, en été, sur la plage de La Baule, des courses de vraies automobiles: Bugatti, Alfa, Delage...

Jean Alsac se souvient des pilotes au visage barbouillé de cambouis, dont les yeux apparaissaient comme de grands disques blancs lorsqu'ils retiraient leurs lunettes après la course. Chacune de ces courses faisait autant souffrir les machines que les hommes, quand les bolides filaient sur le sable et dans l'écume des vagues de la marée remontante. Le public ne se trouvait séparé de ce manège infernal, d'où jaillissaient des

I was a pupil at the Lycée Montaigne in Paris, where I hid these take-anywhere cars in the bottom of my satchel or pockets, to go racing with my school friends after lessons. We used to play on the cement paths that wound through the nearby Luxembourg gardens, and give ourselves up to a pastime that soon replaced the interest in marbles we had had until then.

Toy car racing needed skill to get your car as far as possible without it turning turtle or coming off the road. To keep a straight line, the toys had to have a certain weight. We worked out that models that were too light bounced on the path and overturned, whereas those we had weighted down with putty or plasticine drove as intended. To make them even heavier we put pebbles or bits of lead into the paste, and we would make sure they had good tyres, of which we always had spares in our pockets.

Keeping a straight line was also largely dependent on the supple wrist of the driver at launch time.

I played with such models, duly weighted down, at Mers-les-Bains, too, where new friends shared my enthusiasm for the races we ran down the cement gutters spread out along the sloping cliff path.

There were plenty of other good places for car races in this seaside resort. I made a mental note of all of them: I had acquired a habit of studying the ground on which I was walking a good deal closer than the surrounding countryside.

Jean Alsac loved 1:43 toys as much as I did. He drove them on the beach at Pornichet down through the banked corners of tracks he built in the wet sand. That was in around 1935, when in summer on the beach at La Baule Bugattis, Alfas and Delages were racing for real.

Jean Alsac remembers the drivers with their faces covered in oil, their eyes like great white disks when they took off their goggles. These races all tested the vehicle as much as the driver as the cars raced along the sand in the spray of the rising tide. The spectators had nothing but a wooden palissade between them and this vision of hell with its clouds of smoke and steam.

When he was a bit older, Jean Alsac's games became more involved. Using jumping crackers he took from his father's samples (his father was a toy salesman), he installed propulsion into the light chassis of Pintel and Rossignol pull-along toys. With Mecanno, Jean Alsac was maker of "the smallest steerable cars in the world".

A few years later he tired of 1:43 toys, though they kept plenty of other children happy. One such child, 10 years old and already a collector, had more than

nuages de fumée et d'eau vaporisée, que par une barrière de châtaignier.
Quand il fut un peu plus âgé, Jean Alsac se livra à des jeux plus recherchés, dont certains consistaient à propulser des châssis légers de jouets à traîner (Pintel et Rossignol) avec des pétards siffleurs prélevés dans les échantillons de son père (celui-ci était représentant en jouets). Avec son Meccano, Jean Alsac s'amusa encore à construire «les plus petites voitures du monde équipées d'une direction».
Quelques années plus tard, il se désintéressa des modèles au 1/43, qui firent le bonheur d'autres enfants. L'un d'entre eux, âgé de dix ans et déjà collectionneur, en possédait plus de 250! Son nom: Peter Ottenheimer. Mais, devenu plus grand et ayant dépassé le cap du trois millième échantillon, il se lassa à son tour de cette collection et se consacra à la recherche de «tôles» anciennes et des vraies voitures dont il rêvait: Ferrari Daytona, Ferrari 275 GTB, BMW 507 et roadster Mercedes. Mais c'est avec les «tôles» d'avant 1925 qu'il épouva le plus de satisfaction, car elles lui firent découvrir le charme et la poésie d'un type de jouet qu'il ne soupçonnait pas auparavant. C'est alors que les moindres détails lui apparurent comme des chefs-d'œuvre: les phares, différents les uns des autres, les positions et les visages des chauffeurs, la finesse des décors lithographiés...
Son ami Walter Störchli admire également les personnages de ces voitures, parce qu'ils ne sont jamais grotesques et constituent un élément vivant qui manque à beaucoup de jouets. Fabriqués en fer, en plâtre, en pâte de carton comprimée, ou en porcelaine, ces sujets l'aident à se faire une idée à la fois plus réaliste et poétique d'une époque qui le fait rêver.
Walter Störchli est non seulement un poète, mais un authentique collectionneur, car il s'intéresse à tous les types d'objets anciens, sensible à ce qui, dans chacun d'eux, témoigne du talent de celui qui l'a conçu. Sa maison du canton de Zurich prouve l'acharnement dont il fit preuve car elle est parée de jouets de la cave au grenier.
C'est dans son enfance, me dit-il, qu'il se découvrit la passion de la collection. Ce fut d'abord avec les timbres-poste, puis avec les photos d'automobiles de course et les jouets. Enfant sage et respectueux des modèles qu'il recevait, Walter Störchli ne les cassait jamais.
Quand il fut plus grand, il s'intéressa aux meubles paysans, aux bibelots folkloriques et aux objets usuels de sa région. C'est ainsi qu'il s'aperçut que des jouets anciens traînaient encore dans les campagnes. Le premier modèle qu'il découvrit fut une automobile Leh-

250. His name: Peter Ottenheimer. But even he, after the passing of a few more years and the 3000 mark, lost interest in this theme and concentrated on antique tin-plate toys and some real cars he'd always wanted: the Ferrari Daytona, Ferrari 275 GTB, BMW 507 and Mercedes Roadster. But his greatest satisfaction was to come from pre-1925 tin-plate toys; he had not realized before how attractive they were. He sees even the tiniest details as masterpieces: the headlamps, each one different; the positions and the faces of the drivers; the delicacy of the lithographed decoration.
His friend Walter Störchli is another admirer of the figures on these toys; they are never grotesque and add an air of life missing from the majority of toys. Made of iron, plaster, compressed carton or porcelain, these charming figures helped him get a more realistic and more poetical idea of the era of his dreams.
Walter Störchli is not only a poet, but a true collector; he is interested in all kinds of antique objects in the knowledge that each of them bears witness to the talent of its maker. His house near Zurich, Switzerland, full of toys from attic to cellar, is testimony to his passion.
He told me he acquired this passion for collecting in his early youth. First it was stamps, then photos of racing cars, then toys. A sober child with a respect for the toys he was given, he never broke any of them.
When he was older, he developed an interest in rustic furniture, folk curios and everyday objects of the area. This was how he discovered that there were antique toys still to be found out in country areas. The first model he found was a Lehmann car, forgotten for more than half a century in a neighbouring farmer's old bread oven.
Daniel Rémy is no less enthusiastic when it comes to cars, as witness the five full-size Mercedes convertibles and the 12-cylinder Ferrari lined up as a centrepiece on the ground floor of the building he had built to house his collection of antique toys.
An enterprising businessman, he puts all his professional knowledge to use to find beautiful models, cars and boats being his favourites.
Like our friend Giansanti-Coluzzi in Lausanne, Daniel Rémy is a meticulous man with a great respect for the models he has brought together in his private museum, to the point where he asks visitors to put on slippers before entering, as if it were necessary to be in a state of grace, free from the evil smells of the street, to enter this shrine consecrated to toys. I must admit, I felt a little like praying — to find such beautiful models myself. Daniel Rémy's toys are set in

mann, oubliée depuis plus d'un demi-siècle dans le four à pain abandonné d'un cultivateur voisin.
Pour Daniel Rémy, l'automobile est une passion non moins ardente, comme en témoignent les cinq Mercedes décapotables et la Ferrari 12 cylindres (vraie grandeur), qui font la haie d'honneur au rez-de-chaussée du bâtiment qu'il a fait construire pour abriter sa collection de jouets anciens.
Homme d'affaires entreprenant, il sait mettre en pratique ses qualités professionnelles pour découvrir de beaux modèles — les automobiles et les bateaux étant ceux qu'il préfère.
Comme notre ami Giansanti-Coluzzi à Lausanne, Daniel Rémy est un homme méticuleux et il a un grand respect pour les pièces qu'il a réunies dans son musée privé, au point qu'il demande à ceux qui viennent le visiter d'enfiler des chaussons avant d'y pénétrer — comme s'il était indispensable d'être en état de grâce et totalement débarrassé des miasmes de la rue pour entrer dans ce temple du jouet. J'avoue d'ailleurs y avoir eu envie de prier... pour découvrir à mon tour d'aussi beaux modèles! Les jouets de Daniel Rémy, comme les perles de la couronne, sont exposés dans des vitrines panoramiques, qui ont été décorées par Jacques Milet sur différents thèmes: revue navale, fête au village, Salon de l'automobile.
Soucieux d'atteindre la perfection en ce domaine, Daniel Rémy estime qu'une présentation raffinée ne peut qu'accroître le plaisir qu'apporte, aux connaisseurs comme aux novices, la découverte d'une collection de qualité. Il éprouve ainsi une grande joie à montrer ses jouets aux uns et aux autres et il a constaté que les visiteurs les plus intéressés ne sont pas toujours ceux qui prétendent bien connaître les jouets anciens.
Le comte Giansanti-Coluzzi ressent la même impression lorsqu'il présente son musée privé de Lausanne à ses amis, pour leur faire partager le bonheur que lui procurent les beaux jouets.
Cette passion remonte à 1924, alors qu'il avait neuf ans, à l'époque où son nez venait s'écraser d'émerveillement contre la vitrine du plus luxueux des magasins de jouets de Paris, *Le Nain Bleu*.
Deux ans plus tôt, en arrivant de son Italie natale avec ses parents, il s'était déjà étonné de voir tant de merveilles en cette ville! Les deux premiers modèles qu'il posséda furent les Citroën B2 et 5 CV. Il considère que ces jouets étaient d'une qualité remarquable et d'un grand intérêt éducatif. Ils avaient en outre l'avantage de faire connaître aux enfants les automobiles produites par les usines d'André Citroën, lequel réussissait ainsi, par le truchement des jouets, à se créer

glass showcases decorated by Jacques Milet to display various themes, such as a naval regatta, a village fete, and an automobile salon of days gone by.
Seeking to achieve perfection in this field, Daniel Rémy thinks that refined presentation can only increase the pleasure being shown round a quality collection brings to connoisseur and novice alike. He is thus delighted to show his toys to anyone, and he has found that the most interested visitors are not always those who claim to know a lot about antique toys.
Count Giansanti-Coluzzi has the same impressions when showing his private collection in Lausanne to his friends, to share with them the pleasure his toys bring him. His passion first showed itself in 1924 when, at the age of nine, he stood with his nose pressed hard against the window of the most exclusive toyshop in Paris, *Le Nain Bleu*.

AUTOMOBILE mécanique, garniture cuivre, capitonnée satin, roues caoutchoutées, longueur 0m,29 . . . . **16.75**

Two years earlier, arriving from his native Italy with his parents, he was already astonished by the many marvels the city had to offer. His first two models were Citroëns, a B2 and a 5 CV. He remembers these toys as being of remarkable quality and of great educational value. They also had the advantage of making André Citroën's products known to children, thus giving his firm, through toys, a good image in the eyes of his future clientele. It is said that Citroën himself once jokingly remarked that the first words children should learn were "Dada", "Mama" and "Citroën".
Young Antonio Giansanti-Coluzzi spent a long time playing with Citroën toys, but he wasn't to make their creator's wishes come true; he only drives Rolls-Royces.

une belle image de marque dans l'esprit de sa future clientèle. On rapporte que ce grand constructeur disait avec humour que les premiers mots des enfants devaient être: «Papa, maman et Citroën»!
Le jeune Antonio Giansanti-Coluzzi s'amusa longtemps avec les jouets de cette marque, mais il contraria, plus tard, les espérances de leur créateur, en n'utilisant... que des Rolls-Royce!
Quand il eut assez joué avec ses premières autos, Antonio Giansanti-Coluzzi voulut renouveler son écurie. C'est ainsi qu'en passant avec son oncle devant la vitrine qui l'avait déjà tant émerveillé, il tira celui-ci par la manche pour le faire entrer dans la boutique, où se trouvaient le jouet de ses rêves — une Rolls, avec un capot argenté, des pneus en caoutchouc blanc et des phares qui s'éclairaient lorsqu'on tournait le bouchon du radiateur et une Renault 40 CV. L'oncle ne dit rien chez le marchand, mais quelques mois plus tard, l'enfant eut la joie de trouver, à Noël, ces deux super-jouets dans sa cheminée.
Sensible aux souvenirs de jeunesse, qui ont joué un rôle déterminant dans sa vocation de collectionneur, le comte Giansanti-Coluzzi avoue sans honte qu'il fut un enfant gâté et que beaucoup de jouets automobiles succédèrent à ceux dont je viens de parler. Il garde encore le souvenir d'une maquette de voiture de pompiers qu'il admirait aux Champs-Elysées, lorsque sa gouvernante venait l'y promener, et d'une véritable Pierce-Arrow, qui se trouvait souvent en stationnement le long du trottoir. Un détail l'intriguait sur cette dernière voiture: le pare-chocs placé à l'avant, qui était alors une grande innovation. Lorsqu'il s'aventura à demander au chauffeur pourquoi ces barres se trouvaient là, il obtint pour seule réponse qu'elles servaient à enfermer les petits enfants!
Comme le comte Giansanti-Coluzzi et beaucoup de collectionneurs de jouets automobiles, Jean Alsac, lui aussi, fait remonter à son enfance l'origine de sa passion. A cette époque, son père lui avait déjà appris à connaître et à aimer les grandes marques de jouets qu'il représentait en France. Avec une pointe de nostalgie, Jean Alsac se souvient que les plus beaux jouets du monde, français et allemands, passèrent par les mains de son père qui aurait pu en garder d'intéressants échantillons s'il en avait exprimé le désir. Son père diffusait en province le «Jouet de Paris», mais aussi des jouets de toutes provenances. Ses déplacements en train étaient homériques: il emmenait avec lui douze grandes malles contenant chacune un important échantillonnage de jouets classés dans des bacs par marques et par catégories. Ces malles encombrantes et peu pratiques nécessitaient l'assistance d'un

After he had played with his first cars enough, it was time for Antonio Giansanti-Coluzzi to get some more. Thus it was, on passing the window that he had so much admired before, he tugged his uncle's sleeve to take him into the shop, where he found the toy of his dreams: a Rolls, with silver-plated bonnet, white rubber tyres and headlamps that lit up when you turned the radiator knob. There was a fine Renault 40 CV as well. His uncle said nothing to the shopkeeper, but a few months later Antonio was overjoyed to find these two super-toys in his Christmas stocking.
Ever caring for souvenirs of youth, which have played an important role in his collecting life, Count Giansanti-Coluzzi admits without shame that he was a spoilt child and that a lot of car toys followed those I have just spoken of. He still remembers a fire-engine model he once admired as his governess was taking him for a walk in the Champs-Elysées, and a real Pierce-Arrow that was often parked outside his house. This car had an intriguing detail: it had bumpers at the front, a great innovation at that time. One day he plucked up courage to ask the driver what those metal bars were there for. Came the answer: to lock children up in!
Like Count Giansanti-Coluzzi and many other car toy collectors, Jean Alsac is another to put his current passion for collecting down to his youth. As a child, his father had already taught him to know and like the great toy manufacturers he represented in France. With a twinge of nostalgia Jean Alsac remembers that the most beautiful toys in the world, French and German, passed through his father's hands, and he would have kept back some interesting samples if only Jean had asked him to. His father was a nationwide distributor not only for Jouet de Paris, but of toys from all over the world. His many train journeys were on a grand scale; he would take with him twelve big trunks, each filled with samples in boxes sorted by make and category. The trunks, heavy and impractical, meant that he always had to call for someone to take them from the station to his hotel or else straight to his clients. Sometimes he would book a special room in his hotel to display his merchandise.
As it turned out, Jean Alsac was no more spoilt than other children even though his father worked in toys. Still, when his father came home from a fair (there were no toy fairs as such then, but traditional fairs still had their share of toys), he would always bring his son a plaything. It was on his return from the Lyon fair that he first brought home a car; Jean Alsac liked it so much that he asked his father never to bring him anything but cars in the future.

commissionnaire qui les transportait sur un charriot de la gare à l'hôtel, ou directement chez les clients. Dans certains hôtels, M. Alsac retenait même une salle spéciale pour exposer la marchandise que ses clients venaient examiner sur place.
En fait, Jean Alsac ne fut pas plus gâté que les autres enfants parce que son père travaillait dans le jouet, mais quand celui-ci revenait d'une foire (il n'y avait pas encore de Salons du Jouet, mais des foires traditionnelles, dans lesquelles le jouet tenait sa place), il avait pour habitude de rapporter un «joujou» à son fils. C'est ainsi qu'au retour de la Foire de Lyon, il lui donna sa première voiture. Jean Alsac la trouva si belle qu'il demanda à son père de ne plus lui offrir désormais que des autos.
En 1939, Jean Alsac, qui avait alors 19 ans, possédait déjà une belle collection où l'on trouvait une Alfa de course CIJ, une camionnette C.R., un plateau Citroën, un rouleau à vapeur Bing, etc., mais pas de modèles très anciens. Le premier du genre, trouvé chez un antiquaire du boulevard Raspail (après la dernière guerre), fut une voiture française dont la carrosserie entièrement nickelée en fait aujourd'hui une pièce d'exception.
Jacques Milet, lui, ne reçut pas beaucoup de jouets dans son enfance, parce que son père n'y attachait pas d'importance. Il avait pourtant un rôle d'éducateur, puisqu'il était professeur d'histoire et de géographie au Collège de Rouen. Mais il ne comprit jamais les sentiments de son fils, ni combien certains jouets auraient pu enchanter et ouvrir son esprit...
Jacques Milet dut attendre d'avoir 14 ans pour recevoir un jouet de son père: un châssis Citroën, auquel celui-ci trouvait probablement un quelconque intérêt. Dès qu'il fut à lui, Jacques n'eut de cesse que d'en démonter et d'en remonter les pièces, au point d'en user les boulons! Après avoir fait rouler cette auto tout à sa guise, il en replaçait soigneusement les éléments dans la boîte, comme dans un garage.
Jacques Milet aime toutes les variétés de jouets, et n'est pas spécialement, aujourd'hui, un fanatique des automobiles, mais il regrette de ne plus avoir son châssis Citroën et le Meccano qu'il reçut plus tard et que sa mère donna à une œuvre de charité durant la dernière guerre.
Les recherches qu'il entreprit pour composer sa collection lui permirent de retrouver ces modèles et d'acquérir des jouets de marques plus anciennes. De toute façon, il ne veut jamais s'attacher aux jouets qu'il achète, car il éprouve de trop grandes joies lorsqu'il les découvre dans les brocantes et durant les jours qui suivent, au cours desquels il les contemple à loisir.

By 1939, 19-year-old Jean Alsac had already built up a fine collection, including a CIJ Alfa racer, a CR delivery van, a Citroën flat-bed truck and a Bing steam roller, but with no real antiques. The first of these came after the war, found in an antique shop in boulevard Raspail in Paris: a French car with an entirely nickel-plated body that makes it an exceptional piece today.
As for Jacques Milet, he never had many toys as a child; his father, a history and geography teacher at the Rouen college, was more concerned for his child's education and didn't think toys important. He never did understand his son's feelings on the matter, nor how much certain toys can delight and open the young child's mind.
Jacques Milet had to wait until he was 14 before his father first gave him a toy: a Citroën chassis that he seemed to consider of some merit. Jacques never tired of taking it apart and re-assembling it — to the point where the bolts became worn out. Once he had played with the assembled model for long enough, he would carefully put the parts back into the box, as if putting the car into a garage.
Jacques Milet likes all kinds of toys, and today is not a special enthusiast for cars, but he does regret no longer having that Citroën chassis and the Meccano he was given later. His mother gave it away to some charity during the war.
In the course of tracking down the items in his present collection he has been able to replace those models and to find toys from even older toymakers. He certainly never likes to get too attached to the toys he buys; he takes too much pleasure in finding them in antique shops and in the few days following when he has time to contemplate them at his leisure.
Contemplating new toys, he says, gives him as much pleasure as would the smile of the most beautiful girl in the world. When he is studying their secrets he likes to view them from different angles, in various lights, to best show off the lines and the details by the play of light and shadows, and to photograph them, to better appreciate the shapes in the viewfinder. After which, most often, he exchanges them, or sells them to friends for the price he paid, to be able to buy more.
Peter Ottenheimer doesn't go so far in artistic jubilation, and his collecting gives him more prosaic recreation. But as the number of toys he owns increases, so his interest in each wanes.
We were certain of this when he sold his collection of Dinky Toys because it was too complete.
Now that he has had his fill of searching under every stone, he thinks that finding a few more tin-plate toys

La contemplation d'un nouveau jouet, dit-il, lui procure un plaisir sensiblement égal à celui que pourrait lui donner le sourire de la plus jolie fille du monde. Il aime en percer tous les mystères, le placer sous tous les angles, en l'éclairant de différentes manières pour en mettre en valeur le modelé et les détails, par le jeu de la lumière et des ombres, et le photographier pour en apprécier, en «voyeur», les formes dans son viseur. Après quoi, bien souvent, il l'échange, ou le revend mais au prix qu'il l'a payé, à des amis, afin de s'en offrir un autre.
Peter Ottenheimer ne va pas si loin dans la jubilation artistique, et sa collection lui procure une suite de récréations plus sages. Mais à mesure que le nombre de ses jouets augmente, l'intérêt qu'il leur porte faiblit. Nous en avons eu la certitude quand il mit en vente sa collection de Dinky Toys devenue trop complète.
Maintenant qu'il a passé sa période de grandes recherches, il prétend qu'enrichir sa collection de quelques «tôles» de plus ne peut le rendre aussi heureux qu'il le fut à ses débuts. Mais il s'empresse d'ajouter qu'il n'est quand même pas saturé, ni blasé. Il regrette simplement que Zurich soit éloignée des grandes capitales où des contacts plus fréquents avec d'autres collectionneurs favorisent l'émulation.
Peter Ottenheimer entretient fort heureusement de bonnes relations avec son ami Walter Störchli qui est, avec lui, le seul à rechercher des automobiles anciennes dans le secteur de Zurich (où il n'existe seulement qu'un club de modèles Schuco).
Sans Walter Störchli, l'intérêt que Peter accorde à sa propre collection perdrait beaucoup de son sel: il est tellement agréable de discuter avec un connaisseur et d'échanger des pièces avec lui!
Son commerce de jouets anciens donne à Peter Ottenheimer l'occasion de partager sa passion avec de nombreux clients dans le monde entier. Mais leur éloignement ne lui permet pas de maintenir avec eux des relations très suivies. Ils lui ont cependant apporté beaucoup de satisfactions et d'enrichissement intellectuel, l'occasion de pratiquer des langues étrangères et d'avoir des amis et des entrées dans tous les milieux fréquentés par les amateurs de jouets (ventes, expositions, congrès, etc.).
En outre, il trouve dans la contemplation de sa collection, qui lui apporte à domicile la reconstitution d'un siècle d'histoire, un certain plaisir intellectuel et un repos de l'œil que rien ne peut remplacer. Il affirme que s'il se trouve assis dans un fauteuil confortable devant ses modèles favoris, le monde peut s'écrouler, tant sa rêverie est profonde.
Le comte Giansanti-Coluzzi éprouve une égale

wouldn't give him the pleasure it would once have done. But he makes a point of adding that, even so, he is not blasé, nor has he had enough. His only regret is that Zurich is so far from other cities where more frequent contact with other collectors might stimulate his rivalry.
Peter Ottenheimer has, fortunately, a firm friendship with Walter Störchli. Together they are the only antique toy collectors in the whole Zurich area (where there is only a Schuco club).
Without Walter Störchli, Peter's interest in his collection would lose a lot of its flavour: it is a real pleasure to discuss and exchange models with a connoisseur.
Peter Ottenheimer's dealings in antique toys give him the chance to share his enthusiasm with clients all over the world, but the distances in between stand in the way of close relationships. Nevertheless his contacts have often been satisfying and intellectually stimulating, offering him the chance to speak foreign languages and to have friends at all the sales, exhibitions and congresses — wherever toy collectors meet.
Nothing can replace the intellectual pleasure and visual satisfaction he derives from contemplating his collection, which represents a century of history in his own home. He confesses that his thoughts run so deep, sitting in an armchair in front of his favourite models, that he wouldn't notice if the world came to an end.
Count Giansanti-Coluzzi gets the same pleasure from his collection. His face, compassion mixed with pride, often gives away what he feels looking at the toys lined up in his showcases at home.
Offering me some new models one day, he confided that what he appreciated in a toy had hardly changed since his early youth, and that a child was only interested in a model if it represented his parents' car and had a functioning steering wheel. This vicarious driving of toy cars was a pleasure he enjoyed with JEPs and Citroëns; these two French makes produced faithful reproductions of the cars made at that time, the era between the wars, and could really be driven thanks to their steering and speed control. With these toys, young Antonio was a driver himself. He manoeuvred them without cheating — without picking them up off the ground to make things easier. He told me that playing like this not only helped him identify with adults, but also taught him how to drive. He remembers that not far from his parents' flat in avenue Kléber a Citroën dealer put on a display of toys he never got tired of looking at. He still remembers the prices: the B2 was 25 francs, the taxi was 35 francs, and the delux 5 CV pedal car was 995

volupté devant sa vaste collection. Son regard attendri, mêlé de fierté, trahit même souvent les sentiments qu'il ressent devant ses jouets, alignés comme les soldats d'une grande armée, dans les grandes vitrines de sa maison.
Un jour qu'il me présentait de nouvelles pièces, il m'affirma que sa façon d'apprécier les qualités d'un jouet n'avait guère changé depuis sa tendre enfance. Et il m'expliqua qu'un modèle n'a d'intérêt pour un enfant que s'il représente l'auto de ses parents et lui permet de diriger les roues avec le volant. Conduire ainsi des jouets automobiles fut un plaisir qu'il apprécia avec les JEP et les Citroën, car ces deux marques françaises de l'entre-deux-guerres reproduisaient fidèlement les modèles de leur époque et se pilotaient vraiment, grâce à un volant et à un levier de vitesses. Avec ses jouets, Antonio Giansanti-Coluzzi devenait lui-même conducteur. Il manœuvrait sans tricher, c'est-à-dire sans soulever l'auto du sol pour en faciliter les évolutions. Il me confia que cette façon de jouer lui permettait non seulement de s'identifier aux adultes, mais aussi d'apprendre à conduire.
Il se souvient que non loin de l'appartement de ses parents, avenue Kléber, un concessionnaire Citroën avait réalisé un étalage de jouets qu'il ne se lassait pas de contempler. Il se souvient de leurs prix : la B2 coûtait 25 F, le taxi 35 F et la somptueuse 5 CV à pédales, 995 F! Il eut la chance de recevoir la plupart des modèles de cette vitrine, à l'exception de la voiture à pédales, que sa maman trouvait trop encombrante.
Cet enfant comblé avait en outre un valet de chambre dévoué qui lui passait tous ses caprices. Ancien menuisier, ce serviteur lui avait construit, à partir d'une table de cuisine en bois blanc, un garage de trois étages, avec trois rampes extérieures qui permettaient à Antonio d'amener ses voitures sur chaque plateforme. Tout en haut de ce garage se trouvait un salon d'exposition comportant des podiums revêtus de velours rouge et entourés de chaînettes en laiton, comme au Salon automobile du Grand Palais. Antonio y plaçait ses jouets préférés, pour mieux les admirer : Citroën, Rolls, Hispano, et Renault 40 CV — les stars de la production automobile des années vingt.
En ce qui me concerne, je me pris de passion pour les jouets anciens il y a 25 ans, lorsque le journaliste Fernand Bouteille me fit connaître la collection de Francis Boucrot (entre autres activités, je réalisais à cette époque des montages de jouets très simples à la télévision, sous le pseudonyme de Jean-Michel et pour des journaux, dont celui de F. Bouteille *Jeunes années*).
Artiste décorateur, écrivain et poète, Francis Boucrot possédait de nombreux trains français, aux allures

francs! He was lucky enough to get most of the models in the display — except the 5 CV, which his mother thought was too big to have in the house.
A lucky child, Antonio also had a devoted personal servant, a one-time carpenter, who pampered to his every whim, and built him a three-storey garage out of a whitewood kitchen table. The garage had three outside ramps, so that Antonio could drive his cars onto each platform, and right at the top of the structure was an exhibition room with red velvet podiums with brass chains around them, modelled after the *Grand Palais* automobile Salon. Antonio could admire his favourite toys all the better there: Citroëns, Rolls-Royces, Hispanos and Renault 40 CVs, the cream of the 1920s production.

As for myself, I became fascinated by antique toys 25 years ago on being introduced to Francis Boucrot by journalist Fernand Bouteille (among other activities at that time I was doing some very simple television shows about toys under the stage name of Jean-Michel, and writing articles for certain magazines, including Fernand Bouteille's *Jeunes années*.
Scenery painter, author and poet, Francis Boucrot was the owner of several charmingly old-fashioned French train toys, some very fine horsedrawn carriages and a colourful troup of clockwork figures from Martin, Lehmann and Theroude.
He admitted to having a particular soft spot for delicately designed, artistic toys, which matched his personality: sensitive and refined. He himself had acquired his taste for antique toys from a certain Claude Labarre, a bookshop owner at 22 rue Dauphine, a specialist in old books, prints, and curios, and especially toys. Thanks to Francis, I got to know this man, whose unusual character sometimes surprised his clients.
Claude Labarre, a scholar, was rude to some people and charming to others. On our way to visit him,

charmantes et désuètes, des attelages à faire rêver et une pittoresque troupe de bonshommes mécaniques signés Martin, Lehmann et Theroude.
Il témoignait d'une tendresse particulière pour les jouets artistiques d'aspect fragile, qui correspondaient à sa personnalité sensible et raffinée. Il acquit lui-même le goût des jouets anciens chez un nommé Claude Labarre, qui tenait une librairie (22, rue Dauphine) spécialisée dans les vieux livres, l'imagerie populaire et les objets de curiosité. Grâce à Francis, je fis la connaissance de cet homme dont le caractère original surprenait parfois la clientèle.
Claude Labarre était un érudit, bourru avec les uns, charmant avec les autres. Avant de lui rendre visite, il nous était impossible de savoir comment il allait nous accueillir. J'avais de l'estime et de la sympathie pour ce marchand qui osait dire crûment ce qu'il pensait.
Je ne lui ai jamais acheté de jouets (il les gardait pour des amateurs plus anciens), mais des chromos et des théâtres d'ombres chinoises.
Francis Boucrot aimait lui rendre visite, non seulement parce qu'il y faisait de belles trouvailles, mais parce qu'il rencontrait dans son magasin une pléïade d'artistes, comme Aragon, Chagal, Prévert et Picasso, qui s'intéressaient, eux aussi, aux curiosités enfantines. Tout ce beau monde permit à Francis de prendre conscience que d'aimer les jouets n'avait rien de puéril. Il acheta chez Claude Labarre de charmants sujets mécaniques, dont un acrobate animé par une boule de mercure et une charrette avec un personnage représentant l'écrivain George Sand.
De plus en plus passionné par les jouets anciens, Francis Boucrot eut envie d'explorer ce monde étrange et si beau, dont il ne connaissait pas encore grand-chose. C'est ainsi qu'il se mit à fréquenter les marchés aux Puces de Saint-Ouen et de Montreuil pour y rechercher d'autres merveilles. Mais s'il n'avait pas alors beaucoup de concurrents, les jouets n'en étaient pas moins rares qu'aujourd'hui, car il n'y avait pas de demande. Puis il entreprit la tournée des antiquaires de Paris et se mit à suivre les ventes publiques de Boisgirard, qui furent, soulignons-le, parmi les premières à mettre des jouets anciens aux enchères.
Il se souvient de la collection de jouets du docteur Devaux, qui fut ainsi dispersée, à l'Hôtel Drouot, en janvier 1960. La vente ayant duré plusieurs jours, Francis Boucrot eut le temps d'acheter des pièces intéressantes, parmi les calèches, les maisons de poupées, les automobiles et autres objets qui se trouvaient proposés au public. Ne m'intéressant à l'époque qu'aux jouets optiques, j'achetai à cette vente le «zootrope» du Figaro.

we could never be sure of our reception. I both admired and sympathized with this man who made no bones about saying just what he thought.
I never bought any toys from him (he kept them for his long-standing customers) but I did buy some colour prints and some Chinese shadow theatres.
Francis Boucrot liked to visit him not only because he made some good finds there, but because the place was full of artists such as Aragon, Chagal, Prévert and Picasso, men who also shared his interest in odds and ends for children. Seeing all these fine people, Francis realized there was nothing childish about liking toys. He bought some charming mechanical toys from Labarre, notably an acrobat with movement effected by a bulb of mercury, and a rickshaw ridden by a figurine of authoress George Sand.
Drawn more and more towards antique toys, Francis Boucrot wanted to explore this strange and beautiful world, of which he knew little as yet. That was when he started frequenting the Puces (Saint-Ouen) and Montreuil markets in Paris to find more marvels. Still, even if he didn't have many rivals at that time, such toys were no less rare then than they are today: there was no demand. He next took up the Paris antique shop circuit, and went to the sales at Boisgirard — one of the first places toys were sold by auction.
He remembers the Doctor Devaux collection auctioned in the Hôtel Drouot in January 1960. As the sale went on for several days, he had the time to buy some interesting pieces, including carriages, dollshouses, cars and various other objects on offer. I was still only interested in optical toys then: I bought a Figaro zootrope.
Francis Boucrot, first taken in by train toys, soon had many other types. First it was buses, since they resembled trains, then carriages and small automatons. He started frequenting bookshops when he discovered that they sometimes sold toys that came mixed with the books in the lots they bought from private clients.
He remembers well the Deschamps bookshop in the Cour de Rohan in Paris, where "the whole of artistic Paris" met, and where he found some fine toys. It was their poetic charm that fascinated him, which was why he prefered the older ones. His greatest love was 18th century toys but, since they were rare, he would often have to be content with those from the 19th, or even the early 20th. Anything later than that held no interest; for him, mass production was just crass commercialization.
Before collecting mechanical toys, he was interested in puppets and optical toys, since they reminded him of

Francis Boucrot, d'abord attiré par les trains, acquit très vite d'autres types de jouets. D'abord des omnibus, parce qu'ils se rapprochaient des jouets ferroviaires, puis des attelages et des petits automates mécaniques. Il fréquenta ensuite les libraires, quand il découvrit que ces marchands revendaient des jouets qui se trouvaient parfois mêlés aux livres des bibliothèques qu'ils achetaient aux particuliers.

Il se souvient notamment de la librairie Deschamps, cour de Rohan, où le «Tout Paris» des arts se rencontrait et où il trouva certains bons jouets. C'est tout ce que les jouets comportent de poésie qui intéresse Francis Boucrot. Voilà pourquoi il recherche de préférence les pièces anciennes.

Il a une passion pour les jouets du XVIIIe siècle. Mais, du fait de leur rareté, il se contente souvent de jouets du XIXe, ou du début du XXe. Au-delà de cette période, plus rien ne lui plaît, car les productions à la chaîne ne sont, à ses yeux, que des produits commerciaux sans grande valeur.

Avant de collectionner les jouets mécaniques, il s'intéressait aux marionnettes et aux jouets optiques, parce qu'ils lui rappelaient le milieu théâtral dans lequel il travaillait. Francis Boucrot réalisa en effet de nombreux décors pour le T.N.P., Jean-Louis Barrault et Gaston Baty.

Parmi les jouets automobiles qu'il apprécie, la marque C.R. (Charles Rossignol) vient en tête, car elle fit, à ses débuts, des œuvres d'une grande finesse de formes et de couleurs.

Jacques Milet partage cette opinion. Il cite en exemple la voiture à turbine que possède Antonio Giansanti-Coluzzi et compare les premiers Rossignol aux jouets américains George W. Brown, qui se placent très haut dans le domaine de l'art (on peut admirer ces jouets dans le livre *American Antique Toys* qu'a publié Bernard Barenholtz).

Jacques Milet souligne encore la beauté des taxis et des autobus parisiens C.R. en tôle imprimée, qui furent ultérieurement produits en grande série.

Grâce à l'obligeance de Jean Alsac, nous allons lire ce qu'écrivait, en 1922, A. Broquelet dans le *Manuel du fabricant de jouets* à propos de l'un de ces autobus:

Comme jouet mécanique, l'autobus créé par M. Emile Cavelius, de la maison Rossignol, est l'un de ceux qui reproduisent le plus fidèlement les grands omnibus-automobiles qui sillonnent les différentes artères de Paris; il est l'un de ceux qui démontrent le mieux tout le parti que l'on peut tirer de la tôle de fer, en l'imprimant, la découpant, l'ajourant, l'estampant pour en faire un tout réuni par des agrafes.

Un léger mécanisme à remontoir le met en action, tan-

the theatre, his career. Before his retirement, Francis Boucrot often painted the scenery for the TNP theatre, Jean-Louis Barrault and Gaston Baty.

Favourite among his car toys are those from CR (Charles Rossignol); the firm's early production is marked by great delicacy of form and colour.

Jacques Milet shares this opinion. He mentions by way of example Antonio Giansanti-Coluzzi's turbine car, and compares the first Rossignols to the highly artistic American George W. Brown toys (for some fine illustrations of these see Bernard Barenholtz's book, *American Antique Toys*).

He also points out the beauty of the CR taxis and Parisian buses in lithographed tin plate, which were later to be mass produced.

The *Manuel du fabricant de Jouets* ("Toymakers handbook") written by A. Broquelet in 1922, courteously made available to us by Jean Alsac, talks of one of these buses as follows:

As a mechanical toy, the bus created by M. Emile Cavelius at Rossignol is one of the most faithful representations of the great omnibus-vehicles driving the various main routes through Paris; it is one of those that best demonstrate the profit to be drawn from sheet iron by lithographing it, cutting it out, perforating and stamping it, then joining it together into a whole.

A light clockwork mechanism sets it in motion, while by changing the steering the two front wheels cause it to turn corners.

The production technique consists of establishing a plan of the whole, then a plan for each of its component parts, taking curved and recessed shapes closely into account, with provision for their formation, and accurately calculating the surface of metal to be used, to diminish that waste material that makes production so burdensome.

The plan includes establishment of the desired size of: (1) the base; (2) the body shell; (3) the mudguards, the seats and the front platform; (4) the roof; (5) the steering mechanism; (6) the wheels.

The plans are indeed of very great importance, for they facilitate the work of the lithographer, who can thus place certain motifs on the scraps of metal left by the punching of the windows and doors.

Then, after the tin has been printed, it must be cut into longitudinal strips with ordinary shears or a circular cutter, then passed to a machine to cut and perforate, which cuts out the pattern and opens the doors, the windows and the holes for the lugs using the die corresponding to the flat form of each of these pieces.

dis que par un changement de direction les deux roues d'avant lui impriment un mouvement tournant.
La technique de sa fabrication consiste à établir un dessin d'ensemble, puis un autre de chacune des pièces qui formeront l'objet, en tenant bien compte des formes bombées ou en retrait, avec la prévision de leur développement et en calculant bien la surface du métal à employer, de manière à éviter les déchets de matières qui rendent si onéreuse la fabrication.
Ce dessin comprend l'établissement à la grandeur désirée:
1. du fond; 2. de la carcasse de l'autobus; 3. des garde-boue, du siège et de la plate-forme avant; 4. de la toiture; 5. des enseignes de direction; 6. des roues.
Ces dessins ont en effet une très grande importance car ils facilitent le travail de l'imprimeur sur métal, lequel pourra placer ainsi dans certains déchets de métal occasionnés par l'ajourage des portes et fenêtres, certains motifs. Lorsque le fer blanc a reçu l'impression, il devra être découpé en bandes longitudinales au moyen d'une cisaille ordinaire ou d'une cisaille circulaire, puis ces bandes devront être soumises à une machine à découper et à ajourer, laquelle détourera le dessin, ouvrira les portes et les fenêtres ainsi que les boutonnières d'agrafes à l'aide de la matrice qui épouse la forme plane de chacune de ces pièces.
Une troisième machine devra estamper ensuite certains motifs, tandis qu'une quatrième devra donner leur forme aux parties courbes.
Les roues devront être ajourées et percées par une machine spéciale, puis embouties et garnies d'un moyeu en plomb coulé directement dessus, enfin elles devront être assemblées par un fil de fer dressé et coupé mécaniquement à la longueur voulue.
Le changement de direction dans la marche de l'autobus sera obtenu à l'aide d'un petit ressort à boudin et d'un ajourage dans la plaque qui maintient les roues d'avant.
Le mécanisme qui fait manœuvrer l'autobus devra être composé de deux roues dentées d'inégale grandeur, s'engrenant dans deux pignons également dentés. Ces pignons devront être en cuivre, décolletés et fabriqués mécaniquement par une machine automatique d'une grande précision qui transformera un fil de cuivre en lui faisant subir différentes phases: perçage et coupe à la grandeur voulue, taillage des dents.
Lorsque ce travail est terminé, ces pignons dentés sont imprégnés des matières grasses qui ont servi à faciliter leur découpage; on doit donc les nettoyer dans des bains ou dans des tonneaux renfermant de la sciure et tournant mécaniquement, avant de les présenter à un

A third machine is needed to subsequently stamp certain designs, while a fourth is used to shape the curved parts.
The wheels have to be cut out and broached by a special machine and then embossed and fitted with a cast lead boss directly on top, then finally assembled on an iron wire, trimmed up and cut automatically to the desired length.
Steering while the bus is moving is effected by a small coil spring and a hole cut out in the plate that holds the front wheels.
The drive mechanism is made up of two gear wheels of different sizes, engaging two pinions with matching teeth. The pinions must be cut out of copper and formed mechanically on a high-precision automatic machine that transforms the copper it is fed by treating it in two phases: piercing and cutting to the desired size, and cutting the teeth.

Nº 19189.
NOUVELLE VOITURE
automobile mécanique modèle grand tourisme, à ressort très puissant (avec chauffeur).

0m35	0m42	0m50	0m60
14.50	19.75	26.	33.

When this work is finished, the toothed pinions are still covered in the grease used to facilitate the machining; they must thus be washed in baths, or in barrels filled with sawdust and turned automatically, before being sent to a press, where they are pushed extremely firmly onto the trimmed-up iron wire that will serve as the axle.
The very simple drive mechanism must be fitted into the prepared space under the flooring of the bus. This cut-out area allows the mechanism to be fixed half outside and half inside, and enables the steel spring, wound up with a key (the iron shank of which turns the large gear wheel via a pinion), to unwind inside the bus as it is driving along.

pilon qui les fera pénétrer avec une très grande force sur le fil de fer dressé qui servira à former l'essieu.
Le mécanisme, d'une grande simplicité, qui fait marcher cet autobus, doit être fixé dans la partie ajourée réservée dans le fond du parquet de l'autobus. Cette partie ajourée permet au mécanisme de pouvoir être fixé moitié à l'intérieur, moitié à l'extérieur, et au ressort en acier, que l'on remonte avec la clef dont la tige de fer sert de pignon à la grande roue dentée, de se déployer à l'intérieur de l'autobus au fur et à mesure de sa marche.
L'assemblage des différentes agrafes qui sont indispensables à la réunion de toutes ces pièces se fait au moyen de machines spécialisées.
Je reviens à la voiture C.R. à turbine de mon ami Giansanti-Coluzzi pour en donner une impartiale et favorable appréciation, d'autant qu'elle n'est plus dans ma collection (je m'en suis séparé il y a quelques années). Le Comte la considère, avec d'autres C.R., comme la «fine fleur» du «jouet de charme». Et il pense que si ces jouets, fabriqués selon des techniques économiques (il parle ici des jouets C.R. du début de notre siècle, et non des plus anciens), avaient eu la robustesse des Märklin, ils seraient devenus les premiers jouets du monde.
Pour Antonio Giansanti-Coluzzi, les jouets en tôle agrafée sont plus rares que les jouets en tôle soudée, parce qu'ils ont davantage souffert dans les greniers où ils séjournèrent plus d'un demi siècle, soumis aux caprices des intempéries: fortes chaleurs en été, basses températures et humidité en hiver, qui eurent souvent raison des lithographies qui les ornaient et de la tôle fine qui les composait.
Le comte Giansanti-Coluzzi recherche les jouets en tôle agrafée, mais aussi les modèles de son enfance qu'il perdit durant la dernière guerre.
C'est précisément en 1965, lorsqu'il entra en relation avec Robert Gallier, qu'il retrouva son premier jouet, qui fut aussi l'un des plus beaux qu'il ait eus dans son enfance: l'Hispano JEP. Il l'obtint en échange du cuirassé Märklin *Giulio Cesare*, dont nous avons publié la photo dans notre livre consacré aux bateaux.
Cette Hispano n'était malheureusement pas en bon état, mais sa joie de la retrouver était si grande que le Comte aurait tout donné pour l'avoir à nouveau. Robert Gallier bénéficia d'un échange qui lui fut profitable, d'autant que le Märklin était en excellent état.
Antonio Giansanti-Coluzzi retrouva plus tard une Hispano flambant neuve, puis une Rolls, une Renault 40 CV, et toutes les Citroën qu'il possédait dans son garage miniature de l'avenue Kléber.
La plupart des modèles anciens qu'il découvrit par la

Assembly of the different lugs necessary to join all these pieces together is done on specialized machines.
Let me return to the CR turbine car now owned by Count Giansanti-Coluzzi, to give it a favourable but impartial appraisal, the more so as it is no longer in my own collection (I let it go several years ago). The Count considers it, as other CRs, the "fine flower of charming toys", and thinks that if these toys, manufactured as economically as possible (he refers to the CR toys of the turn of the century, not the older ones), had only been as sturdy as the Märklins, they would have become the world's most prestigious models.
Antonio Giansanti-Coluzzi finds that lug-jointed tin-plate toys are rarer than soldered ones, because they have suffered more in the attics where they have lain for more than half a century, exposed to the inclemencies of the weather. Heat-waves in summer and cold, damp winters all leave their mark on the lithographed decoration and the fine tin plate of which the toys were built.
Count Giansanti-Coluzzi is on the lookout not only for lug-jointed tin-plate models, but also for his nursery toys, which he lost during World War II.
It was in 1965, when he came into contact with Robert Gallier, that he found the first one, and it was one of the best he had owned: a JEP Hispano Suiza. He exchanged a Märklin *Giulio Cesare* battleship for it (a photo of this model appeared in our book about toy boats).
The Hispano, unfortunately, was not in a very good state, but in his exuberance at re-finding it the Count would have given anything to get it back. Robert Gallier did well out of the exchange: the Märklin was in excellent condition.
Later Antonio Giansanti-Coluzzi re-found a shining new Hispano, then a Rolls, a Renault 40 CV, and all the Citroëns he had had in his toy garage in avenue Kléber.
Most of the models he found later didn't have the mechanical perfection he appreciated in the JEPs and Citroëns, but he liked their shapes and their colours. That was how some market-stall toys, particularly Lehmanns, with fixed steering and often with bodywork that drew little inspiration from reality, found their way into his collection, taking a place alongside the real classics. And since, as a child, he had never cared for toys with figures (he saw himself as the driver), he now began to take an interest in them, seeing them through the eyes of a collector.
Still, he remains critical of Bing and Märklin toys, with their irrational steering wheel movements. He

suite n'avaient pas les avantages techniques qu'il appréciait tant sur les JEP et Citroën, mais il aimait leurs formes et leurs couleurs. C'est ainsi que les jouets de bazar, notamment les Lehmann, au volant fixe et aux carrosseries souvent très fantaisistes, entrèrent dans sa collection, aux côtés des grands classiques. Et alors qu'il n'avait pas apprécié, étant enfant, les voitures avec des personnages, pour la raison qu'il se voyait lui-même en chauffeur, il commença à s'y intéresser, parce qu'il les découvrait maintenant avec le regard de l'amateur.

Mais il conserve un esprit critique à l'égard des Bing et des Märklin, dont il trouve la manipulation du volant peu rationnelle. Il lui paraît irritant d'avoir à soulever cet accessoire, pour le dégager des bagues crantées qui bloquent la direction et de le tourner à gauche pour orienter les roues à droite, et vice versa. Il aurait tant aimé que ces jouets, par ailleurs si bien fabriqués, aient été parfaits sur tous les points!

Il déplore également que Märklin n'ait jamais conçu d'automobiles à «visage humain», c'est-à-dire plus réalistes, alors que cette firme prétendait fabriquer les plus beaux de tous les jouets. Et le Comte de citer en exemple la grande limousine à mouvement d'horlogerie référencée 5214/3 sur le catalogue 1910, dont le radiateur n'évoque aucune marque.

Après le premier conflit mondial, la firme de Güttingen persista dans cette erreur, du moins en ce qui concerne les autos (il en fut autrement pour les trains et les bateaux), même lorsqu'elle sortit ses premiers modèles au 1/43. Antonio Giansanti-Coluzzi précise que cette négligence dessert aujourd'hui la marque allemande auprès de certains amateurs pointilleux, qui auraient aimé avoir, par exemple, une Mercedes Märklin (il n'est pas douteux qu'un tel modèle ferait de nos jours merveille dans certaines collections, mais je suis quant à moi très heureux de constater que Märklin a fait preuve de plus d'imagination) et il ajoute que ce manque de réalisme a probablement frustré les enfants du plaisir de se sentir plus proches du monde des adultes. Il pense que ces idées auraient dû venir à l'esprit du constructeur, qui s'est surtout préoccupé de la robustesse de ses jouets, de la solidité de ses mécaniques et de la qualité de sa peinture.

La teinte du jouet n'échappe pas non plus au regard de notre collectionneur qui se souvient d'une exposition réalisée dans son enfance par le magasin *Le Nain Bleu*, où s'alignaient des automobiles Bignan de toutes les couleurs. Chaque modèle, dont le radiateur ressemblait à celui des Rolls — Rolls-Royce fit d'ailleurs à Bignan un procès qu'elle gagna — qu'il aimait déjà, était équipé de roues orientables par le volant. Il ne

found it irritating to have to lift the steering wheel to free it from the gears that locked the steering, and to have to turn the wheel left to go right, and vice versa. He would have liked it so much if these toys, otherwise so well made, could have been altogether perfect!

He is as equally upset that Märklin never produced more realistic cars, although the firm claimed to make the most beautiful toys of all. He offers as an example the large clockwork limousine, No. 5214/3 in the 1910 catalogue, the radiator of which resembles that of no known make.

After World War I the Güttingen firm persisted in this error, at least as far as cars were concerned (it was different with boats and trains), even when they brought out the first 1:43 models. Antonio Giansanti-Coluzzi thinks that this negligence on the German firm's part does nothing for their reputation today among more fastidious collectors, who would have liked to have had, for example, a Märklin Mercedes. (I personally think that such a model would undoubtedly be welcome in some collections, but am happy to note that Märklin used more imagination.) He thinks the lack of realism deprived children from feeling closer to the world of adults, and that the makers should have realized this, rather than be preoccupied with the sturdiness of their toys, the reliability of their mechanisms, and the quality of the paint.

Colour is another important point for Count Giansanti-Coluzzi. He remembers an exhibition in the *Nain Bleu* shop when he was a child that featured a line of Bignan models of every possible colour, each with a Rolls-style radiator — Rolls Royce took proceedings against Bignan, and won the case — and working steering. He never had one of these toys as a gift (they cost 250 francs), but he did get a CIJ (Compagnie Industrielle du Jouet) Alfa priced at 110 francs, although it was a duller red brown colour.

When Jean Alsac took up his father's trade as a toy rep, he took up the search, on his travels, for the toys of his childhood. Although he never had the chance to put his hands on an Alfa, he did find a JEP Hispano, identical to the one Count Giansanti-Coluzzi exchanged with Robert Gallier. Jean Alsac paid a ridiculously low 100 francs for his, in Lille, France.

Working in northern and eastern France, areas that suffered in both wars, he found nothing really rare at the wholesalers he visited other than two Schoenner fire engines.

His collection has been built up mostly from second-hand and antique shops in the areas he has covered, and by exchanges with friends.

reçut pas ce jouet en cadeau (les Bignan se vendaient 250 F), mais une Alfa Romeo à 110 F, de couleur plus terne (brun rouge), fabriquée par la Compagnie Industrielle du Jouet (C.I.J.).

Lorsque Jean Alsac prit la succession de son père, dans le métier de représentant en jouets, il chercha dans les provinces qu'il parcourait les modèles de son enfance. S'il n'eut pas la chance de mettre la main sur une Alfa, il trouva en revanche une Hispano JEP, identique à celle que le comte Giansanti-Coluzzi acquit par échange avec Robert Gallier. Jean Alsac l'acheta à Lille pour la somme dérisoire de 100 F.

Travaillant dans les départements du Nord et de l'Est de la France, qui avaient souffert des deux derniers conflits, il ne trouva pas de modèles vraiment rares chez les grossistes, à part deux voitures-pompes Schoenner. Mais c'est surtout chez les brocanteurs et les antiquaires des régions qu'il parcourait, et par échanges avec des amis, qu'il constitua sa collection.

Son goût pour les vieilles automobiles remonte à la Charron de son grand-père, dans laquelle il adorait rouler. Lorsqu'elle fut vendue, il voulut réunir un ensemble de vieux tacots, mais le manque de place l'empêcha de réaliser ce projet. C'est ainsi qu'il développa sa collection de jouets automobiles, qui lui permit d'éprouver des joies identiques, sur des surfaces d'exposition plus restreintes. Mais le nombre de ces jouets s'étant multiplié très rapidement, Jean Alsac se trouva bientôt confronté aux mêmes problèmes de place, qui l'obligèrent à laisser les trois quarts de sa collection dans des cartons.

Le cas de Peter Ottenheimer est différent, car ce collectionneur préfère profiter de tous ses jouets, en les exposant sur la totalité des murs de son appartement, quelles que soient les difficultés ménagères et pratiques encourues.

C'est aux jouets Lehmann, assure-t-il, qu'il doit sa bonne humeur, parce qu'il les trouve amusants et pittoresques. L'inspiration qui présida à la création de ces jouets de Nuremberg l'intéresse, car il sait que M. Lehmann tint souvent compte des évènements qui firent l'actualité de son temps.

Les jouets routiers qui défrayèrent la chronique sont peu nombreux, mais il en est de célèbres, comme les autos *Adler, Tut-Tut* et *Am Pol* (voir le livre documenté, écrit par Jürgen et Marianne Cieslik, sur l'histoire de la firme *Lehmann: Ein Jahrhundert Blechspielzeug*).

Voici comment le jouet *Am Pol* (vendu 1,45 F), était décrit dans un catalogue français de 1911:

Ce jouet, tout d'actualité, rappelle le voyage si discuté de Cook et Peary au Pôle.

His taste for old cars stems from one he used to love riding in: his grandfather's Charron. After it was sold, he wanted to start collecting veteran cars, but lack of space made this impossible. That was why he started collecting toy cars, which gave him the same pleasure without his needing such a large showroom. But the number of cars increased very rapidly, and Jean Alsac was soon confronted with the same problem of space, and had to store three-quarters of his collection in boxes.

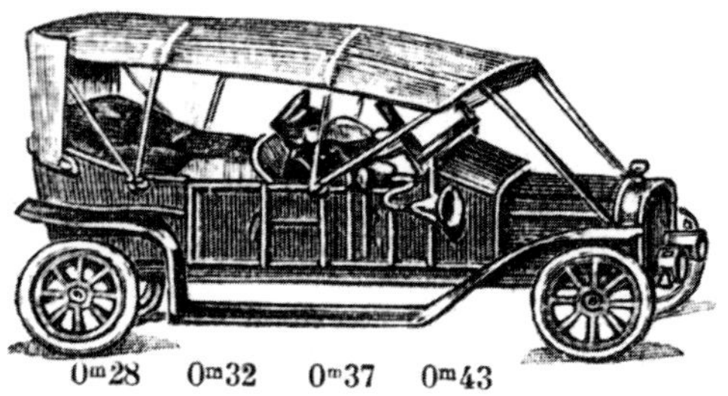

Peter Ottenheimer's approach differs: he likes to be able to display all his models by covering the walls of his flat with them, regardless of the resulting housekeeping and practical problems.

He owes his good humour, he says, to Lehmann toys; he finds them amusing and colourful. The inspiration behind the creation of these toys in Nuremberg is something that interests him, since he knows that Herr Lehmann often took into account current affairs.

Few vehicle toys have had lively press coverage, but there are some celebrated exceptions, such as the "Adler", "Tut-Tut" and "Am Pol". (See also the authoritative *Lehmann: Ein Jahrhundert Blechspielzeug*, by Jürgen and Marianne Cieslik).

The "Am Pol", at 1.45 francs, was described in a French catalogue of 1911 as follows:

The toy, right up with the times, recalls the much discussed journey of Cook and Peary to the pole.

It represents the two explorers comfortably seated in a car; one of them is driving while the other holds an umbrella on which is a map topped by an American flag.

As the vehicle moves the explorers salute most comically and the umbrella turns.

The whole is well produced and amusing.

Similar to this model (Cat. No. 989) was the Lehmann "Auto-Onkel". On the front seat a white man drove and waved his hat, while behind was a

Il représente les deux explorateurs confortablement installés dans une autombile conduite par l'un des personnages, pendant que l'autre tient un parapluie sur lequel il y a la carte géographique surmontée du drapeau américain. Pendant la marche de la voiture, les explorateurs saluent très drôlement et le parapluie tourne. L'ensemble est très réussi et amusant.

Semblable à ce modèle (N° 989 au catalogue), Lehmann fabriqua l'*Auto-Onkel*, qui comporte, sur la banquette avant un conducteur blanc agitant son chapeau et, derrière lui, un noir tenant une ombrelle tournante. Ces deux jouets mécaniques, de 12 cm, sont mûs par un ressort à boudin.

Les Lehmann préfèrées de Peter Ottenheimer sont la moto *Halloh*, le tricycle du boulanger et du ramoneur, *Bäcker und Schornsteinfeger*; la femme à l'éventail assise dans une poussette, *Rollstuhl*; le bus à deux étages et la *Berolina* avec le toit en tissu. Il ne reste plus à ce collectionneur que trois modèles pour compléter sa série d'automobiles Lehmann: la *Titania*, l'*Hevela* et la *Gala*.

Malgré l'intérêt qu'il porte à cette marque, Peter Ottenheimer place les «tôles» Günthermann et les Hess sur un plan supérieur, parce qu'elles lui inspirent des réflexions plus profondes.

Ses préférences générales sont les suivants: 1. Günthermann, 2. Hess, 3. Lehmann, 4. Carette et Bing, 5. Märklin, 6. Jouet Français.

Les jouets Günthermann l'enchantent, parce qu'ils sont bien dessinés et que leurs personnages, détaillés, ont toujours des tenues (casquettes, chapeaux, pelisses, lunettes, bottes, gants), correspondant à des types de voitures bien précis.

Les lithographies de Günthermann sont en outre assez fines et variées et certaines d'entre elles, comme le vis-à-vis canné, comportent même des ombres. Peter Ottenheimer aime encore les filets dorés de ces lithos qui donnent aux jouets un aspect riche. Ces détails subtils, que certains collectionneurs ne saisissent pas toujours, méritent d'être soulignés.

Bien que différente, la lithographie des jouets Hess n'en est pas moins poussée dans le détail, mais je la trouve assez triste et opaque. Pour ce qui est des personnages Hess, Peter Ottenheimer dit qu'ils sont figés sur leur siège, à l'exception des modèles en plâtre, de fabrication plus ancienne. Par contre, il aime les formes des voitures de cette marque, parce qu'elles sont typiques de leur époque, mais d'un choix de couleurs assez restreint. On voit surtout des verts foncés et des rouges. Précisons que Hess est l'une des marques les plus anciennes de Nuremberg, puisqu'elle fut fondée en 1826.

negro holding a spinning umbrella. Both toys, 4.7 inches long, had motors driven by a coil spring.

Peter Ottenheimer's favourite Lehmanns are the "Halloh" motorcycle, the baker's and chimneysweep's ("Bäcker und Schornsteinfeger") tricycle, the lady with a fan sitting in a bath chair (the "Rollstuhl"), and the double-decker "Berolina" bus with linen top. He needs only three more models to complete his set of Lehmanns: the "Titania", the "Hevela" and the "Gala".

Despite his interest in Lehmann, Peter Ottenheimer classes the Günthermann and Hess tin-plate toys as being on a higher plane, since they inspire rather deeper reflection.

His favourites are broadly as follows: 1: Günthermann; 2: Hess; 3: Lehmann; 4: Carette and Bing; 5: Märklin; 6: Jouet Français.

Günthermann toys enchant him with their fine outlines, always corresponding to some particular vehicle, and their detailed figures are always kitted out with some small extra such as helmets, hats, cloaks, glasses, boots or gloves.

Günthermann lithography was particularly full of variety and finely done; on some models, such as the vis-a-vis with painted-on wickerwork, there were even shadows included. Peter Ottenheimer likes the golden trim-lines, too: they make the models look rich. These subtle details, which are occasionally overlooked by collectors, are worth pointing out.

The Hess lithography, though different, was no less full of detail, but I find it lacks joy and lustre. The figures, says Peter Ottenheimer, are fixed to the seats, except on the older plaster models. Still, he likes the shapes of the Hess cars, so typical of their era, despite the rather restrained choice of colours. Most of them are deep green or red. Hess, incidently, founded in 1826, was one of the oldest of the Nuremberg manufacturers.

As for Märklin, Peter Ottenheimer notes that the firm's production of car toys was limited, compared with the effort they devoted to trains and boats. He adds that Märklin toys don't have much appeal for him, even if they are mechanically perfect, and that their Teutonic style reflects none of the subtlety or poetry of other makes.

The only justification for the high price of these toys is their durability; the tin plate is thick and heavy, and the motors are powerful. He wishes the Märklin brothers had done as much research as did Günthermann and the Bing brothers, but puts this down to the firm's only aiming to maintain its supremacy in the field of model trains.

Parlant de Märklin, Peter Ottenheimer pense qu'elle ne fut pas une grande créatrice de jouets automobiles, comparativement au nombre de trains et de bateaux qu'elle produisit. Et il ajoute que les autos de cette firme ne le font pas vibrer, bien qu'étant techniquement parfaites, et qu'elles sont d'un style germanique qui ne reflète ni la souplesse, ni la poésie des autres marques.

Les prix élevés de ces autos ne se justifiaient que par leur solidité: tôle épaisse, poids et ressort puissant. Il reproche en outre aux frères Märklin de ne pas avoir fait preuve d'autant de recherche que Günthermann et que les frères Bing, mais il pense que cette faiblesse est due au fait que la firme de Güttingen ne se soucia de conserver sa suprématie que dans le domaine des jouets ferroviaires.

Comme le comte Giansanti-Coluzzi, Peter Ottenheimer regrette les modèles de rêve que Märklin aurait pu réaliser s'il s'était davantage intéressé aux automobiles. De même, il se désole de ne pouvoir découvrir dans les jouets de cette firme aucun détail ou accessoire susceptible de lui rappeler une marque automobile connue.

En ce qui concerne les jouets français, ce collectionneur n'émet aucun jugement précis, car trop peu de modèles sont parvenus jusqu'en Suisse. Mais s'il connaît certains jouets Charles Rossignol, il ne partage pas l'enthousiasme de Jacques Milet, de Jean Alsac et de Daniel Rémy à leur égard.

Le comte Giansanti-Coluzzi, qui connaît parfaitement les jouets français, les juge très variés dans leur ensemble, élégants et d'un réalisme qui témoigne de l'activité florissante des débuts de l'industrie automobile française. Il regrette cependant que leur finition ne soit pas toujours poussée.

Pour Jacques Milet, Daniel Rémy et d'autres collectionneurs, bien des jouets français artisanaux sont des œuvres d'art à l'état pur. Mais Jacques Milet n'accorde aucune faveur à ces jouets s'ils présentent des faiblesses techniques (mauvaise qualité des soudures, du ressort, du roulement).

Outre les jouets français en tôle soudée, Jacques Milet aime les «joujoux» de bazar, construits avec des métaux de récupération reconnaissables à l'intérieur par les impressions qu'ils portent: lithographies de boîtes à biscuits, de tabac et de conserves en tous genres. De tels matériaux furent rarement utilisés par les constructeurs allemands, qui employaient presque toujours du fer blanc de première qualité. Certaine firmes, comme Märklin, ajoutaient même au métal une dose de carbone, pour composer un bon acier.

Jacques Milet regrette, avec humour mais sincérité,

Like Count Giansanti-Coluzzi, Peter Ottenheimer mourns the non-existence of the models that would have been the stuff of dreams if only Märklin had taken more interest in cars. He is another to regret the lack of any detail or accessory in the firm's productions that might be taken as pointing to some specific prototype.

Where French toys are concerned, Peter Ottenheimer has no precise judgements, since all too few have crossed the border into Switzerland. Although he knows some of the Charles Rossignols well, he doesn't share Jacques Milet's, Jean Alsac's and Daniel Rémy's enthusiasm for them.

Count Giansanti-Coluzzi, who knows everything about French toys, speaks of their great variety. Generally they are elegant, and their realism bears witness to the flourishing early days of French car production. However, their finish is not always of the best.

For Jacques Milet, Daniel Rémy, and other collectors, a good number of the craftsmen-made toys are works of art at their purest. But Jacques Milet gives no high marks to the toys with construction faults such as bad soldering, springs or mechanisms.

Apart from the French soldered tin-plate toys, Jacques Milet likes the market-stall toys built out of scrap tin, recognizable still inside the models by the inscriptions, never covered over, of tins that once stored biscuits, all kinds of food, or tobacco. Such material was seldom used in Germany, where highest quality tin plate was the almost universal choice. Some firms, such as Märklin, even added a proportion of carbon to be sure of a good steel.

Jacques Milet mourns the fact, light-heartedly but with sincerity, that the great toy makers never thought of the future, by which he means, of course, collectors. If only they hadn't used new materials that wouldn't withstand ageing (such as zamak, an alloy of zinc, aluminium, copper and magnesium), so many toys, such as the famous Märklin centenary train and the first Dinky Toys, would still be in good condition today. On many of these toys, the zamak has now split, or crumbled away to dust.

Daniel Rémy wonders about the durability of the materials being used today...

He has a high opinion of French toys (his collection, like that of Jean Alsac, has a lot of them), although he bemoans the fact that many of them are almost scale models. Looking at European production as a whole, his favourites are the French steam cars and the Günthermanns with figures. His best example of the latter, an open tonneau with four passengers, a 9.8-inch

que les grands constructeurs de jouets n'aient pas pensé à l'avenir, c'est-à-dire... aux collectionneurs! Car ils n'auraient pas utilisé des matériaux nouveaux qui ont mal supporté le vieillissement (comme le zamac, qui est un alliage de zinc, d'aluminium, de cuivre et de magnésium), et bien des jouets, comme le fameux train Märklin du centenaire et les premiers Dinky, seraient aujourd'hui en bon état. Pour beaucoup de ces jouets, le zamac qui les compose se fend, ou tombe en poussière.

De même Daniel Rémy s'interroge, lui, sur la durabilité des matériaux utilisés de nos jours...

En ce qui concerne les jouets français, il porte un jugement favorable (sa collection, comme celle de Jean Alsac, en comporte un grand nombre), mais il regrette qu'ils soient, assez souvent, à la limite de la maquette. Dans l'ensemble des marques européennes, ses modèles favoris sont les autos à vapeur françaises et les Günthermann à personnages, dont le plus beau spécimen lui fut vendu par Robert Spira: un tonneau découvert à quatre personnages, mécanique, en tôle imprimée, de 25 cm.

Qu'il me soit ici permis d'évoquer la personnalité de ce marchand dynamique, qui fut l'un des plus grands fournisseurs de jouets automobiles des vingt dernières années. Avec Claude Labarre, Pierre Sieur et Franck Pélissier, il compta parmi les premiers marchands spécialisés dans la vente de jouets anciens en France. Et si certains commencèrent leur activité au lendemain de la dernière guerre, Robert Spira débuta en 1961-62.

Je me flatte d'avoir été son premier client lorsqu'il tenait un stand au Marché Vernaison (St. Ouen), qui fit accourir les collectionneurs du monde entier. Au lever du rideau de fer, c'était à celui qui se saisirait le premier du meilleur lot; une loi de la brocante veut que celui qui tient la pièce en main dispose d'un certain temps de réflexion avant de réaliser son achat: objet tenu, objet retenu.

Les plus futés téléphonaient à Robert Spira le vendredi pour connaître ses dernières trouvailles et retenir les bonnes pièces.

Collectionneur insatiable, Daniel Rémy, qui devint plus tard son client, lui acheta de belles voitures, mais ne cesse de regretter celles qu'il aurait pu acquérir s'il avait fait plus tôt sa connaissance!

Le collectionneur est ainsi fait; il lui manque toujours quelque chose pour être pleinement satisfait et ne vit que d'espoir et de regrets: espoir d'une prochaine découverte, regret d'avoir raté une belle pièce. Il ne regrette jamais, en tout cas, d'avoir payé un jouet un prix fort, car la course des prix a tôt fait de lui faire oublier sa «folie».

long clockwork toy in lithographed tin plate, he bought from Robert Spira.

Robert Spira, if I may recall here this dynamic personality, was one of the greatest model dealers of the past 20 years. Alongside Claude Labarre, Pierre Sieur and Franck Pélissier, he is listed among the most outstanding antique toy merchants in France, and although some started trade not long after World War II, Robert Spira didn't start until 1961-1962.

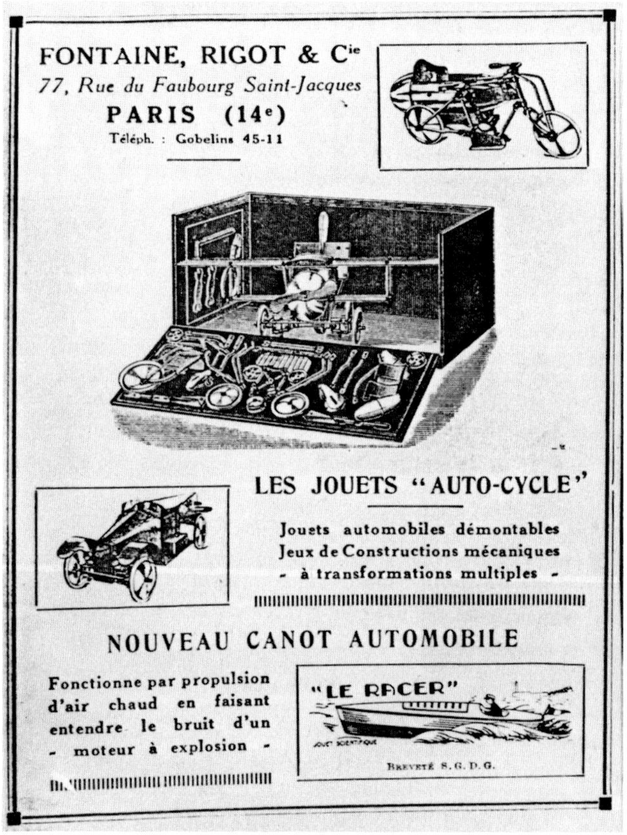

I am flattered to have been his first client when he set up his stall in the Vernaison market in St. Ouen, Paris, which had collectors flocking from all over the world. As the metal shutters went up, it was first come first serve. It was unwritten law that after you had got your hands on a particular article you had a certain amount of time to reflect before buying it, but touch is a powerful salesman.

Wise customers would telephone Spira on Friday for news of the latest arrivals and have him put the best ones aside.

Daniel Rémy, an insatiable collector, became his client later and bought some fine cars, but has never

Robert Spira vendait cher: «Très cher», disait-il lui-même, avec malice, en laissant paraître sur son visage un air navré qui nous touchait (mon grand-père maternel disait que ce que l'on achète vaut souvent par la «gueule» de celui qui vous vend: c'était vrai avec Robert!). C'est ainsi qu'il nous vendait ce qu'il voulait, et me fit faire, malgré moi, une collection de vieux téléphones, dont il trouvait chaque semaine une variété infinie de modèles.

Au tout début de sa carrière, ce vendeur sympathique aimait déjà les jouets automobiles et il savait les mettre en valeur aux yeux de ses clients, même les plus difficiles, dont Louis-Roland Neil et Robert Gallier faisaient partie. Je me souviens d'un marchandage épique entre Robert Spira et Louis-Roland Neil, durant lequel nous engageâmes des paris sur celui qui accepterait le prix de l'autre. Il s'agissait d'un trophée automobile en bronze. La discussion, entrecoupée de quelques ventes brièvement conclues par Robert Spira, dura toute la matinée... et c'est Louis-Roland Neil qui finit par l'emporter!

Comme à bien d'autres collectionneurs, ce marchand actif me donna souvent des émotions, tant il avait l'habitude de mettre la main sur de bons lots. Je me souviens de l'un d'eux, composé d'une cinquantaine de vieilles automobiles, qu'il avait acheté avant moi chez un brocanteur voisin de la maison de campagne où je passais mes week-ends. Arrivé trop tard à son stand, je ne pus me rendre acquéreur que d'une seule auto, la dernière: une Hess à friction.

La frustration que je ressentis ce jour-là égala sûrement les regrets éprouvés par Daniel Rémy de n'avoir pas connu Robert Spira plus tôt.

Lorsqu'il faisait une belle offre, Daniel parvenait à obtenir de Robert des jouets que ce dernier voulait garder pour lui-même. A un certain tarif, un marchand, même collectionneur, peut-il dire non?

J'ignorais autrefois ces possibilités et les faiblesses de Robert. Mais l'homme d'affaires qu'est Daniel Rémy le savait. Voilà pourquoi il possède aujourd'hui près de 200 automobiles anciennes dans sa collection (JEP et Citroën comprises).

Ses modèles préférés sont, comme je l'ai écrit plus haut, les autos françaises, construites en petites séries, parce qu'elles sont proches de l'esthétique automobile de leur temps. Il me cita en exemple le taxi électrique Krieger, qui fut réalisé somptueusement ou en version de bazar par quelques fabricants français et par Günthermann.

En 1899, voici le commentaire que suscita la Günthermann présentée dans la revue *La Nature*, parmi les petites inventions méritoires de l'année (ceux qui

ceased to be upset over all the ones he missed by not getting to know Spira earlier!

That's what makes a collector: he always needs just one more thing before he can be fully satisfied, and lives in hope and regret; hope for some new find, and regret for the ones he let go by. He never regrets, though, the high prices paid; inflation soon puts that sum of money in a new perspective.

Robert Spira's prices were high. "Very high", he used to say, maliciously, letting a look of deep grief cross his face, which we always fell for. (My mother's father claimed it was most often the salesman's "lip" that sold the goods: it was true of Robert!) And so he sold us whatever he wanted to, and got me, against my better judgement, collecting old telephones, of which he had in an enormous variety every week.

This appealing salesman was a toy car enthusiast right from the beginning of his career, and he knew how to build toys up in his clients' eyes, even with his most difficult customers, such as Louis-Roland Neil and Robert Gallier. I remember one bargaining match of epic proportions between Robert Spira and Louis-Roland Neil, during which we laid bets on who would accept who's price. The article concerned was a bronze racing trophy. The discussion, interrupted by several sales concluded in double-quick time by Robert Spira, went on all morning. In the end, Louis-Roland Neil won.

Robert Spira, ever active, stirred most collectors' emotions, mine included, with his habitual finding of fine job lots. I remember one of them, some 50 antique toy cars, which he bought before I had a chance at a second-hand dealer's near the country house where I used to spend the weekends. I got to his stall too late; I could only buy one car, the only one left: a friction-drive Hess.

The frustration I felt that day was surely equal to Daniel Rémy's sustained suffering from not having met Robert Spira earlier.

If he made him a good enough offer, Daniel could get Robert to part with the toys he said he wanted to keep for himself. Can any dealer, collector though he may be, say no if the price is right?

I hadn't been aware of such possibilities or Robert's weak spot. But businessman Daniel Rémy, he knew. Which is how he has collected his some 200 antique toy cars, JEPs and Citroëns included.

The models he likes best, as I explained above, are the small-production French cars; he finds them the closest to the automobile aesthetic of their time. As an example, he mentions the Krieger electric taxis, modelled in versions ranging from de luxe to market-

connaissent le jouet en question remarqueront que le rédacteur a confondu le principe du moteur à ressort avec celui de l'élastique):

La petite voiture automobile manquait vraiment parmi les jouets du jour de l'an. Elle est enfin venue dans les baraques, sur les boulevards, à Paris, mais peut-être un peu en retard. Comme le représente notre dessin, un fiacre ordinaire est monté sur quatre roues caoutchoutées. Notre cocher est sur son siège, la main sur le régulateur. Nous faisons quelques tours de clef, et voilà la voiture qui roule en faisant force tours et détours. Le principe est toujours le même. Un caoutchouc est tendu lorsqu'on tourne la clef placée derrière; il se détend ensuite successivement.

Outre les fiacres-taxis Krieger, les limousines et les cabs, Daniel Rémy aime les voitures de course et de Grand Prix (A.C.F., Paris-Madrid, Paris-Vienne, etc.) qui furent luxueusement construites en France. Elles ont en effet de belles silhouettes et possèdent des capotes en cuir, des sièges en satin et des roues équipées généralement de fins rayons. Quand elles sont agrémentées de personnages à têtes en porcelaine, comme c'est le cas pour les autos Vichy, Daniel est au comble de l'enchantement.

Ainsi a-t-il sa façon d'apprécier les jouets, en se gardant de subir l'influence des tendances du marché, qui donnent souvent la préférence aux jouets allemands. Il se demande d'ailleurs comment évolueront ces tendances dans un proche avenir. Nous aimerions tous le savoir!

Pour sa part, Jacques Milet, l'expert, fait un classement sentimental et personnel:

1. Charles Rossignol, parce qu'il créa, à la fin du siècle dernier, des jouets très artistiques.
2. Siegfried Günthermann, parce qu'il fit preuve d'une grande imagination.
3. Ernst-Paul Lehmann, parce qu'il réalisa des voitures à personnages animés.
4. Les frères Märklin, parce qu'ils fabriquèrent de bons moteurs.
5. Les frères Bing, parce qu'ils travaillèrent en finesse.
6. Georges Carette, parce qu'il conçut de grands et beaux modèles à des prix dérisoires.

En ce qui concerne les jouets anglais (rares dans les collections), Jacques Milet est plus sévère, car il trouve qu'ils manquent de charme, dans leurs formes comme dans leurs couleurs.

Rejoignant les idées du comte Giansanti-Coluzzi et celles de Peter Ottenheimer à propos des jouets Märklin, dont il apprécie les moteurs robustes et les tôles épaisses, il déplore la lourdeur de leurs formes. Les

stall, made by various French firms and Günthermann, too.

The Günthermann version was described in an article on the year's noteworthy inventions in *La Nature* magazine, in 1899, as follows (those who know the toy in question will notice the editor's confusion of the principles of spring-driven and rubber-powered motors):

This little car toy was certainly not one of this year's one-day novelties. It has finally arrived on the boulevard stalls in Paris, though perhaps a little late. As shown in our drawing, an ordinary cab is mounted on four rubber wheels. Our driver is in his seat, hands on the accelerator. We give the key a few turns, and the car is off, making turns and detours. The principle is always the same. A rubber band is tightened when one turns the key at the rear, and it then progressively unwinds.

Apart from the Krieger taxi-cabs, and limousines and cabs in general, Daniel Rémy goes in for the French de luxe racing and Grand Prix cars (ACF, Paris-Madrid, Paris-Vienna, etc.). They are such beautiful shapes and have leather bonnets (hoods), satin seats and, generally, fine-spoked wheels. Cars such as the Vichys that came with porcelain-headed drivers are everything Daniel could wish for.

Such, then, are Daniel Rémy's collecting ideals, while he keeps a close eye on market trends that often lead to his buying German toys. He sometimes wonders what paths those trends will follow in the near future. Don't we all!

Expert Jacques Milet's list of personal preferences runs as follows:

1. Charles Rossignol, for the highly artistic toys he created at the end of the 19th century.
2. Siegfried Günthermann, for his great imagination.
3. Ernst-Paul Lehmann, for producing cars with animated figures.
4. The Märklin brothers, for their fine motors.
5. The Bing brothers, for the delicacy of their work.
6. Georges Carette, for producing classic and beautiful models at absurdly low prices.

As for British toys, rare among the collectors we are discussing here, Jacques Milet's judgement is the most severe. He thinks they lack charm, both in design and colour.

Märklins are praiseworthy for their sturdy motors and thick tin plate, he says, echoing the sentiments of Count Giansanti-Coluzzi and Peter Ottenheimer on the subject, but their clumsy shapes are appalling, he finds. The only Märklins he has any real enthusiasm for are the farm vehicles, which he also collects, and

seuls jouets de ce constructeur qui l'enthousiasment sont les modèles agricoles, dont il fait aussi collection et les poussettes-automobiles (fort peu connues), fabriquées à l'intention des fillettes pour promener des poupées.
Jacques Milet pense, avec raison, que Märklin a eu tort de ne pas agrémenter plus souvent ses autos de personnages. Il cite en exemple la pompe à incendie automobile de 1910 (47 cm), dont l'élégance tient à la seule présence des quatre pompiers qui l'occupent. Pour lui, un jouet n'a vraiment belle allure que s'il conjugue des détails intéressants avec une forme réussie. La voiture-pompe à incendie sans personnages, dont j'ai retrouvé un exemplaire au musée de Güttingen, en est une preuve évidente. Il me fut cependant difficile de rester insensible devant la qualité de ce modèle.
Walter Störchli partage le point de vue de Jacques Milet et cite en exemple son tonneau Günthermann, qui se trouve être embelli par la présence de ses quatre personnages. Il pense toutefois, qu'avec ou sans personnages, la majorité des autos de cette marque sont des chefs-d'œuvre, parce qu'elles ont des lithographies délicates, nuancées et presque toujours ornées de filets dorés. Il apprécie, en outre, la subtilité de leurs accessoires, comme le soufflet à sifflet, fonctionnant avec une biellette reliée à l'axe des roues, et les lanternes latérales.
Les Günthermann correspondent à l'image que Walter se fait de la beauté et il se félicite que ces jouets n'aient pas été la copie servile de la réalité, mais l'interprétation intelligente et sensible de l'esthétique automobile. C'est pourquoi il n'apprécie pas outre mesure les jouets plus récents et plus réalistes comme les JEP ou les Citroën.
Il pense, avec beaucoup d'amateurs de vieilles «tôles», que les jouets antérieurs au premier conflit mondial sont plus riches d'idées, de couleurs et de formes, que ceux qui les suivent. Leurs teintes harmonieuses ne choquent jamais, même quand elles sont fantaisistes et nombreuses.
Sensible aux jouets lithographiés, Walter ne porte pas moins intérêt aux modèles peints à la main, parce que ce sont tous des pièces uniques. Chacun d'eux diffère des autres, ne fut-ce que par des coups de pinceau plus ou moins habiles, des débordements de couleurs, des empâtements et des filets d'épaisseurs variables qui témoignent de la sensibilité de l'artiste qui le réalisa.
Walter Störchli aime examiner de très près ces couleurs où les roses se marient bien aux oranges, aux verts ou aux jaunes, et s'intéresse à maints autres détails, pour percer le mystère de la fabrication de ses

the push-along cars, not at all well known, designed for girls to take their dolls for a drive.
Jacques Milet's opinion, and he is right, is that Märklin were at fault for not giving their cars accompanying figures more often. Consider, he says, the 18.5-inch fire engine of 1910, which owes all its elegance to the presence of four crew-members. For him, a toy is only attractive if it combines interesting details with successful overall form. The crew-less fire engine I found in the Märklin Museum is evident proof. Still, I found it hard to remain unmoved by the model's quality.

Walter Störchli shares Jacques Milet's views and gives his Günthermann tonneau as an example of a car being enhanced by the presence of four figures. He considers most of this firm's cars as masterpieces, anyway, with or without figures, since the lithography is so delicate and finely shaded, and nearly always decorated with plated trim lines. And he likes the ingenious accessories such as the bellows-blown whistles, driven via a crank from the front axle, and the lamps on the sides.
Günthermann toys correspond to Walter Störchli's definition of beauty, and he is pleased that they were not merely slavish copies of reality, but were sensible and intelligent interpretations of the automobile aesthetic. This is why he has no particular love for the more recent and more realistic Citroën and JEP models.
He backs up the opinion of many other collectors that toys made prior to World War I were richer in ideas, colour and form than those that followed. Their colours, even if there were many of them and many were fanciful, blend well and never shock.
A lithographed toy enthusiast, Walter Störchli is just as interested in hand-painted models because each was unique, each different from the next. Less or

jouets: formes des banquettes et des dossiers de sièges, fixation des ailes, coffres à outils sur les marchepieds, phares et lanternes, portes arrière des tonneaux, porte-bagages sur le toit des limousines, etc.
Il étudie aussi la mode automobile du temps passé à travers les cartes postales, pour comprendre les façons de manier un grand volant, de changer une roue, de gonfler un pneu avec une pompe à main et les tenues des chauffeurs et des «chauffeuses» qui, pour circuler sur les routes, revêtaient des pelisses de fourrure et se protégeaient de la poussière avec des voiles de gaze et d'énormes lunettes.
Sa passion pour l'automobile, qui le prit à l'âge de 14 ans, lui demande beaucoup de temps, mais il ne peut se résigner à y renoncer en dépit de ses activités professionnelles absorbantes (Walter Störchli fabrique de l'emmental).
Comme lui, Daniel Rémy, dont la collection se place à un haut niveau qualitatif et quantitatif, ne veut se décider à ralentir le rythme de ses recherches, malgré les responsabilités qu'il doit assumer dans ses affaires et il parvient toujours à trouver le temps de chiner aux Puces, d'assister à une vente à Chartres, en Suisse, ou en Allemagne, et de téléphoner à un ami pour l'entretenir des questions qu'il se pose à propos de ses dernières trouvailles.
Mais contrairement à certains autres collectionneurs, Daniel Rémy n'échange pas de jouets. Je n'ai jamais eu le plaisir de retrouver chez lui certains modèles qui m'ont appartenu, comme le vis-à-vis C.R. qui se trouve chez le comte Giansanti-Coluzzi, ou le tonneau Günthermann que je découvris chez Walter Störchli, après l'avoir échangé à un collectionneur qui l'échangea à son tour à Walter contre des petites autos et trois locomotives Märklin!
Comme on le voit, notre ami suisse sait faire preuve de grands sacrifices pour obtenir ce qu'il veut. Il convoite à présent la limousine Carette de couleur verte (mais à quel prix cette fois-ci?), dont Jacques Milet possède un exemplaire, et certains Tipp Co. Outre ces modèles, il cherche une bonne douzaine de jouets qu'il juge indispensables pour reconstituer les débuts de l'histoire de l'automobile.
Ses préférences vont aux marques suivantes:
1. Günthermann (il dit que l'intérêt d'un modèle de cette marque grandit selon sa taille).
2. Carette.
3. Bing (les plus anciens).
4. Märklin (il souligne que la valeur de ces jouets se calcule à leur poids).
Maintenant que les jouets sont devenus rares, Walter Störchli regrette de n'avoir pas acheté les épaves qui se

more agile use of the pliers, the use of the paint, the application of the trim in varying thicknesses; all bear witness to the sensitivity of the particular artist whose work it was.
Walter Störchli loves to study these colours, the reds that blend so well into oranges, greens or yellows, and to probe the secrets of the toys' creation; the forming of the benches and the backs of the seats, the attachment of the wings and the tool boxes on the running boards, the lamps and lanterns, tonneau rear doors, roof-racks etc.
He also studies the history of automobile fashion through postcards, to find out what it was like using the big steering wheels, changing the wheels, or pumping the tyres up with hand pumps, and to study the drivers' costumes, the clothing of the men and women who used to dress up in fur-lined cloaks to go out on the roads, protecting themselves against the wind with gauze scarves and enormous gogles.
His passion for automobiles, which he acquired at the age of 14, takes up a lot of his time, but he can't resign himself to giving it up despite his absorbing everyday job (Walter Störchli is an Emmental cheese maker).
Daniel Rémy, whose collection is high in both quality and quantity, is another who has no desire to spend less time looking for new toys despite his business responsibilities, and he always finds the time to go scouring through the Puces market, to attend a sale in Chartres, in Switzerland, or in Germany, and to telephone a friend to get the answers to the questions he is asking himself about his latest finds.
But unlike some other collectors, Daniel Rémy never swaps. I have never had the pleasure of finding models in his collection that have come from me, such as the CR vis-a-vis Count Giansanti-Coluzzi now owns, or the Günthermann tonneau I found in Walter Störchli's hands after I had exchanged it with another collector, who in turn swapped it for Walter's offer of some small cars and three Märklin locomotives.
It can be seen that here is a Swiss collector who makes great sacrifices to get what he wants. At the moment he has set his sights on a green Carette limousine (what will the price be this time?), of which Jacques Milet has an example, and certain Tipp Co. toys. Apart from these, he is looking for at least a dozen other models he considers indispensible for reconstructing the beginnings of automobile history.
His preferences go to the following makes:
1. Günthermann (he says that the interest of these models is directly proportional to their size).
2. Carette.
3. Bing (the older ones).

sont autrefois offertes à lui, parce qu'il pourrait aujourd'hui les restaurer, avoir un «stock» de pièces de rechange, ou les échanger. Il ne croit pas Daniel Rémy lorsqu'il prétend qu'il suffit d'ouvrir les yeux, sur les marchés de brocante, pour trouver encore des pièces intéressantes.

Jean Alsac pense, quant à lui, que l'oiseau rare ne se trouve plus sur la branche, et que pour le découvrir, il faut parfois aller plus loin que chez le spécialiste. C'est ainsi qu'il trouva dans un couvent l'une de ses plus belles autos anciennes; elle était utilisée, avec d'autres objets, pour la rééducation des aveugles! Pour l'obtenir, il n'eut qu'à se rendre chez un marchand de jouets afin d'acheter un modèle plus récent, donc plus instructif. Après cette démarche, Jean Alsac offrit l'auto à la Mère Supérieure, qui lui donna bien volontiers le vieux modèle en échange.

Ce genre de découverte est rare, mais il témoigne des occasions souvent imprévues qui se présentent dans la vie d'un amateur avisé et attentif. Pour dénicher des jouets au Marché aux Puces, j'ai vu des collectionneurs astucieux se promener avec une automobile ou un bateau à la main pour s'entendre proposer, quand la chance les favorisait, un jouet semblable. J'en ai connu d'autres qui utilisaient les petites annonces; d'autres encore qui réalisaient des expositions pour entrer en contact avec des visiteurs susceptibles de posséder des jouets, etc.

Mais je m'interroge sur l'avenir des collectionneurs, lorsque plus aucun jouet ancien ne se présentera à eux sur les marchés. Ceux qui s'en préoccupent se tournent déjà vers des modèles plus récents, voire contemporains, tandis que d'autres, bien pourvus en jouets anciens, échangent des pièces qu'ils n'ont même pas en double... si bien que quantité de beaux jouets auront fait bientôt plusieurs fois le tour des grandes collections et que les «made in Japan» figureront, sans pâlir, aux côtés des vieilles tôles millésimées.

Classons maintenant ces collections «sans limite d'âge», auxquelles des milliers de personnes s'intéressent déjà, en trois époques bien distinctes: 1830-1920, 1920-1945, postérieurs à 1945.

La première époque (celle qui nous intéresse ici) se caractérise par des modèles d'une facture ancienne, réalisés par des artisans ou des industriels qui ne travaillaient pas sur des données toujours très réalistes.

La deuxième époque évoque l'automobile avec plus de verité historique, car la guerre de 1914-18 modifia les techniques et les exigences des enfants — et l'on vit progressivement le jouet en tôle imprimée et agrafée remplacer le jouet en tôle soudée, peinte à la main ou à l'aérographe.

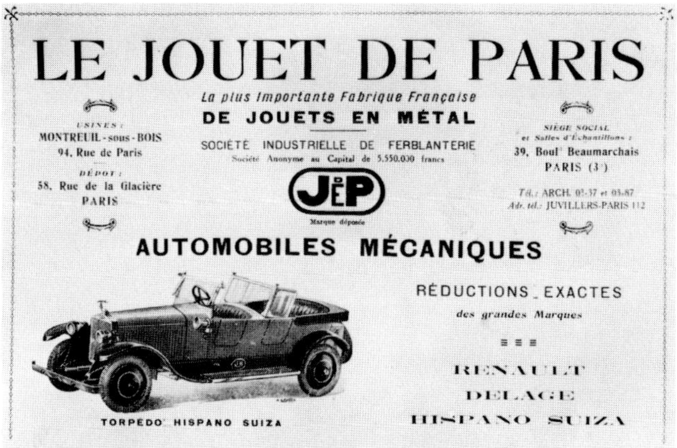

4. Märklin (he stresses that the value of these toys is proportional to their weight).

Now that antique toys have become rare, Walter Störchli thinks back with regret on all the offers he once turned down; now he would restore the models and build up a stock of spare parts, or use them as swaps. He doesn't believe Daniel Rémy's claim that all you have to do is keep your eyes open at second-hand markets to still find interesting models.

Jean Alsac believes that the rare birds have flown, and to find where to, you sometimes have to go further than to the specialist dealers. He found one of his finest antique toy cars in a convent; it was being used, alongside various other objects, for the re-education of the blind! To get his hands on it, all he had to do was go to a toy shop and buy a more recent, and hence more educational, model. After which the Mother Superior was only too pleased to swap him the old one.

This kind of discovery is rare, but does prove that unforeseen opportunities often await the smart collector who keeps his eyes open. In the Puces market, I have seen collectors walking around with a car or boat toy in their hands to attract proposals of similar toys, if the opportunity should arise. I have known others use classified advertisements, and still others organize exhibitions to make contact with visitors they suspect of having toys themselves...

But I wonder what the future will be like for collectors when there are no toys left on the market. Some who worry about this have already turned to more recent, even contemporary, models, while others with large antique toy collections swap toys they don't even have two of, with the result that many fine toys will soon have made the rounds of the great collections several times, and classic tin-plate models stand side by side unashamedly with toys made in Japan.

André Citroën fut l'un des premiers à fabriquer des copies conformes de ses modèles grandeur nature: Trèfle, B14, taxi B2, berline C6, etc.
La troisième époque concerne les automobiles postérieures au second conflit mondial: des voitures Schuco aux «tôles» japonaises, en passant par les kits en plastique, les 1/43 (dont l'origine est plus ancienne) et les copies de vieux modèles.
Les jouets en métal ne sont hélas plus guère fabriqués aujourd'hui, car ils sont d'un prix de revient élevé et jugés plus dangereux que le plastique, à cause des parties coupantes qu'ils présentent en certains points. Pour ces raisons, leur existence future paraît compromise, à l'exception des modèles qui seront encore réalisés à l'intention des collectionneurs et des amateurs de gadgets.
Je terminerai ce chapitre par ces lignes d'A. Broquelet, sur le jouet en métal, extraites du *Manuel du fabricant de Jouets*» paru en 1922:
L'évolution du jouet en métal date du jour où les fabricants trouvèrent le moyen de décorer par l'impression, ou de peindre avant de les employer, les feuilles de fer blanc qui devaient constituer certains jouets, et aussi de l'invention de l'agrafe, qui permit de supprimer le travail long et onéreux de la soudure, dans l'assemblage des différentes pièces qui les constituent, la question du prix de revient jouant un rôle important dans cette industrie.
Ces modifications dans la fabrication supprimèrent des frais de main-d'œuvre et permirent de façonner des soldats en fer blanc estampé, des animaux, des locomotives, des voitures, des bateaux et les ustensiles les plus divers dans des prix très réduits.
Mais la fabrication de ces menus objets exige une place énorme, un outillage complexe et très coûteux, des machines de précision pour découper, estamper, courber, étirer et un personnel spécial pour créer les outils nécessaires à la réalisation de chaque modèle: poinçon, découpoir, matrices pour l'estampage du métal, pour l'assemblage des roues, l'agrafage, le rivage des clous, etc... puis encore d'autres machines automatiques pour la fabrication des roues dentées en cuivre, ou pour redresser les fils de fer et les couper automatiquement à leur longueur, afin d'obtenir les différents clous qui servent d'axe à l'assemblage des roues et qui, d'un côté forment la tête d'arrêt et de l'autre un écrou pour les fixer.
Lorsqu'il est livré au commerce, le simple troupier français caracolant sur un cheval fougueux est passé par plus de douze mains, seul moyen qui permet de le fabriquer et de le vendre à un prix modique.
... Le fer blanc est le plus employé des métaux pour la

Three distinct eras are recognized in those collections, already adhered to by thousands, that impose no age restrictions: 1830-1920, 1920-1945, and post 1945. The first of these eras, with which this book is concerned, is characterized by the use of the old toymaking techniques by craftsmen and manufacturers who were not always constrained by realism.
The second more truly records the history of the automobile; the 1914-1918 war changed production techniques and children's demands alike. Bent-metal finger joints and lithography gradually replaced soldering and brush or air-brush painting.
André Citroën was one of the first to produce toys as strict scale replicas of the real cars, with his Trèfles, B14s, B2 taxis, C6 saloons, and more.
The third period, models made after World War II, ranges from Schucos to Japanese tin-plate toys, through plastic kits, 1:43 cars (which first appeared before this time) and re-issues of the old models.
Hardly any metal toys, more's the pity, are produced today. Manufacturing costs are high and metal, with its occasional sharp edges, is considered more dangerous than plastic. So it seems that the future of metal models, apart from those still made expressly for toy and trinket collectors, is likely to be compromised.
I conclude this chapter with another extract from A. Broquelet's 1922 *Manuel du fabricant de Jouets* (Toymaker's handbook):
The development of metal toys dates from the day manufacturers found a method of decorating by printing, or of pre-painting the sheets of tin that would make up certain toys, and also from the invention of the lug-joint, which did away with the long and arduous task of soldering the various parts that had to be assembled into a model, the question of manufacturing costs playing an important role in this industry.
These manufacturing changes cut the cost of manual labour and enabled very cheap production of stamped tin-plate soldiers, animals, locomotives, cars, boats and all kinds of utensils.
But the manufacture of these tiny objects requires enormous space, complex and very expensive tooling, precision machinery for cutting, stamping, drawing and forming, and specialist personnel to make the tools necessary for each model: the dies and cutters for stamping out the metal, assembling the wheels, jointing, rivetting, etc., and then still more automatic machines to make the copper gear wheels, or trim up and cut to length the metal rods that will serve as axles for assembly of the wheels, flattened on one end and threaded on the other.

fabrication des jouets; il suffit pour se convaincre de la vérité du vieil adage «rien ne se perd», d'examiner comment sont encore obtenus aujourd'hui beaucoup de jouets, souvent très ingénieux, pour voir qu'ils sortent tout simplement d'anciens bidons ou de vieilles boîtes de conserves récupérés par des chiffonniers, vendus ensuite à des «gagne-petit» qui les font brûler pour les assainir et en retirer la soudure, qui les redressent et les aplanissent pour les livrer en plaques à de modestes inventeurs.

A côté de ces bandes de fer blanc obtenues ainsi, la métallurgie vend des plaques de dimensions et de formats divers. Ces dernières peuvent être utilisées pour les jouets les plus variés et recevoir en outre une impression en chromolithographie.

On his way to being retailed, the simple French trooper on his fiery steed passes through more than a dozen pairs of hands, the only way he can be manufactured and sold for a modest price.

...Tin plate is the commonest material for the making of toys.

To be convinced of the truth of the old adage that "nothing is ever lost" it is sufficient to examine how many toys, many of them very ingenious, are still found today that originated quite simply from old tin cans recovered by rag-and-bone men and sold to the "small-timers", who heat them up to clean them and extract the solder, flatten and straighten them out, and deliver them in sheet form to the more modest inventors.

Apart from tin-plate sheets obtained in this way, conventional metal-works offer plate of various dimensions and formats. This can be used for a greater variety of toys and will also accept colour lithographic printing.

Jouet mécanique «Le chauffeur» fabriqué par H. Vichy en 1895. Il mesure 21 cm. Le chauffeur à tête en porcelaine agite le bras.

"The driver"; a clockwork toy produced by H. Vichy in 1895, 8.3 inches long. The porcelain-headed driver waves his arm.

Du fabricant français H. Vichy, une autre chauffeuse qui date de 1895. Le mécanisme fait se mouvoir le bras de la conductrice. Le jouet est long de 22 cm.

Another lady driver by the French manufacturer, H. Vichy, dating from 1895. The clockwork motor makes the driver wave her arm. The toy is 8.7 inches long.

◁ Voiturettes Vichy (France) telles qu'elles étaient illustrées dans des catalogues d'époque. La première était haute de 23 cm, les deux autres étaient longues de 29 et 22 cm respectivement.

Horseless carriages from Vichy in France as illustrated in contemporary catalogues. The models are 9.1 inches high, 11.4 inches long and 8.7 inches long, respectively.

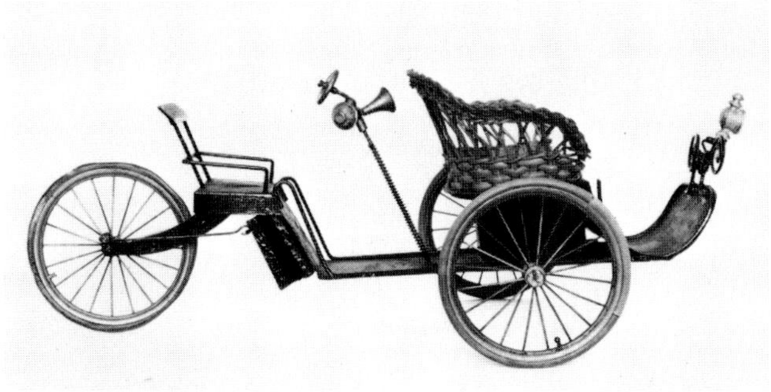

Cyclecar mécanique Vichy (France), en tôle peinte et rotin, long de 38 cm. Il manque les personnages. A noter les roues dotées de fins rayons et les valves apparentes.

Clockwork cycle-car from Vichy in France, in cane and painted tin plate, 15 inches long. The figures are missing. Note the fine-spoked wheels with their conspicuous valves.

Voiturette Vichy (France) datant de 1893. Le jouet mécanique, conduit par une «chauffeuse» à tête en porcelaine, est en tôle peinte en bleu avec des filets or. Il mesure 14,5 cm.

Horseless carriage from Vichy in France dating from 1893. This clockwork toy, whose young lady driver has a porcelain head, is in tin plate painted blue with gold trim lines, 5.7 inches long.

Voiturette vis-à-vis mécanique de H. Vichy (France) et son illustration parue dans le catalogue d'un grand magasin parisien. Elle est en tôle peinte, la caisse jaune, le capitonnage en satin rouge, et mesure 23,5 cm. Comme toujours, les roues de cette marque sont d'une grande finesse. ▷

Clockwork vis-a-vis from H. Vichy in France and illustration of same in a Paris department store catalogue. The body is in tin plate painted yellow, 9.3 inches long, and the upholstery is in red satin. As always on Vichy models, the wheels are superbly executed.

Vis-à-vis mécanique de fabrication française, en tôle peinte de couleur verte, long de 24 cm. Les sièges étaient en velours, les lanternes et la trompette en plomb. Coll. D. Rémy.

French clockwork vis-a-vis in green painted tin plate, 9.4 inches long. The seats were velvet; the lamps and horn were lead. (D. Rémy collection)

Cab automobile mécanique fabriqué en France. Haut de 30,5 cm, long de 38 cm, il est en tôle peinte rouge et noir. Le compartiment des passagers est doté d'une porte à double battant. Coll. D. Rémy.

French clockwork cab in tin plate painted red and black, 12 inches high by 15 inches long. The passenger compartment is fitted with double doors. (D. Rémy collection)

Du même fabricant français, un fiacre-auto mécanique en tôle peinte de 35 cm dont le capitonnage est en satin et un cabriolet mécanique en tôle peinte rouge de 26 cm. Sur ce dernier jouet, la capote est en cuir et le capitonnage en satin.

Two from the same French manufacturer: a clockwork horseless hackney carriage in painted tin plate with satin upholstery, 13.8 inches long, and a clockwork convertible in red painted tin plate, 10.2 inches long, with leather hood/top and satin upholstery.

Runabout mécanique de fabrication française, en tôle peinte grenat, long de 22 cm. La tête du personnage est en biscuit. Coll. D. Rémy.

French clockwork runabout in tin plate painted garnet-red, 8.7 inches long. The driver has a bisque head. (D. Rémy collection)

◃ Cabriolet mécanique fabriqué en France. Il est en tôle peinte rouge, long de 50 cm.

French clockwork convertible in red painted tin plate; 19.7 inches.

Le comte Giansanti-Coluzzi apprécie les grosses pièces, parce qu'il les trouve plus détaillées et souvent plus réalistes. De bas en haut: une limousine Carette, une Märklin et un fiacre automobile de fabrication française.

Count Giansanti-Coluzzi prefers big toys, which he finds are more detailed and often more realistic. From the top: a French taxi cab, a Märklin model, and a Carette limousine.

Runabout mécanique produit en France, en tôle peinte de couleur marron, long de 24 cm.

Clockwork runabout of French manufacture in chestnut painted tin plate, 9.4 inches long.

Voiturette de fabrication française, en tôle peinte en blanc, longue de 20 cm.

French runabout in white painted tin plate, 7.9 inches long.

Tonneau mécanique de fabrication française. Sa carrosserie est nickelée, les garnitures sont en velours. Le jouet mesure 34 cm. Coll. J. Alsac.

French clockwork tonneau, 13.4 inches long. The body is nickel-plated and the upholstery is velvet. (J. Alsac collection)

◁ Fiacre automobile mécanique Krieger (France) en tôle peinte, long de 30 cm. Coll. D. Rémy.

Clockwork cab by the French firm, Krieger, in painted tin plate, 11.8 inches long. (D. Rémy collection)

Auto de course mécanique Paris-Berlin de fabrication française, en tôle peinte, longue de 29 cm (avec personnage JEP). Coll. J. Alsac.

Clockwork Paris-Berlin racer of French manufacture, in painted tin plate, 11.4 inches long, with JEP figure. (J. Alsac collection)

Tonneau mécanique fait par Pinard (France). Il est en tôle peinte en bleu et long de 27,5 cm. La porte arrière s'ouvre, la banquette est recouverte de velours. Le personnage est un modèle C.I.J. (Compagnie Industrielle du Jouet).

Clockwork tonneau from Pinard in France, in tin plate, painted blue, 10.8 inches long. The rear door opens; the upholstery is velvet. The figure is from French firm CIJ (Compagnie Industrielle du Jouet).

Auto de course mécanique Pinard (France) et torpédo mécanique Martinan & Larnaude (France). Les deux voitures, mesurant 39 et 12 cm, sont en tôle peinte.

Clockwork racing car from Pinard in France (15.4 inches) and clockwork tourer from Martinan & Larnaude in France (4.7 inches). Both are in painted tin plate.

Auto de course Pinard (France) mécanique, en tôle peinte bleu ciel, longue de 22,5 cm. Coll. J. Alsac.

Clockwork racing car from Pinard in France, in tin plate, painted light blue, 8.6 inches long. (J. Alsac collection)

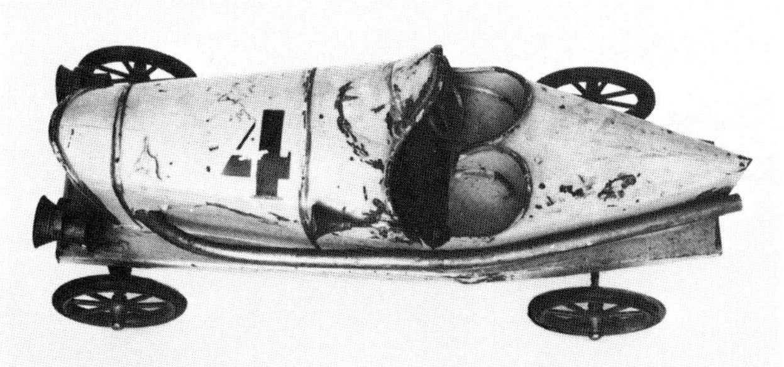

Auto de course mécanique numéro 4 de Pinard (France), en tôle peinte jaune, longue de 33 cm. Les phares sont électriques. Coll. J. Alsac.

Clockwork racer No. 4 from Pinard in France, in yellow painted tin plate, 13 inches long, with electric headlamps. (J. Alsac collection)

Auto de course Delage fabriquée par Pinard (France), en tôle ▷ peinte, longue de 31 cm. Le dessin de ce jouet mécanique précise qu'il s'agit d'une voiture qui courut sur le circuit de Boulogne.

Delage racer from Pinard in France, in painted tin plate, 12.2 inches long. The catalogue description tells us that this vehicle ran on the Boulogne circuit.

Auto de course mécanique Pinard (France) et telle qu'elle était sans doute illustrée en catalogue. Elle est en tôle peinte en gris et mesure 38 cm.

Clockwork racing car from Pinard in France and what was probably an illustration of same in a catalogue. The model is in tin plate, painted grey, 15 inches long.

Skiff mécanique, en tôle peinte bleu ciel, long de 32 cm, fabriqué par Pinard (France) Coll. J. Alsac.

Clockwork skiff in tin plate painted light blue, 12.6 inches long, from Pinard in France. (J. Alsac collection)

◁ Auto de course mécanique Pinard (France), en tôle peinte en bleu, longue de 28 cm. Le projecteur fonctionne grâce à une pile logée sous le châssis. Coll. J. Alsac.

Clockwork racing car by the French firm, Pinard, in blue painted tin plate, 11 inches long. A battery under the chassis powered the spot lamp. (J. Alsac collection)

◁ Torpédo mécanique de Pinard (France), en tôle peinte, longue de 25,5 cm. Coll. J. Alsac.

Clockwork torpedo from Pinard in France, in painted tin plate, 10 inches long. (J. Alsac collection)

Auto de course mécanique Pinard (France), en tôle peinte vert foncé avec filets or, longue de 40 cm. Coll. D. Rémy.

Clockwork racing car from Pinard in France, in tin plate painted deep green with gold trim, 15.7 inches long. (D. Rémy collection)

Cabriolet mécanique de fabrication française, en tôle peinte bleu de Prusse, long de 25 cm. Coll. D. Rémy.

French clockwork convertible in tin plate painted Prussian blue, 9.8 inches long. (D. Rémy collection)

Limousine mécanique de Pinard (France) en tôle peinte Elle est longue de 39 cm.

Clockwork limousine from Pinard (France), in painted tin plate, 15 inches long.

Double phaéton Renault mécanique fait par Pinard (France), en tôle peinte, long de 37 cm. Coll. D. Rémy.

Clockwork Renault double phaeton from Pinard (France), in painted tin plate, 14.6 inches long. (D. Rémy collection)

Auto de course Renault du Prix de l'ACF: le jouet mécanique, de fabrication française, est en tôle peinte. Il mesure 35 cm.

Renault racing car entered in the *Prix de l'ACF* race; French clockwork toy in painted tin plate, 13.8 inches long.

La «voiture du général»: ce double phaéton mécanique Günthermann (Allemagne) est en tôle imprimée et mesure 22,5 cm. Coll. D. Rémy.

The "General's car" from Günthermann in Germany; a clockwork double phaeton in lithographed tin plate, 8.9 inches long. (D. Rémy collection)

Limousine mécanique de fabrication française, en tôle peinte, longue de 48 cm.

Clockwork limousine from France, in painted tin plate, 18.9 inches long.

Coupé de ville mécanique produit en France, en tôle peinte, long de 40 cm. Un frein agit sur le pneu arrière droit. Le personnage est en biscuit. Coll. D. Rémy.

French clockwork coupé-de-ville in painted tin plate, 15.7 inches long. The rear right wheel is fitted with a brake rubbing against the tyre. The driver is bisque. (D. Rémy collection)

Taxi mécanique, en tôle imprimée, long de 18 cm, fabriqué en France par Charles Rossignol.

Clockwork taxi in lithographed tin plate, 7.1 inches long, made in France by Charles Rossignol.

Pompe à essence «Standard Motor Oil» de Doll (Allemagne), en métal peint, longue de 16 cm. Elle date de 1920. Coll. A. Giansanti-Coluzzi.

Standard Motor Oil petrol pump made by Doll in Germany, in painted metal. Some 6.3 inches long, the toy dates from 1920. (A. Giansanti Coluzzi collection)

Une rue comme il n'en existe que dans les rêves de collectionneur. Elle voit passer des jouets français en tôle peinte avec, au premier plan, un double phaéton mécanique long de 42 cm.

A street scene such as exists only in collectors' dreams: the dust and smoke of French painted tin-plate traffic with a 16.6-inch clockwork double phaeton in the foreground.

Double phaéton mécanique, fabriqué par Bing, long de 35 cm. Collection P. Ottenheimer.

Clockwork double phaeton made by Bing, 13.8 inches long. (P. Ottenheimer collection)

Fiacre automobile mécanique produit par Le Jouet Français (France), en tôle peinte rouge, long de 37 cm. La colonne Morice mesure 56 cm de haut. Coll. A. Giansanti-Coluzzi.

Clockwork cab by the French firm, Le Jouet Français, in tin plate painted red, 14.6 inches long. The *Morice* column is 22 inches high. (A. Giansanti-Coluzzi collection)

Doubles phaétons mécaniques de fabrication française en tôle peinte. Le capitonnage du grand modèle (40 cm) est en satin. Sur le petit modèle (33 cm), il est en moleskine. La malle et le panier en osier sont d'origine. Coll. D. Rémy.

French clockwork double phaetons in painted tin plate. Upholstery on the larger model (15.7 inches) is satin; on the smaller (13 inches) it is imitation leather. The wicker luggage is original. (D. Rémy collection)

Torpédo mécanique de fabrication française, en tôle peinte, longue de 60 cm. Le ressort à boudin qui couvre la longueur du jouet se remonte avec une manivelle à cliquet.

French clockwork tourer in painted tin plate, 23.6 inches long. A crank handle fitted with ratchet and pawl was used to wind up the coil spring, which ran the length of the model.

Torpédo mécanique Eugène Pinard (France), en tôle peinte vert pistache, longue de 28 cm. Coll. J. Alsac.

Clockwork tourer from Eugène Pinard in France, in tin plate painted green, 11 inches long. (J. Alsac collection)

Label de qualité que l'on trouvait sur certains jouets français.

Stamp certifying good quality as found on a number of French toys.

Catalogue Martinan & Larnaude datant de 1929. Coll. J. Alsac.

Martinan & Larnaude's 1929 catalogue. (J. Alsac collection)

Torpédo mécanique Martinau & Larnaude (France), en tôle peinte en rouge, longue de 29 cm. Coll. J. Alsac.

Clockwork tourer from Martinau & Larnaude (France), in red painted tin plate, 11.4 inches long. (J. Alsac collection)

◁ «Auto-cycle» mécanique en aluminium Fontaine-Rigot & Co. (France), à construire, long de 28 cm. Coll. J. Alsac.

Clockwork boat-tail from Fontaine-Rigot & Co. in France, 11 inches long. A construction kit in aluminium. (J. Alsac collection)

Modèle démontable en aluminium de *La Jamais Contente* à ressort, long de 23,5 cm, fabriqué en France par Structa-Auto. Coll. J. Alsac.

Aluminium construction model of *La Jamais Contente*, fitted with a spring, 9.3 inches long, made in France by Structa-Auto. (J. Alsac collection)

Limousine mécanique de fabrication française, en tôle peinte avec rayures rouges, longue de 58 cm. Il lui manque ses lanternes. Coll. P. Ottenheimer.

Clockwork Panhard & Levassor tourers from Pinard (France). Both are 12.6 inches long in painted tin plate with cloth hood.

Limousine mécanique Pinard (France), en tôle peinte grenat, longue de 43 cm.

Clockwork tourer from Pinard (France), in tin plate painted emerald-green, 15.7 inches long. (J. Alsac collection)

Daniel Rémy pense que les jouets automobiles français sont parmi les plus beaux, mais il s'interroge souvent sur l'origine de leur fabrication. C'est le cas pour ce double phaéton long de 40 cm qu'il tient en mains. Derrière lui, on remarque une vitrine de son «musée» reconstituant l'un des premiers Salons automobiles.

Daniel Rémy thinks French automobile toys are among the most beautiful in the world, but he is often uncertain where exactly and by whom they were made. Such is the case as far as the 15.7-inch double phaeton he is holding is concerned. Behind him is one of his "museum" showcases, a reconstruction of one of the first French automobile salons.

Torpédos mécaniques Panhard Levassor dues à Pinard (France). Réalisées en tôle peinte, équipées de capotes en toile, elle mesurent toutes deux 32 cm.

Clockwork Panhard & Levassor tourers from Pinard (France). Both are 12.6 inches long in painted tin plate with cloth hood.

Torpédo mécanique Pinard (France), en tôle peinte vert émeraude, longue de 40 cm. Coll. J. Alsac.

Clockwork tourer from Pinard (France), in tin plate painted emerald-green, 15.7 inches long. (J. Alsac collection)

Torpédo mécanique Pinard (France), en tôle peinte, longue de 34 cm, avec capote en toile et phares électriques. Coll. P. Ottenheimer.

Clockwork tourer from Pinard in France, in painted tin plate, 13.4 inches long, with linen hood and electric headlamps. (P. Ottenheimer collection)

Torpédo mécanique Pinard (France), en tôle peinte rouge, longue de 27 cm. La capote repliable est en toile. Coll. D. Rémy.

Clockwork tourer from Pinard (France), in red painted tin plate, 10.6 inches long. The collapsible hood is linen. (D. Rémy collection)

Torpédo mécanique dite de l'Armistice fabriquée en France par Pinard. Elle est en tôle peinte en mauve et longue de 38 cm. Le phare est alimenté par une pile. Coll. D. Rémy.

Clockwork "Armistice" tourer made in France by Pinard; 15 inches long in mauve painted tin plate. The headlamp is battery powered. (D. Rémy collection)

Torpédo mécanique E. Pinard (France), en tôle peinte en gris avec filets or. Les sièges sont en moleskine, les phares et la trompette en plomb, ce qui est caractéristique de la marque. Coll. J. Alsac.

Clockwork tourer from E. Pinard (France), in tin plate painted grey with gold trim lines. The seats are in imitation leather, and the headlamps and horn are lead — a characteristic of E. Pinard models. (J. Alsac collection)

Double phaéton mécanique de fabrication française, en tôle peinte, long de 36 cm.

French clockwork double phaeton in painted tin plate, 14.2 inches long.

Deux modèles mécaniques de Charles Rossignol (France), une limousine et un coupé, en tôle imprimée, mesurant 14 cm chacun. Coll. J. Alsac.

Two clockwork models from Charles Rossignol in France: a limousine and a coupé in lithographed tin plate, both 5.5 inches long. (J. Alsac collection)

Limousine mécanique Charles Rossignol (France), en tôle imprimée, longue de 18 cm. Le siège de la société C.R. se trouvait 160, avenue de la République, à Paris.

Clockwork limousine from Charles Rossignol (France), in lithographed tin plate, 7.1 inches long. CR company headquarters was at 160, avenue de la République, Paris.

Camion mécanique de Charles Rossignol (France), en tôle imprimée, long de 20 cm.

Clockwork delivery van from Charles Rossignol in France, in lithographed tin plate, 7.9 inches long.

Deux sigles figurant sur les modèles Charles Rossignol (France).

Two trademarks of French firm Charles Rossignol.

Torpédo Brasier mécanique faite en France par Pinard, en tôle peinte de couleur marron, longue de 33 cm.

Clockwork Brasier tourer from Pinard in France, in chestnut painted tin plate, 13 inches long.

Cabriolet mécanique fabriqué en France par Charles Rossignol (C.R.), en tôle imprimée rouge, long de 17,5 cm. L'étiquette d'origine indique que ce modèle, numéro 972 au catalogue, se vendait 39 F la douzaine en 1920-1925. Coll. J. Alsac.

Clockwork two-seater made in France by Charles Rossignol (CR), in red lithographed tin plate, 6.9 inches long. The price tag, which is original, indicates that the model, catalogue number 972, was sold for 39 francs a dozen in 1920-1925. (J. Alsac collection)

Coupé Renault mécanique Pinard (France), en tôle peinte, long de 40 cm.

Clockwork Renault coupe from Pinard (France), in painted tin plate, 15.8 inches long.

Marque du Jouet de Paris (France).

Trademark of the French firm, Jouet de Paris.

Renault 40 CV mécanique Pinard (France), en tôle peinte rouge, longue de 38,5 cm. Coll. J. Alsac.

Clockwork Renault 40 CV from Pinard (France), in red painted tin plate, 15.2 inches long. (J. Alsac collection)

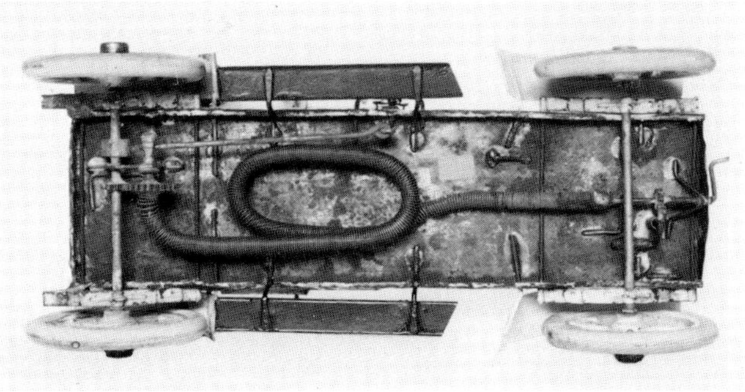

Double phaéton mécanique de fabrication française, en tôle peinte blanc, long de 38 cm. Son ressort à boudin, en forme de trombone, se remonte grâce à une manivelle équipée d'un cliquet-crécelle. Coll. D. Rémy.

Clockwork double phaeton of French manufacture in white-painted tin plate, 15 inches long. The coil spring, curled under the chassis, was tightened with a crank handle fitted with ratcher and pawl. (D. Rémy collection)

Limousine mécanique Jouet de Paris (France), en tôle imprimée, longue de 22,5 cm. Il s'agit de l'un des premiers modèles de la marque J.P., plus tard J. de P., enfin JEP.

Clockwork limousine from Jouet de Paris of France, in lithographed tin plate, 8.9 inches long. This was one of the first models from this manufacturer, which later used the trademark J de P, and finally the acronym JEP.

Double phaéton mécanique de fabrication française, en tôle peinte de couleur marron avec filets or, long de 42 cm.

French clockwork double phaeton, in tin plate painted chestnut with gold trim lines, 16.5 inches long.

Torpédo mécanique de fabrication française, en tôle peinte, longue de 49 cm. Les portières s'ouvrent et le radiateur est en laiton. Coll. W. Störchli.

German clockwork torpedo in painted tin plate, 19.3 inches long, with opening doors. The radiator is brass. (W. Störchli collection)

Roulotte en bois peint de fabrication française, longue de 60 cm. L'intérieur de ce jouet à tirer était accessible par la façade ouvrante, montée sur charnières.

French trailer, 23.6 inches long, in wood. The interior of this pull-along toy was revealed by opening the hinged sides.

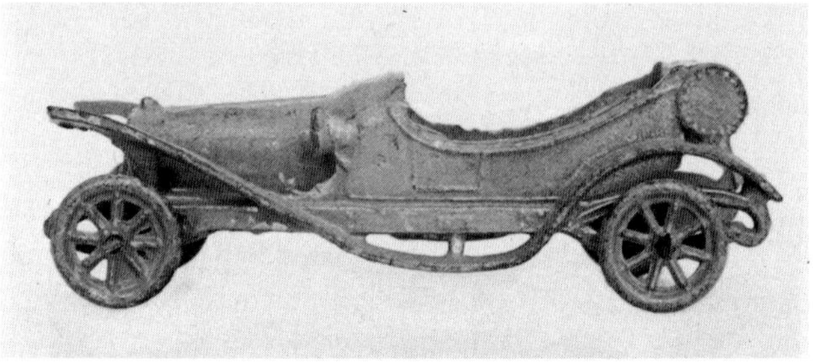

Quatre petits véhicules en plomb typiques de la production du fabricant français S.R. Ils mesurent 5,5 à 6,3 cm.

Four small lead-alloy vehicles (2.2 to 2.5 inches) typical of French firm SR's output.

◅ Boîte de montage de voitures «Wagen Baukasten» en bois peint jaune et noir, produite en Allemagne par la marque C.B.J.R. Une fois construite, l'auto mesure 15 cm.

"Wagen Baukasten" ("Bricks for Building Carriages" as the translation on the box reads) with wooden pieces painted yellow and black, from German manufacturer CBJR. The built car shown is 5.9 inches long.

Sujet militaire en plomb de fabrication française, long de 7,7 cm, représentant un officier français et son ordonnance au volant.

French lead-alloy military vehicle, 3 inches long, with officer and chauffeur.

Boîte à biscuits Pernot (France), en tôle imprimée, longue de 28 cm. L'automobile roule et le dessus s'ouvre comme le couvercle d'une boîte. Coll. J. Milet.

Pernot biscuit tin, in lithographed tin plate, 11 inches long. The wheels turn; everything above the floor boards lifts up with the lid. (J. Milet collection)

Autre sujet militaire, en étain, produit en Allemagne, long de 7 cm, représentant trois officiers allemands conduits par une ordonnance.

German military tin toy, 2.8 inches long; three officers and their chauffeur.

Porte-cigarettes roulant, façon jouet, long de 23 cm.

Cigarette box in the shape of a toy car with turning wheels; 9.1 inches long.

Penny toys ou jouets à deux sous de fabrication allemande. Coll. P. Ottenheimer.

German penny toys. (P. Ottenheimer collection)

Wagon de chemin de fer transporteur d'autos en écartement 1, long de 24 cm. KAC signifie *Königlicher Automobil Klub*, soit club automobile royal. Coll. A. Giansanti-Coluzzi.

1-gauge model railway car transporter, 9.4 inches long. KAC stands for *Königlicher Automobil Klub* ("royal automobile club"). (A. Giansanti-Coluzzi collection)

Jacques Milet nous présente un jouet très rare: une poussette-automobile que l'on fabriquait en France et en Allemagne vers 1910. Les fillettes l'utilisaient pour promener leurs poupées.

Jacques Milet contemplating a particularly rare toy: a push-along automobile manufactured in Germany and France in around 1910. It was designed for girls to take their dolls for a drive.

Les mécanismes

Mechanical Toys

Les principaux mécanismes utilisés pour la propulsion des jouets automobiles sont au nombre de quatre: le mouvement à ressort, le mouvement à friction, l'électricité et la vapeur.

LE MOUVEMENT À RESSORT

Ce moyen de propulsion simple, efficace, propre, immédiat et sans danger, fut, avec le mouvement à friction, le moins coûteux à fabriquer.
Nous pouvons le classer en trois catégories:
1. Le mouvement d'horlogerie, à ressort protégé dans un barillet en laiton.
2. Le mouvement à «ressort puissant» (selon l'expression consacrée), à lame d'acier en spirale, placée entre deux platines.
3. Le ressort à boudin, composé d'une corde à piano enroulée autour de l'axe d'une clef de remontage (nous en verrons d'intéressants échantillons dans les jouets Rossignol postérieurs à 1914 et dans les jouets Lehmann).

LE MOUVEMENT À FRICTION

Le mouvement à friction se compose d'un volant en plomb dont l'axe repose sur les deux roues arrière. Sa mise en rotation, qui lui fait accumuler de l'énergie cinétique, peut être assuré de quatre façons:
1. Avec les doigts (jouets à *deux sous* et *penny toys*).
2. Avec une ficelle de lancement, comme une toupie.
3. Avec une crémaillère actionnant un pignon solidaire du volant (cas des jouets français de l'ancienne fabrication).
4. Avec une manivelle placée dans la calandre. Ce système équipa beaucoup d'automobiles Hess. Il comporte un levier de débrayage, placé au-dessus du capot, qui permet au volant de tourner librement avant le départ de l'auto.
Notons que dans ce dernier cas, l'axe du volant ne repose pas sur les roues, mais qu'il est placé dans le sens longitudinal du jouet. Il entraîne les roues arrière grâce à un petit couple conique, comme sur les vraies voitures (mais sans différentiel).

L'ÉLECTRICITÉ

On n'utilisa que très peu l'énergie électrique pour la propulsion des jouets automobiles, parce qu'elle nécessitait un entretien constant qui fut nuisible à sa

Four main types of power were used to drive toy cars: clockwork, friction, electricity and steam.

CLOCKWORK MOTORS

These motors — simple, effective, well-suited, immediate and free from danger — were, alongside friction drive, the least expensive to manufacture.
There were three main types of motor:
1. Where the spring-release was controlled by an escapement, clock-style, the whole encased in brass.
2. Where the spring was a spiralled strip of steel held between two plates.
3. Where the spring was in the form of piano-wire wrapped around the shank of the winding key (we shall meet some interesting examples on the post-1914 Rossignols and the Lehmann toys).

FRICTION MOTORS

Friction motors had a lead flywheel, the axle of which often rested on the two rear wheels. Setting the wheel spinning, and thus giving it kinetic energy, could be effected in four ways:
1. By hand (on penny toys).
2. With a cord, as for a spinning top.
3. With a toothed rack engaging a pinion fixed to the flywheel (on the old French toys).
4. With a crank handle through the radiator (on many of the Hess toys). A release lever at the front let the flywheel spin freely before the car set off.
In this last case, the flywheel axle did not rest on the wheels but was placed along the longitudinal axis of the model. It drove the rear wheels through gearing on the rear axle, as on real cars (but without a differential, of course).

ELECTRICITY

This form of power was very seldom used to drive toy cars because constant maintenance requirements — cleaning the contacts, recharging the battery and checking the level and so on — detracted from its commercial appeal.
In 1908, Leroy produced a tiny convertible with batteries that would keep running for quite a long time. A simple switch on the side of the toy started the motor and lit up the lamps.

commercialisation: propreté des contacts, recharge des accumulateurs, vérification des niveaux, etc.
En 1908, la société Leroy fabriqua un petit cabriolet équipé de batteries, dont la durée de marche était assez longue. Une simple commande de contact, placée sur le côté du jouet, permettait de mettre le moteur en marche et d'éclairer les lanternes.
Ajoutons que cette maison (sise au 35, passage Jouffroy, Paris), qui était spécialisée dans la réalisation d'accessoires électriques (fleurs électriques pour décors, accumulateurs légers, ampoules à filaments métalliques, lampes de poche et de bicyclettes), fabriquait également des canots et d'autres jouets scientifiques fonctionnant avec des petits accumulateurs.
Vers 1910, la pile électrique de 4,5 V, qui était trop faible pour faire rouler des jouets automobiles, n'alimentait que les phares et les lanternes. Cette pile, qui fut adaptée sur beaucoup de jouets français, se logeait sous le châssis, entre deux lames de fer galbées à son format. Un petit interrupteur, placé sur le côté de la carrosserie, permettait d'éclairer ou non les ampoules vissées dans les lanternes de la voiture, reliées à la pile par des fils plus ou moins apparents.
La pile électrique fut également utilisée pour les phares des autos à pédales. La commande se trouvait alors au tableau de bord.
L'un des plus beaux jouets mécaniques à éclairage électrique fut la limousine Märklin (N° 5214/2 et 3 au catalogue de 1910), qui était équipée d'un plafonnier et de deux phares. Elle se fabriquait en deux tailles différentes (36 cm et 46 cm), vendues respectivement 48 F et 72 F.
Il est intéressant de signaler que la société Brianne (2 ter bvd. Saint-Martin, Paris), dont nous connaissons la qualité des jouets, en particulier dans le domaine ferroviaire, adapta des moteurs électriques et des systèmes de sa conception à certains jouets, notamment au modèle Märklin cité plus haut.

Voici la description que Brianne en fit lui-même:

Cette voiture charmante marche sur le courant des secteurs réduits par notre bouchon 1038. Montée sur pneus, elle roule sur le sol mais est guidée par un rail qui permet de l'abandonner suivant les contours formés d'avance.
Installé à hauteur d'homme, le rail-guide ne se voit plus et l'auto peut virer, s'arrêter, repartir et suivre les bords sinueux d'une planche, tout au bord, en soulevant de réelles émotions chez ses admirateurs qui ont peine à croire à l'adresse du chauffeur imperturbable qui la mène. Les lanternes et l'intérieur sont éclairés électriquement.

Leroy (at 35, passage Jouffroy, Paris), specialists in accessories such as electric-lit ornaments, low-power storage batteries, light bulbs, metal filaments, torches and bicycle lamps, also produced motorized toy boats and various scientific toys working on small batteries.
By about 1910, toys appeared fitted with 4.5 V dry batteries to power the lamps, but this was not enough power to drive a motor. As featured on many French toys, the battery was held under the chassis by two curved metal plates. A small switch on the side of the body and screw-in bulbs in the lamps completed the circuitry, the efforts to conceal which varied.
Batteries were also used to light the lamps of pedal-cars. The switch would then be on the dashboard.
One of the finest electric-lit toys made was the Märklin limousine (Nos 5214/2 and /3 in the 1910 catalogue), which had roof- and headlamps. The car came in two sizes, 14.2 or 18.1 inches long, for 48 and 72 francs, respectively.
It is interesting to note that Brianne (at 2 ter, bvd. Saint-Martin, Paris), the quality of whose toys, particularly trains, is well known, adapted electric motors for certain toys, notably for the Märklin just mentioned.
Brianne's own description of it was as follows:
This charming car runs on mains power stepped down by our No. 1038 transformer. Mounted on tyres, it drives along the ground but is guided by a rail allowing it to be left following a path that has been laid out in advance.
When installed at head height, the guide-rail is invisible and the car can turn, stop, restart and follow a tortuous path right along the edge of the surface, to the astonishment of admirers who can hardly believe the skill of the imperturbable driver.
The lamps and the interior are lit electrically.

STEAM

Steam cars presented a fair degree of danger because they were not guided by rails, like trains, and they could easily tip over, spilling the spirit in the reservoir and setting fire to the carpet.
It was partly for this reason that the great German makers excercised considerable caution in producing this kind of toy. Such was not the case among British and French craftsmen who often allowed themselves the luxury of making such models, which they probably found more realistic. There are some interesting examples to be found in the collections of Jean Alsac, Daniel Rémy and Count Giansanti-Coluzzi.

LA VAPEUR

Les autos à vapeur offraient quelques dangers parce qu'elles n'étaient pas guidées, comme les trains, par des rails et qu'elles se renversaient facilement: l'alcool contenu dans le réservoir pouvait alors se répandre et mettre le feu au tapis!

C'est en partie pour cette raison que les grandes marques allemandes ne se risquèrent que timidement dans la production de jouets de ce type. Ce ne fut pas le cas des artisans anglais et français qui s'offrirent souvent le luxe de fabriquer de tels modèles, qu'ils jugeaient probablement plus réalistes. Nous pouvons en voir d'intéressants échantillons dans les collections de Jean Alsac, Daniel Rémy et du comte Giansanti-Coluzzi.

J'ai relevé dans les *Nouvelles scientifiques* de l'année 1895 une des rares descriptions concernant l'un de ces jouets. Il s'agit d'un fiacre à vapeur français, à chaudière placée à l'arrière, dont le piston transmettait son énergie aux roues motrices par l'intermédiaire d'une chaîne.

Les voitures automobiles sont aujourd'hui à l'ordre du jour. Le jouet dont il est question constitue une véritable voiture automobile, fonctionnant, non à l'aide d'un ressort remonté, mais à l'aide d'une machine à vapeur commandant par transmission les roues arrière motrices.

Dans le N° 1 de la figure, on distingue nettement à l'arrière la chaudière à vapeur, chauffée par une lampe à alcool; à côté est la machine à vapeur, qui actionne une roue dentée: sur cette dernière est placée une chaîne qui met en marche une poulie fixée sur les essieux de la voiture.

On peut aussi, à l'aide d'une pompe à air, insuffler une certaine quantité d'air dans la chaudière et la voiture fonctionne par l'air comprimé.

Le siège de devant est réservé au conducteur, qui a sous la main une tige commandant l'arrivée de vapeur.

Ce nouveau jouet peut avoir beaucoup d'attraits pour les jeunes enfants; le dessin en cartouche montre un écolier faisant fonctionner l'appareil.

La voiture est en vente chez M. Chomeau, 33, passage du Havre, Paris.

COMMENTAIRES

Comme vont maintenant nous le dire certains collectionneurs, les mécanismes ne tiennent que peu de place dans l'estimation des jouets qu'ils achètent. Ils préfèrent accorder de l'intérêt à la marque de fabrique, à la silhouette, à la taille et à la couleur.

I found one of the few descriptions of one of these toys in an 1895 copy of *Nouvelles scientifiques* magazine. It concerns a French steam cab, with boiler in the rear; the drive wheels were linked to the powering piston by chain.

Automobile toys are currently the order of the day. The toy in question is a car that is truly auto-motive; it works not with a wound spring but with a steam engine transmitting its power to the drive wheels.

Clearly seen in the illustration at No. 1 is the boiler at the rear, heated with a spirit lamp; beside it is the piston, which drives a sprocket wheel linked by chain to another on the axles of the car. One can also, with an air pump, blow a certain amount of air into the boiler, and the car then works by compressed air.

The front seat is reserved for the driver, who has his hands on a lever to regulate the flow of steam.

This new toy is likely to have strong appeal to young children; the drawing shows a schoolboy operating the model.

The toy is available from M. Chomeau, 33, passage du Havre, Paris.

DISCUSSION

As will be seen from the following collectors' comments, mechanical toys seldom represent a target category for their collections. Their interest centres more often on the manufacturer, or the shape, size and colouring of the model.

Count Giansanti-Coluzzi told me that even as a child the mechanisms inside his cars held no interest for him. He attached more importance to the cars the models represented and he preferred to push them along, steering with the steering wheel.

I myself preferred running cars along the ground by giving them one strong push; mechanical motors only interested me when it came to driving toy tanks over the bed clothes, over carpets I had specially folded, over piles of sand, and over any kind of rough terrain. Mechanical cars could only run on a smooth surface, and although I often liked their colours and shapes, showing the toys off proudly to my friends, the mechanism would let me down when I tried to run them on soil or sand. They would only run in fits and starts, slipping, getting stuck, and getting dirty very quickly. In short, these cars would not run outdoors — the very place in which children have always wanted to play. Didn't the manufacturers ever think of such details? These toys, without exception, would only run on a surface that suited them, and sometimes

Le comte Giansanti-Coluzzi m'a confié que les mécanismes de ses automobiles ne l'intéressaient déjà pas dans son enfance, parce qu'il attachait plus d'importance au modèle que son jouet était sensé représenter et qu'il préférait le pousser en le dirigeant avec le volant.

J'aimais, pour ma part, lancer mes autos à la main car les moteurs mécaniques ne m'intéressaient que pour faire évoluer des petits chars sur les couvertures de mon lit, sur les tapis que je plissais tout spécialement, sur des tas de sable et autres terrains accidentés.

Les autos mécaniques ne pouvaient rouler que sur un sol bien lisse, et si je les trouvais souvent jolies de formes et de couleurs, au point d'être fier de les montrer à mes amis, leur mécanisme me décevait quant je les plaçais sur la terre ou sur le sable d'un jardin. Elles ne roulaient que par soubresauts, patinaient, s'enlisaient et s'encrassaient très vite. En un mot, ces voitures ne pouvaient fonctionner à l'extérieur, là où précisément les enfants avaient et ont toujours l'habitude de s'amuser. Les fabricants pensèrent-ils jamais vraiment à ces détails? Toujours est-il que ces jouets ne roulaient que sur un sol à leur convenance et encore fallait-il parfois les y aider, d'une poussée de la main. Les fabricants avaient eu pourtant l'idée de perforer les clefs d'un ou deux trous, afin de permettre aux enfants de suspendre ces accessoires indispensables à leur cou avec une ficelle pour ne pas les égarer dans la nature.

Les clefs fixes équipaient généralement des jouets peu performants, mûs par des ressorts à boudin. Ces moteurs de bazar, postérieurs à la Première Guerre, n'avaient rien à voir avec les solides ressorts à spirale dont le remontage faisait déjà partie du jeu. Ce devait être un vrai plaisir que de sentir un tel mouvement résister sous la main, et d'entendre le bruit du cliquet, si différent du mouvement grinçant du ressort à boudin composé d'engrenages en fer blanc.

Lorsqu'il me parlait des jouets de son enfance, mon père me faisait ressentir ces sensations. Il posséda, au début du siècle, des autos magnifiques, ainsi que des modèles en plomb, sans moteur (ancêtre de nos 1/43), qu'il aimait faire rouler sur la table. Mais les roues à rayons de ces mini-jouets ne résistaient pas longtemps aux manœuvres parfois brutales que son enthousiasme au jeu rendait inévitables.

Peter Ottenheimer pense que la mécanique n'inspire pas plus d'intérêt aux enfants qu'aux collectionneurs, mais il fait remarquer que les moteurs furent toujours adaptés au style des modèles qu'ils équipaient.

Il attache plus d'importance à la forme du jouet qu'à son moteur, auquel il reconnaît ne rien comprendre. Peu lui importe d'ailleurs qu'un jouet de collection,

they even had to be helped along with a push. However, the makers did come up with the idea of punching holes in the winding keys so that children could hang them on string around their necks to avoid losing them.

Fixed keys generally went with the poorer-performance models with wound-wire spring drive. These pocket-money toys, which appeared after World War I, had nothing in common with the sturdy coil-spring models where winding them up was part of the game. It was a real pleasure to feel the resistance of such a spring and hear the clicking of the ratchet, so different from the grating of the cheap piano-wire springs with their tin-plate gear wheels.

My father, telling me once about his own childhood toys, reminded me of this difference. At the turn of the century he had some magnificent cars, as well as some unmotorized ones in lead alloy (ancestors of today's 1:43 cars), which he liked to drive on the table. But the spoked wheels of these tiny toys didn't stand up for long to the rough handling his enthusiasm for the game made inevitable.

Peter Ottenheimer believes that the mechanisms in the toys inspire no more interest among children than among collectors, but he does point out that the motors used were always well adapted to the style of the model.

The shape of a toy is more important to him than its motor, which he admits to not understanding at all. It is of little matter to him if a toy in his collection has a motor or not, as long as the model is attractive. As an example, he gives the Günthermann "Gordon Bennet" racing car, which is just as nice without the motor, but not without the two finely postured drivers.

Jacques Milet never had a mechanical car as a boy, but he did have his Meccano set, with which he could build a racecar some 2 feet long, allowing him to organize and compete in some memorable races held in the yard of the Rouen law-court, four laps of a chalked-out circuit without overturning the car. He would pull the model along behind him on a piece of string, and since he was a good runner he would always end up winner.

The races were a success: more entrants and more spectators came with every passing day. Finally, though, they were banned for disrupting public order! Jacques Milet remembers his fondness for that racing car with nostalgia. In those happy days the car would "sleep" at his side. When he took off his shoes to go to bed, he would take the car's wheels off so that it could sleep, just as a girl takes off her doll's shoes to put it to bed at her side.

dont l'esthétique est réussie, possède ou non son moteur. Il cite en exemple, la *Coupe Gordon Bennet* de Günthermann, qui reste aussi belle sans mécanique, et qui perd de son charme sans ses deux personnages aux attitudes si bien campées.
Jacques Milet n'eut pas d'auto mécanique dans son enfance, sinon sa boîte de Meccano qui lui permit de monter un bolide d'une cinquantaine de centimètres, avec lequel il organisa et disputa de mémorables courses dans la cour du Palais de Justice de Rouen. Une simple ficelle permettait de la tirer en courant. Et comme il avait une bonne foulée, il sortait toujours vainqueur des compétitions auxquelles un règlement imposait quatre tours de cour sans capotage, sur un itinéraire tracé à la craie.
Les coureurs et les spectateurs devinrent chaque jour plus nombreux, tant ces courses avaient de succès; mais elles furent finalement interdites, parce qu'elles dérangeaient l'ordre public!
Jacques Milet éprouve un sentiment de nostalgie quand il se souvient de l'attachement qu'il avait pour son auto. En cette époque heureuse, celle-ci «dormait» tous les soirs près de lui. Quand il se déchaussait pour se coucher, il lui démontait les roues afin qu'elle se repose, comme une fillette déchausse sa poupée pour la faire dormir auprès d'elle.
Son auto avait pour lui l'importance d'un véritable compagnon.
Walter Störchli, en revanche, se plaît à rêver devant un beau moteur aux pièces apparentes, dont il examine le ressort, le mouvement des engrenages en laiton et l'action du cliquet. Son ami Peter Ottenheimer, qui ne partage pas ce plaisir, nous l'avons vu, n'accorde son attention qu'à la forme des clefs, qui constituent à ses yeux un accessoire important dans l'esthétique du jouet. Ses clefs préférées sont celles qui se trouvent placées à l'arrière des voitures Günthermann, ou dans l'axe des roues, mais ces dernières sont très rares.
Les manivelles situées sous la calandre des modèles à friction Hess l'amusent également, parce qu'elles permettent d'imiter les vrais démarrages d'antan. C'est le seul système à friction qui l'intéresse, car il trouve les crémaillères difficiles à utiliser.
Un autre mode de propulsion a cependant grâce à ses yeux: le moteur à air chaud d'une auto Ernst Planck. Ce système rare et ingénieux (également employé sur un tramway Planck et un bateau Heller et Coudray), ne développait malheureusement pas assez de puissance pour obtenir un succès commercial. On en fit surtout usage pour animer des machines-outils en miniature et des personnages.

His car was as important to him as a real companion. Walter Störchli, on the other hand, likes toys with conspicuous parts to their motors; he likes to examine the spring and the movement of the ratchet and the brass gear wheels. His friend Peter Ottenheimer, who as we have seen doesn't share this taste, is only interested in the shape of the keys, which to him represent an important part of the toy's aesthetic appeal. His favourite keys are those at the rear of the Günthermanns, or those, very rare indeed, inside the wheel axle.
He also likes the crank handles through the radiators of the Hess models — they look like real starting handles. This is the only kind of friction motor he likes, since he finds the rack-and-pinion type difficult to use. He does like, though, one quite different means of propulsion: the hot-air motor on an Ernst Planck model. This rare and ingenious system (also used on a Planck tramcar and a Heller & Coudray boat) was unfortunately not powerful enough to gain commercial success. It was mostly used on model machine-tools and for automatons.

Jacques Milet is not as restrictive as Peter Ottenheimer: he likes all kinds of motors, friction or coil-spring. He stresses, in addition, the attractiveness of the rack-and-pinion system as fitted to some very fine older toys, and speaks up for the quality of the Lehmann and Rossignol coiled-wire springs, despite their apparent fragility. Even when these are rusty, he says, they never break, whereas under the same conditions the stronger steel coil springs most often end up snapping.

Jacques Milet n'est pas aussi restrictif que Peter Ottenheimer, car il apprécie tous les types de moteurs, qu'ils soient à volant d'inertie ou équipés de solides ressorts. Il souligne en outre l'attrait des systèmes à crémaillère, qui furent montés sur de très beaux jouets anciens et défend la qualité des ressorts à boudin des productions Lehmann et Rossignol, malgré leur apparente fragilité, car, même rouillés, dit-il, ils ne lâchent jamais, alors que, placés dans les mêmes conditions, les plus beaux ressorts à spirale finissent par casser.
Dans le domaine de la propulsion électrique, les collectionneurs sont peu bavards. Il est vrai que ces jouets, déjà très rares à leur époque, se comptent aujourd'hui sur les doigts de la main.
Je parlerai maintenant des mécanismes originaux dont celui qui anime «L'Automobile accident» est l'un des plus célèbres. Ce jouet bien conçu, joli à contempler et curieux à faire marcher, reçut en 1906 le prix du Concours Lépine à Paris (concours annuel, créé par le Préfet Lépine, pour encourager et stimuler les petits inventeurs français). Fabriqué par la société A.O. (France), ce runabout en tôle imprimée était vendu, au choix, en deux couleurs (rouge ou jaune), au prix de 2,95 F. Voici le texte de sa notice:
L'automobile se divise en deux parties. Prendre le côté du siège et pousser la tige qui est derrière, afin d'enrayer la roue. Remonter le mouvement à fond. Joindre les deux parties de l'automobile. Abaisser le fil de fer qui fait ressort et l'enfoncer dans le cran. Déposer l'auto sur une surface plane et elle partira d'elle-même après avoir dégagé la tige qui maintient la roue d'arrière.
Au bout de 4 à 5 mètres de fonctionnement, la spirale du moteur libère, en se desserrant, le fil de fer placé dans le cran. La voiture se sépare alors en deux, en éjectant les éléments rapportés (chauffeurs et lanterne), dans un capotage spectaculaire.
L'illustration figurant sur le couvercle de la boîte de ce jouet est fidèle au modèle. L'accident a lieu sur une place de village, à la grande surprise de la population, d'une vache laitière et d'un troupeau d'oies.
Ce jouet n'est pas le seul du genre, car l'un d'eux, nommé «Automobile à catastrophe», fut réalisé à la même époque par M. Blondinat (12, rue du Grenier St. Lazare, Paris) et ainsi décrit dans un article de presse:
L'industrie du jouet s'est emparée depuis longtemps de la vogue des automobiles pour faire de charmantes petites réductions qui marchent sous l'action d'un mouvement d'horlogerie rudimentaire. Mais il est entendu que le sport de l'auto ne va pas sans amener de fréquentes catastrophes et c'est pourquoi M. Blon-

When it comes to electric motors, our collectors have little to say. It must be borne in mind that these toys, rare even in their own time, can almost be counted on the fingers of one hand today.
Let us move on to discuss those original mechanical toys of which "L'Automobile Accident" is one of the best known. This well designed toy was pretty to look at and interesting to operate, and won first prize at the 1906 Concours Lépine (an annual event in Paris, founded by Préfet Lépine to encourage French small-time inventors). It was made by AO in France, in lithographed tin plate, and was available in either red or yellow for 2.95 francs.
The instructions read as follows:
The automobile splits into two parts. Grip the side of the seat and push the rear bar until the wheel is locked. Completely wind up the motor. Join the two parts of the car. Bring down the metal wire that serves as the spring and hold it with the catch. Place the car on a flat surface and it will start off itself after the bar that locks the rear wheel is released.
After running for 10-15 feet, the spiral spring of the motor should free, as it unwinds, the metal wire held by the catch. The car then splits into two, ejecting the drivers and the lamp, in a spectacular crash.
The illustration on the box was faithful to the model. The accident took place in a village square, to the great surprise of the villagers, a cow and a gaggle of geese.
This toy was not the only one of its kind. The "Automobile à catastrophe", produced at around the same time by M. Blondinat (at 12, rue du Grenier St. Lazare, Paris), was described in a press report as follows:
The toy industry has been following the vogue for automobiles for a long time in producing charming miniatures powered by a simple clockwork motor. But it is well known that the sport of driving goes hand in hand with frequent accidents and this is why M. Blondinat has just fitted his cars with a gadget to give a complete illusion of reality.
The car is in three pieces and carries two motorists, making five pieces in all; clicking the parts together is simple and once the model is assembled there is nothing to distinguish it from any other, for those who are not in the know. However, a spring concealed under the chassis can, at a certain moment, be suddenly released, and by the shock cause the various pieces to fly in all directions.
The initiate can produce or prevent this catastrophe at will, and can even set it to happen at a specific time after the car sets off; to do so the end of the spring is

dinat vient de truquer ses voitures de façon à donner l'illusion complète de la réalité.

L'auto est en trois parties et comporte deux voyageurs, en tout cinq pièces; le montage en est facile au moyen d'agrafes et, une fois montée, rien ne distingue cette voiture d'une autre pour ceux qui ne sont pas prévenus. Cependant un ressort, dissimulé sous le châssis, peut à un certain moment se détendre brusquement et, par son choc, il fait voler dans des directions diverses les différentes pièces.

L'initié peut à volonté produire cette catastrophe ou l'éviter, il peut même la produire plus ou moins tôt après la mise en route; pour cela il place l'extrémité du ressort sur une vis sans fin, actionnée par la marche même de la voiture, et quand le ressort arrive au bout de la vis il échappe et produit son effet; on comprend donc que suivant le point de cette vis où il aura été placé, il échappera plus ou moins tôt. Si on le met en dehors de la vis il n'échappe pas du tout et il n'y a pas catastrophe.

Il y aurait là, si on voulait, matière à un jeu d'adresse consistant à produire la dislocastion près d'un endroit déterminé d'avance. C'est un jouet très ingénieux qui aura certes du succès.

Autre curiosité automobile Blondinat, une «mitrailleuse à virage automatique», qui reçut, en 1909, les éloges des spécialistes;

Les engins militaires inspirent toujours les petits inventeurs parce que ces sortes de jouets sont toujours bien vus des enfants admirateurs passionnés de tout ce qui touche de près ou de loin à l'art de la guerre.

Après les fusils et les canons, voici qu'entrent en scène les mitrailleuses automobiles, jouets très modernes. Celle que M. Blondinat a imaginée est une petite merveille; elle va de l'avant, s'arrête, tire un coup de feu, vire, tire un second coup de feu et revient à son point de départ. L'engin placé devant le siège arrière de la voiture n'est pour rien dans les explosions; celles-ci sont produites sous le châssis même, à l'aide de deux chiens que l'on arme avant le départ, en les relevant comme ceux des anciens fusils; une capsule mise sur la tête de chacun d'eux produira la détonation.

Pendant la course en avant, une sorte de gâchette de retenue se déplace de droite à gauche sous les chiens; elle est actionnée par une tige parcourant une rampe hélicoïdale solidaire de l'essieu avant de la voiture. Cette tige étant parvenue à une des extrémités de sa course, la gâchette abandonne le premier chien qu'elle maintenait relevé, le ressort de rappel de ce chien se détend brusquement et la capsule vient frapper sur une plaquette de métal. C'est le premier coup de feu. Pendant ce temps l'essieu prend son virage; la tige de

fitted onto a screwed rod without a head, rotated by the motor, and when the spring comes to the end of the thread it is released and produces its effect; one can thus see that according to where on the thread the spring is fitted, it will come free later or sooner. If it is not fitted to the thread it will not be released at all and there will be no accident.

Here is the makings of a game, for those who want to play it, consisting of causing the accident to happen at a predetermined place. This is a very ingenious toy that can be sure of success.

Another Blondinat curiosity was an "armoured car with automatic steering" that received the praises of the specialists in 1909:

Military vehicles always inspire small-time inventors because this kind of toy is always admired by children obsessed with everything in the least bit connected with the art of war.

Following on from rifles and cannons, now armoured cars, very modern toys, have made their appearance. The one created by M. Blondinat is a real gem: it drives forward, stops, fires, turns, fires a second time and then returns to its point of departure. The motor, in front of the rear seat, plays no part in the explosions; these are produced under the chassis by two hammers cocked, before driving off, like those of old muskets; an explosive cap is placed on both.

While the car drives forward, a kind of retaining catch moves from right to left under the hammers; it is moved by a rod moving along a helical thread on the front axle of the vehicle. When the rod reaches one end of its path, the trigger releases the first hammer, the return-spring is released and the cap is hit against a metal plate. So much for the first shot. During this time the steering axle takes a corner; the hammer-controlling rod returns to its starting position and as soon as the corner has been turned the second hammer is released and the second shot is fired. The vehicle then starts up again in the same direction, but when the turn has been completed it returns to its point of departure. One could not admire too much the simplicity of the mechanism which allows this curious, round-about route.

Despite the talent and ingenuity shown by M. Blondinat and by so many other craftsmen, not one of them has the dedicated following that the big firms are blessed with today. Is this justice?

The following text concerns another military vehicle (Cat. No. 0-375-A in the *Maison des Inventions Nouvelles et Pratiques* 1906 catalogue). Once again, the name of the maker of this toy ("Automobile de campagne, armée" at 19.75 francs) is unknown to us.

commande des chiens revient à son point de départ et au moment où le virage est terminé, le deuxième chien se trouve libéré à son tour; le second coup de feu éclate. La voiture reprend alors sa course dans le même sens; mais comme le virage a été effectué, elle revient à son point de départ. On ne saurait trop admirer la simplicité du mécanisme qui permet d'effectuer cette curieuse randonnée.

Malgré le talent et l'ingéniosité déployés par M. Blondinat et par tant d'autres artisans, aucun d'entre eux ne connut la consécration qui sourit aujourd'hui aux grands constructeurs. Est-ce justice?

Voici un texte qui se rapporte à un autre modèle militaire (répertorié sous le N° 0-375-A, dans le catalogue de la *Maison des Inventions Nouvelles et Pratiques* de 1906). Encore une fois, la marque de ce jouet (vendu 19,75 F sous le nom de «Automobile de campagne, armée») nous est inconnue:

Il s'agit ici d'une belle pièce, c'est-à-dire d'un beau jouet, d'une importance moyenne, mais très bien fabriqué.

Notre voiture automobile marche par une mécanique à mouvement d'horlogerie, soit en ligne droite ou circulaire. Tout en métal émaillé gris, couleur employée dans l'armée. Elle mesure en long 0,23 cm, en large 0,17 cm et en hauteur 0,23 cm. Les portes s'ouvrent; à l'intérieur est placé un conducteur, et la voiture avec sa roue de réserve figurée à l'arrière est surmontée d'un canon à ressort. C'est paraît-il la copie exacte, ainsi que l'indique l'instruction figurant sur le côté, d'un modèle de l'artillerie de campagne du 6e corps.

Un beau jouet à offrir à nos futurs soldats.

Reflet des techniques de leur temps, les jouets automobiles communiquèrent le goût de la mécanique à beaucoup d'enfants. Il n'en est pas toujours de même avec les collectionneurs! Toutefois, l'un d'eux, Francis Boucrot, plus artiste que technicien, se risqua un jour, mais sans conviction, à changer le ressort d'un jouet intéressant. N'ayant jamais réalisé une telle opération, c'est en vain qu'il s'acharnait à engager la spirale du ressort (spécialement acheté en Suède) dans son boîtier en cuivre, les doigts en sang, lorsque la sonnerie du téléphone se fit entendre, l'obligeant à interrompre son travail un instant. Quand la communication fut terminée, Francis Boucrot reprit son jouet en main et, à sa grande surprise, il s'aperçut que le ressort, grâce à l'élasticité de sa spirale, était rentré tout seul dans son logement!

Francis Boucrot ne croit pas aux miracles, mais il sait qu'il chercherait encore à placer la bande d'acier dans son boîtier, si le téléphone n'avait pas sonné!

Bien qu'il se laisse parfois aller à faire de la mécani-

This is a fine piece, that is to say, a fine toy, of no great importance, but very well made.

Our automobile, clockwork powered, drives in either a straight line or a circle. The whole is in metal enamelled grey, the colour used by the army. It is 9.1 inches long, 6.7 inches wide and 9.1 inches high. The doors open; inside is a driver, and the car, with a spare wheel featured at the rear, is topped by a spring-loaded cannon. This, it appears, is an exact copy, according to the instructions on the side [of the box], of a 6th Corps field gun.

A very fine toy to give to our future soldiers.

Many children acquired a taste for mechanics from such car toys, reflections of the technology of the time. The same cannot always be said of collectors! All the same, one of them, Francis Boucrot, more of an artist than a mechanic, had a go, without much conviction, at changing the spring on a well loved model. Never having performed such an operation before, he made many, frustratingly unsuccessful attempts to fit the spiral spring (which he had bought specially from Sweden) into its brass casing. Finally, his fingers covered in blood, the telephone rang, and he had to interrupt his task for a moment. When the call was over, he picked up the toy again and found to his great surprise that the spring, thanks to the elasticity of the spiral, had slipped itself into place!

Francis Boucrot doesn't believe in miracles, but he knows that if that telephone hadn't rung he'd still be trying to slot the spring into its case today.

que, parce qu'il aime soigner ses jouets malades, c'est avec ses pinceaux qu'il accomplit des prodiges, après avoir savamment dosé ses couleurs, retrouvé le granulé, l'épaisseur et la transparence de l'original.
Je terminerai ce chapitre par un modèle dont le mécanisme fait mon admiration, parce qu'il schématise de façon fort ingénieuse le principe du train routier qui fut expérimenté, en 1903, par le colonel Renard. Ce jouet, fabriqué par la société F.V., reprit l'idée maîtresse du convoi qui résidait dans son mode d'attelage «à progression continue», répartissant sur toutes les voitures l'énergie transmise par la voiture de tête.
Le jouet, composé de quatre éléments, pouvait en outre, avec des cames interchangeables placées sous le capot du tracteur, évoluer sur des circuits variés, comme cet autre jouet F.V. «l'automobile-vivant», à cames interchangeables, dont voici le texte de la notice explicative:
L'AUTOMOBILE-VIVANT parcourant de lui-même le chemin qui lui est tracé.
Les différents parcours que l'Automobile-vivant effectue, sont obtenus au moyen de petites pièces de formes variées appelées cames que l'on place sur l'un des arbres du mouvement.
Le coffret placé à droite de l'abattant de la boîte de la voiture contient différentes cames pouvant être employées successivement. La voiture peut exécuter tous les trajets figurés dans cette instruction. Pour changer les cames: retourner la voiture à l'envers et la soutenir entre l'index et le médium de la main droite engagés en avant du siège; appuyer, franchement, avec le pouce sur le levier dépassant la boîte du mouvement pour dégager du galet qu'elle conduit, la came qui est en place. Saisir entre le pouce et l'index gauches la came ainsi dégagée et la tirer vers la paroi de la voiture dans le sens de l'arbre qui la soutient.
Placer la came de rechange en ayant soin de bien l'enfoncer sur son arbre de façon que son tranchant se trouve en regard de la rainure du galet. Lever le pouce droit pour que le levier reprenne sa place.
Nous pourrions encore écrire sur les mécanismes des jouets, tant l'ingéniosité fut grande dans les ateliers d'Europe où furent créés les modèles que nous admirons tant aujourd'hui, qu'il s'agisse de circuits permettant de réaliser des loopings automobiles, de leviers imprimant à l'auto une série de tonneaux, de crans d'arrêt évitant au jouet placé sur une table de tomber au sol, de bielles ajustées aux manivelles de roues pour animer des personnages, etc.
J'ai une profonde admiration pour les artistes-mécaniciens du jouet à qui nous devons toutes ces merveilles.

Although he does sometimes have a go at mechanics, keen restorer that he is, his best work is done with the paint brush, after skilfully mixing the colours and recreating the grain, thickness and transparency of the original paintwork.
Let us close this chapter with a model whose mechanism I particulrly admire for its ingenious representation of the "road train" principle invented by Colonel Renard in 1903. The toy, made by FV, embodies the basic principle of the convoy, which lay in its coupling the wagons using "continuous progression", as Renard called it, i.e. sharing the power from the first carriage equally among all the carriages.
The toy, with four wagons, could also follow various routes preset by interchangeable cams on the tractor's steering mechanism, just as on the "automobile-vivant" ("living car"), another FV toy, whose instructions read, rather quaintly, as follows:
The AUTOMOBILE-VIVANT runs, by itself, along the route traced out for it.
The various circuits that the Automobile-vivant follows are obtained by means of small pieces of various shapes called cams which one places on one of the spindles on the mechanism.
The case on the right of the divider in the box contains different cams, which can be used in turn.
The car can follow all the circuits illustrated here.
To change the cams.
Turn the car upside down and hold it between the index and middle fingers of the right hand in front of the seat; press down, hard, the cam currently in place, with the thumb on the lever protruding from the encased mechanism so as to disengage the control wheel that it drives. Grip the cam that has thus been freed between the left thumb and index finger and pull it towards the inside of the car along the axle that is holding it.
Fit the replacement cam, tacking care to fit it to its axle in such a way that its leading edge faces the groove in the control wheel.
Lift the right thumb so that the lever will take up its former position.
We could write still more about mechanical toys, such was the ingenuity with which the great European workshops created the toys we admire so much today. There were tracks to make cars loop the loop, levers to make cars roll over and over, stopping mechanisms to prevent cars falling from a table to the floor, cranks fitted to the axles to animate drivers and passengers, and more.
I have a profound admiration for the artist-mechanic toymakers to whom we owe all these marvels.

Runabout mécanique de fabrication française, en tôle peinte en blanc, long de 50 cm. L'axe arrière était entraîné par chaîne. Coll. J. Alsac.

French clockwork runabout in white-painted tin plate, 19.7 inches long. The rear axle was chain driven. (J. Alsac collection)

Extrait d'un catalogue parisien: Buffalo Bill en auto. Le jouet se déplace en avant et en arrière.

Buffalo Bill hits the road: extract from a Parisian catalogue. This toy will also drive in reverse.

Jouets français mécaniques à entraînement par chaîne, en tôle peinte: à gauche, runabout vert pistache, long de 50 cm; à droite, limousine ivoire, longue de 45 cm. Les personnages sont de marque Lehmann (Allemagne).

French clockwork, chain-drive, painted tin plate toys. On the left, a green runabout, 19.7 inches long; on the right, an ivory-coloured limousine, 17.7 inches long. The figures are from the German firm, Lehmann.

Coupé de ville mécanique fabriqué en France. Il est en tôle peinte en vert et mesure 47 cm. Une porte à double battant s'ouvre sur le compartiment arrière. Le mouvement est équipé d'un entraînement par chaîne et régulateur. Coll. D. Rémy.

French clockwork coupé-de-ville in green-painted tin plate, 18.5 inches long. Entrance to the rear compartment was via a double door. Mechanical parts included chain drive and speed control. (D. Rémy collection)

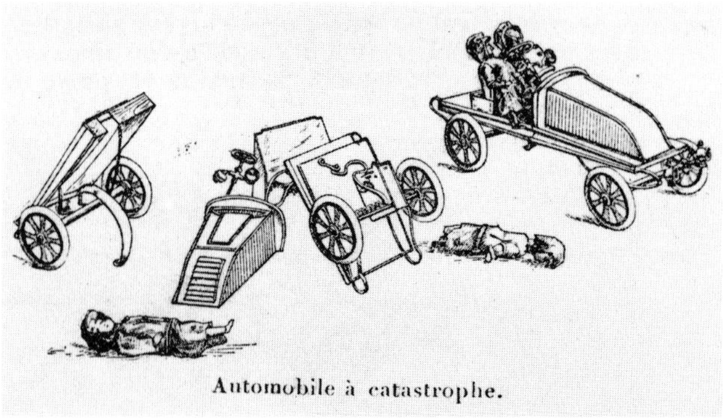

«Automobile à catastrophe» Blondinat (France), telle qu'elle était décrite dans une publication de 1906. Le texte précise: *«Illusion parfaite de la réalité» ajoute le vendeur avec son plus beau sourire...*

"Automobile à catastrophe" from Blondinat in France as described in a French publication of 1906. Quoted from the text: *"Perfect illusion of reality", says the salesman with his most charming smile...*

«L'Automobile-vivant» était un jouet mécanique fabriqué en France par Edmond Faivre (F.V.), en tôle peinte de couleur grenat, long de 28 cm. Une came logée sous le capot permet au modèle de décrire un itinéraire sinueux. Cette estampille figurait sur le couvercle de la boîte.

"L'Automobile-vivant" ("The living automobile"): a French clockwork toy made by Edmond Faivre (FV), in tin plate, painted garnet-red, 11 inches long. A cam is fitted under the bonnet to steer the model along an irregular course. The maker's insignia appeared on the box lid.

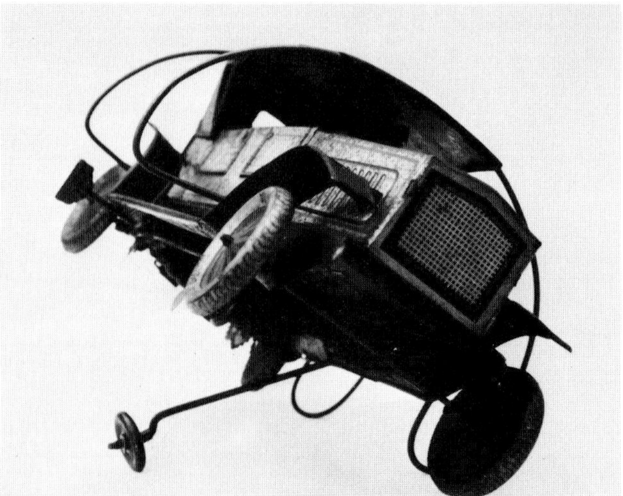

Jouet mécanique de fabrication allemande, en tôle imprimée, équipé d'un levier à roulette permettant à la voiture d'exécuter un tonneau sur deux barres de protection.

German clockwork toy in lithographed tin plate, fitted with a wheeled lever to make the car roll over on its two protective bars.

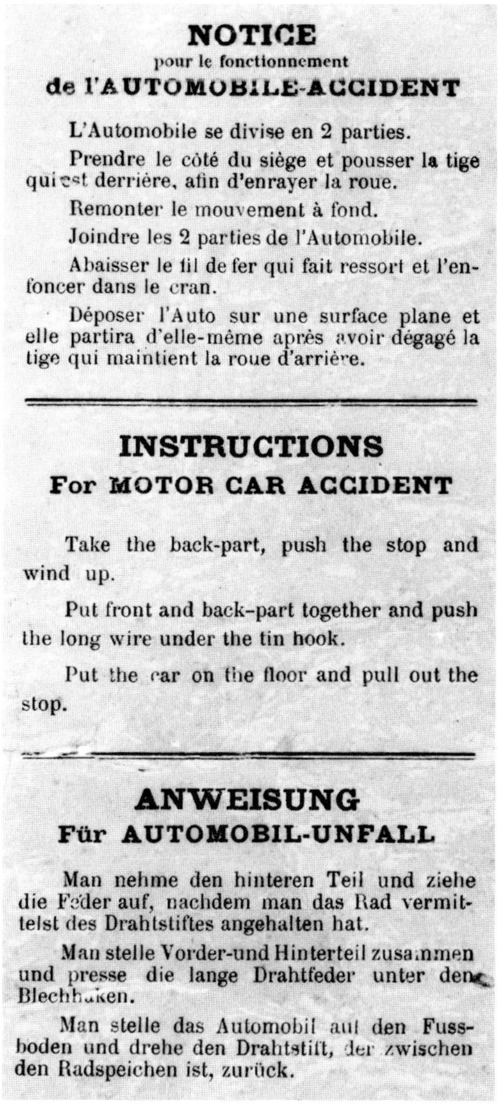

NOTICE
pour le fonctionnement
de l'AUTOMOBILE-ACCIDENT

L'Automobile se divise en 2 parties.

Prendre le côté du siège et pousser la tige qui est derrière, afin d'enrayer la roue.

Remonter le mouvement à fond.

Joindre les 2 parties de l'Automobile.

Abaisser le fil de fer qui fait ressort et l'enfoncer dans le cran.

Déposer l'Auto sur une surface plane et elle partira d'elle-même après avoir dégagé la tige qui maintient la roue d'arrière.

INSTRUCTIONS
For MOTOR CAR ACCIDENT

Take the back-part, push the stop and wind up.

Put front and back-part together and push the long wire under the tin hook.

Put the car on the floor and pull out the stop.

ANWEISUNG
Für AUTOMOBIL-UNFALL

Man nehme den hinteren Teil und ziehe die Feder auf, nachdem man das Rad vermittelst des Drahtstiftes angehalten hat.

Man stelle Vorder-und Hinterteil zusammen und presse die lange Drahtfeder unter den Blechhaken.

Man stelle das Automobil auf den Fussboden und drehe den Drahtstift, der zwischen den Radspeichen ist, zurück.

«Automobile-Accident»: cet astucieux jouet mécanique fabriqué en France par A.O. a dû ravir beaucoup de petits enfants. Après avoir fait quelques tours, l'auto se séparait en deux, projetant la lanterne et les personnages au sol. La voiture en tôle imprimée mesurait 20 cm. (Notice et couvercle Coll. G. Sherpereel.)

"Automobile-Accident", an ingenious clockwork toy from AO in France, must have caught the fancy of many a young child. After driving along a few inches, the car splits in two, throwing the headlamp and passengers to the ground. The toy is 7.9 inches long, in lithographed tin plate. (Instructions and box illustration: G. Sherpereel collection)

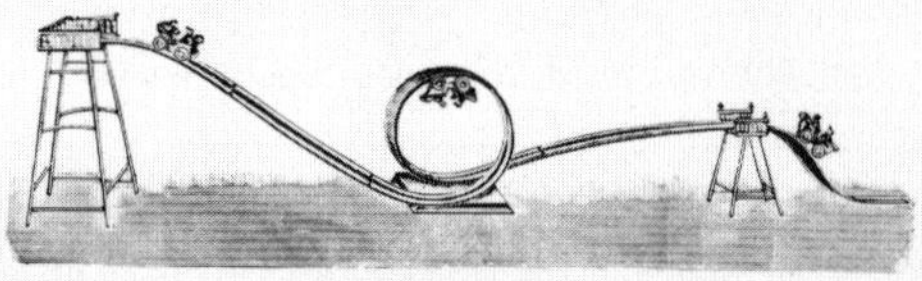

No. 760 G **Looping the Loop.** In einfacher Ausführung, 75 cm lang, 22 cm hoch, per Dutz. Mk. **4.—**
No. 760 W **do.** in feinerer Ausführung **4.25**
No. 680 **do.** bedeutend grösser, 125 cm lang, 31 cm hoch **7.50**
No. 650 **do.** in ganz grosser Ausführung, fein lackiert, 142 cm lang, 35 cm hoch, per Dutz. Mk. **13.—**

No. **485/1** **Schwankende Rundbahn,** auf einer schiefen Scheibe fährt durch fortwährende schwankende Bewegung ein Automobil, 14 cm breit, 15 cm hoch . . . . . . per Dutz. **6.—**
No. **485/2** **do.** grösser, 17 cm breit, 18 cm hoch, per Dutz. Mk. **7.—**
No. **485/3** **do.** ganz gross, 26 cm breit, 28 cm hoch, per Dutz. Mk. **12.—**

No. **650/1 G** **Schleifenfahrt,** (Looping the Loop), in einfacher Ausführung, 45 cm lang, 21 cm hoch, per Dutz. Mk. **3.25**
No. **650/1 W** **do.** in feiner Ausführung, per Dutz. Mk. **3.50**
No. **650/2** **do.** bedeutend grösser und fein lackiert, 76 cm lang, 31 cm hoch . per Dutz. Mk. **6.50**

Extraits du catalogue Müller & Kadeler (Allemagne) où figurent divers jeux automobiles.

Extracts from German firm Müller & Kadeler's catalogue showing numerous car-and-track configurations.

No. **475/4** **Caroussel,** mit grossen stufenförmigen Unterbau nebst 6 grossen Ballons, sehr farbenreich, 47 cm hoch . . . . per Dutz. Mk. **36.—**
No. **475/5** wie oben, mit prima Werk, 1 Stunde gehend, vorzüglich für Schaufenster geeignet, in feiner Ausführung, 47 cm hoch . . per Dutz. Mk. **66.—**
No. **475/6** dasselbe mit prima 2 Stunden-Werk, 47 cm hoch . . . . per Dutz. Mk. **84.—**

No. **515/1** **Avernus-Rad,** auf zwei ellipsenförmigen Schienen stehen Wagen, die durch die Drehung der Schienen in Bewegung gesetzt werden, 23 cm lang, 21 cm hoch . . per Dutz. Mk. **12.50**
No. **515/2** **do.** grösser, 30 cm lang, 28 cm hoch . . . . per Dutz. Mk. **18.—**
No. **515/3** **do.** noch grösser, 35 cm lang, 33 cm hoch . . . . per Dutz. Mk. **24.—**
No. **515/4** **do.** ganz gross, in feiner Ausführung, 50 cm lang, 42 cm hoch, per Dutz. Mk. **60.—**

Cette page est extraite d'un fac-similé du catalogue Müller & Kadeler édité en 1974 pour une rencontre de collectionneurs de jouets américains.

Page extract from the 1974 facsimile edition of the Müller & Kadeler catalogue prepared for an American-toy collectors' meeting.

Camion automobile au catalogue du *Magasin du Louvre* en 1903. ▷ Il est à traction à crémaillère «avec bruit de la machine en marche».

Motorized truck in the 1903 *Magasin du Louvre* catalogue. With rack-and-pinion friction drive, it made "a noise just like the real vehicle".

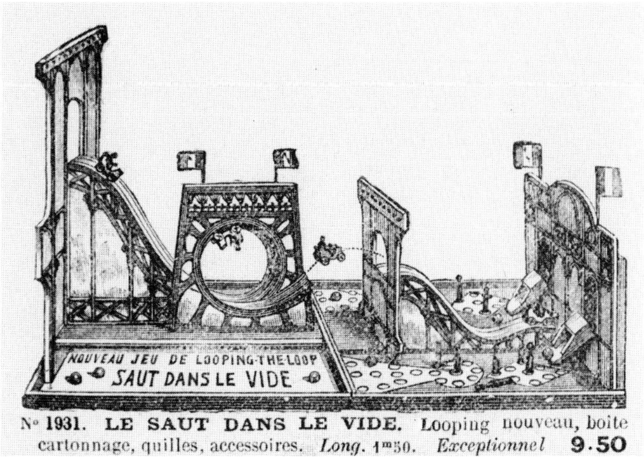

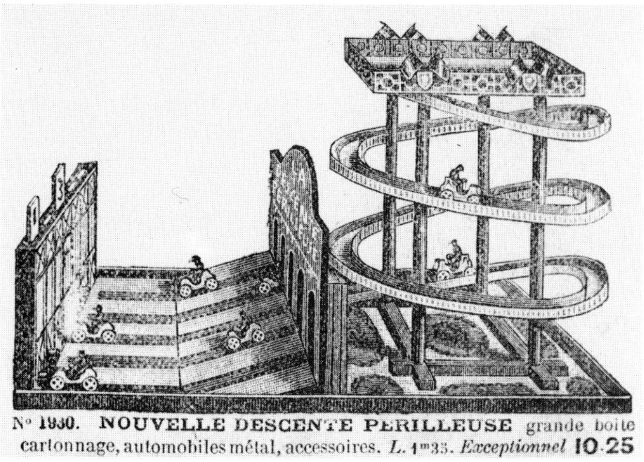

Deux extraits de catalogues français montrant deux jeux, «Le saut dans le vide» et «Nouvelle descente perilleuse», longs de 150 et 135 cm respectivement.

Two extracts from French catalogues, showing "Le saut dans le vide" ("The leap into thin air") and "Nouvelle descente perilleuse" ("New perilous descent"), 4 feet 11 inches and 4 feet 5 inches long, respectively.

Camion mécanique Pinard (France), en tôle peinte, long de 40 cm. Il transportait un avion dont les ailes démontées se logeaient de chaque côté du pont.

Clockwork truck by the French firm, Pinard, in painted tin plate, 15.7 inches long. It used to carry an aeroplane with removable wings that fitted along the sides.

Arroseuse et camion, deux jouets mécaniques de fabrication française, en tôle peinte, longs de 35 et 33,5 cm respectivement.

Two French clockwork toys in painted tin plate: a street cleaner and an early pickup truck, 13.8 and 13.2 inches long, respectively.

Tracteur et remorque pour avion Martineau & Larnaude (France). L'ensemble, animé par un mouvement à ressort, est en tôle peinte et mesnre 35 cm. Coll. J. Alsac.

Tractor anu aeroplane trailer trom Martineau & Larnaude of France. The set is 13.8 inches long in painted tin plate, with clockwork motor. (J. Alsac collection)

◁ Ambulance mécanique Pinard (France), en tôle peinte en gris, longue de 32 cm. La ridelle arrière s'abaisse pour placer la civière.

Clockwork ambulance by the French firm, Pinard, in tin plate, painted grey, 12.6 inches long. The tail-gate folded down to load the stretcher.

Autobus mécanique Jouet de Paris (France), en tôle imprimée, long de 26 cm. Il est doté de quatre roues directrices: deux à l'avant et deux à l'arrière. Coll. D. Rémy.

Clockwork bus by the French firm, Jouet de Paris, in lithographed tin plate, 10.2 inches long. Four of the six wheels were used for the steering: two at the front and two at the rear. (D. Rémy collection)

Autocar mécanique produit en France par Jouet de Paris (J. de P.), en tôle imprimée, long de 25,5 cm. Il est à quatre roues directrices, commandées par un levier placé sous le radiateur. Coll. D. Rémy.

Clockwork touring coach by the French firm, Jouet de Paris (J de P), in lithographed tin plate, 10 inches long. Both front and rear wheels were used for the steering, which was set by a lever under the radiator. (D. Rémy collection)

Limousine mécanique Märklin (Allemagne), longue de 39 cm. Il ▷ s'agit sans doute d'une pièce unique, peinte en noir et bleu nuit. Elle est équipée d'un puissant mouvement à ressort et d'un frein sur le pneu arrière gauche.

Clockwork limousine by the German firm, Märklin, 15.4 inches long. This model, painted black and dark blue, seems to be unique. It is fitted with a powerful clockwork motor and a brake on the rear left tyre.

Autocar Delahaye mécanique fait par Pinard (France), en tôle peinte en rouge, long de 51 cm.

Clockwork Delahay touring coach by the French firm, Pinard, in red painted tin plate, 20 inches long.

Voiturette à vapeur fabriquée en France par Charles Rossignol (C.R.), en tôle peinte, longue de 18 cm. (Gouache de Frédéric Remise) Coll. A. Giansanti Coluzzi.

Voiturette by the French manufacturer, Charles Rossignol (CR), in painted tin plate, 7.1 inches long. The model is steam driven. Gouache by Frédéric Remise. (A. Giansanti-Coluzzi collection)

«L'Automobile-vivant»: cette voiturette mécanique fabriquée en France par Edmond Faivre (F.V.) était en tôle peinte et longue de 26 cm. Le modèle, breveté S.G.D.G. numéro 71, décrit des itinéraires variables grâce à des cames interchangeables. Coll. D. Rémy.

"L'Automobile-vivant" ("The living automobile"), a French clockwork toy from Edmond Faivre (FV), in tin plate, 10.2 inches long. The model, SGDG Patent No. 71, drove along a number of different courses set by interchangeable cams. (D. Rémy collection)

«Automobile-Accident», jouet mécanique A.O. (France), en tôle imprimée, long de 20 cm.

"Automobile-Accident": a clockwork toy by the French manufacturer, AO, in lithographed tin plate, 7.9 inches long.

Voiture de pompiers mécanique Pinard (France), en tôle peinte, longue de 30 cm. Coll. D. Rémy.

Clockwork fire engine by the French firm, Pinard, in painted tin plate, 11.8 inches long.
(D. Rémy collection)

Pompe à incendie à vapeur Märklin (Allemagne), en tôle peinte, longue de 47 cm. Ce modèle auquel il manque ses cinq pompiers figurait au catalogue de la marque en 1910. Coll. Musée Märklin.

Steam fire pump by the German firm, Märklin, in painted tin plate, 18.5 inches long. This model, which is missing its five-fireman crew, featured in the 1910 Märklin catalogue. (Märklin Museum)

Manège mécanique de fabrication française, à quatre autos en tôle peinte, haut de 50 cm. Coll. Emilienne Rémy.

French mechanical merry-go-round with four painted tin plate cars, 19.7 inches high. (E. Rémy collection)

Runabout mécanique de fabrication française à entraînement par chaîne, en tôle peinte, long de 50 cm. Le personnage est de marque Lehmann (Allemagne).

Clockwork runabout of French manufacture in painted tin plate, 19.7 inches long, with chain drive. The figure is by the German firm, Lehmann.

Le train Renard dû à Edmond Faivre (F.V.) et Dessein (D.S.): ce jouet mécanique de fabrication française, en tôle peinte, appliquait le principe de la «progression continue» en répartissant sur toutes les voitures, par un arbre de transmission, l'énergie imprimée par le moteur du tracteur. Des cames interchangeables permettaient de varier les circuits. Il mesurait 118 cm.

The Renard road train, co-produced by Edmond Faivre (FV) and Dessein (DS) in France, in tin plate, 3 feet 10.5 inches long. Each trailer had its own drive mechanism, taking its power from the central transmission shaft driven by a motor in the tractor. Interchangeable cams steer the train along different routes.

Double phaéton mécanique Günthermann (Allemagne), en tôle peinte, long de 25,5 cm. Ce modèle était livré soit avec des personnages civils, soit avec des personnages militaires. Coll. D. Rémy.

Clockwork double phaeton by the German firm, Güthermann, in painted tin plate, 10 inches long. Buyers had a choice of military or civilian passengers. (D. Rémy collection)

Omnibus de fabrication française, en tôle peinte jaune, long de 77 cm. Il porte l'inscription «Compagnie Générale des Omnibus à Vapeur, Paris-St. Cloud, Sèvres-Versailles-Paris». Coll. J. Alsac.

French steam bus in yellow painted tin plate, 2 feet 6 inches long, marked "Compagnie Générale des Omnibus à Vapeur, Paris-St. Cloud, Sèvres-Versailles-Paris". (J. Alsac collection)

Autobus mécanique fabriqué en France par Charles Rossignol (C.R.), en tôle imprimée, long de 30 cm. Coll. D. Rémy.

Clockwork bus made in France by Charles Rossignol (CR), in lithographed tin plate, 11.8 inches long. (D. Rémy collection)

Autobus mécanique Burnett (Angleterre), en tôle imprimée, long de 23 cm. Les roues sont typiques de la marque. Coll. P. Ottenheimer.

Clockwork bus by the British firm, Burnett, in lithographed tin plate, 9.1 inches long. Note the characteristic Burnett wheels. (P. Ottenheimer collection)

Voiture à automate mécanique de fabrication française, en tôle peinte, longue de 32 cm. La voiture roule en zig-zag et le chien agite son chapeau. Ce luxueux jouet était vendu au magasin parisien *Au Nain Bleu*.

French horseless carriage and automaton in painted tin plate, 12.6 inches long. The car follows a zig-zag course as the dog waves his hat. This luxurious toy was sold in *Au Nain Bleu* in Paris.

Voiture amphibie mécanique de fabrication française, en tôle peinte, longue de 42 cm. La roue à aubes, disposée sous la coque à la verticale du siège, était entraînée par une courroie commandée par l'axe des roues arrière.

Clockwork amphibious vehicle of French manufacture, in painted tin plate, 16.5 inches long. The paddle wheel, on the underside of the body/hull directly under the seat, was powered by a belt drive from the rear axle assembly.

Autobus de Dion-Bouton mécanique fabriqué en France par Pinard, en tôle peinte vert et blanc, long de 35,5 cm.

Clockwork de Dion-Bouton bus made in France by Pinard, in tin plate painted green and white, 14 inches long.

Torpédo mécanique Orobr (Allemagne), en tôle imprimée violet avec filets jaunes, longue de 20 cm. Elle est équipée d'un gros ressort à boudin. Coll. W. Störchli.

Clockwork tourer by the German firm, Orobr, in lithographed tin plate, violet with yellow trim lines, 7.9 inches long. The coil spring is particularly powerful. (W. Störchli collection)

Estampille de Richter & Co.

Trademark of Richter & Co.

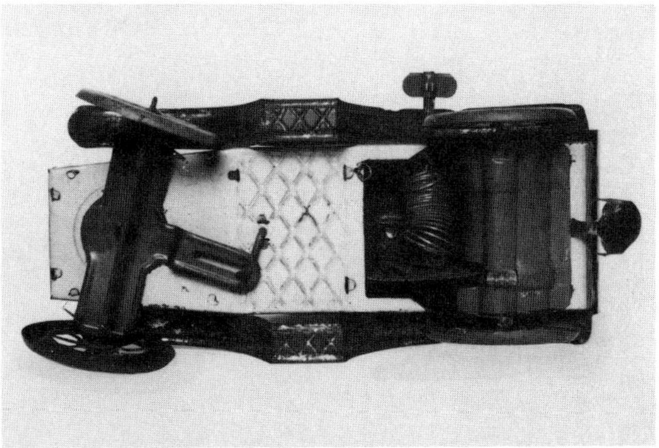

Limousine mécanique fabriquée en Allemagne par Richter & Co. de Brandebourg. Elle est en tôle imprimée, longue de 20,5 cm. Elle est dotée d'une direction par le volant et d'un mouvement à ressort à boudin. L'auvent porte la marque du fabricant. Coll. W. Störchli.

Clockwork limousine from Richter & Co. in Brandenburg, Germany, in lithographed tin plate, 8.1 inches long. Steering comes from the steering wheel; power is from a coil spring. The maker's insignia is on the cowl. (W. Störchli collection)

Auto-blindée mécanique Pinard (France), en tôle peinte en gris, longue de 43 cm.

Clockwork amoured car from Pinard (France), in grey painted tin plate, 16.9 inches long.

Auto-blindée mécanique Pinard (France), en tôle peinte en gris, vert et ocre. Elle mesure 33,5 cm.

Clockwork armoured car from Pinard (France), in tin plate painted grey, green and ochre, 13.2 inches long.

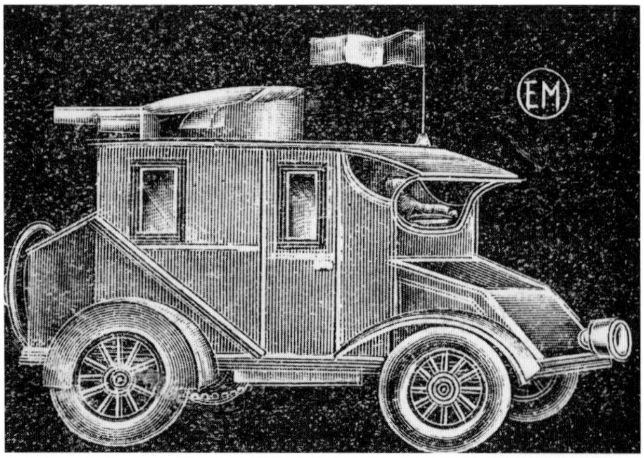

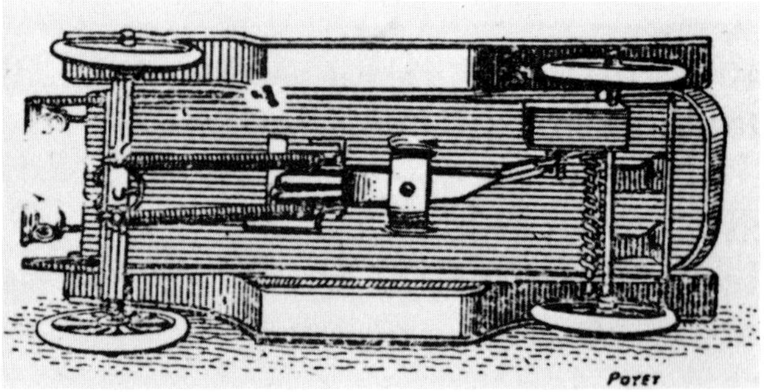

Automitrailleuse à virages automatiques figurant au catalogue 1909 de Blondinat (France). Elle était en tôle peinte.

Light armoured car with automatic steering featured in the 1909 catalogue of French firm Blondinat. The model was in tin plate.

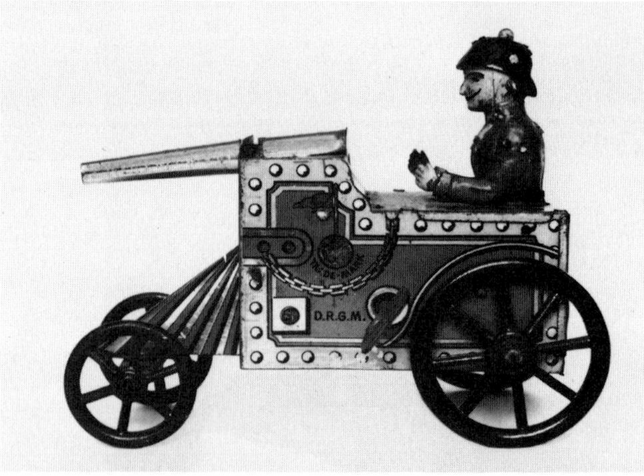

Auto-canon, jouet mécanique allemand, en tôle imprimée, long de 13,5 cm.

Self-propelling field gun; a German clockwork toy in lithographed tin plate, 5.3 inches long.

◁ «Automobile de campagne armée», jouet français illustré en 1902 dans le journal de la *Maison des Inventions Nouvelles et Pratiques*.

"Automobile de campagne armée" ("Military field vehicle"): a French toy illustrated in the *Maison des Inventions Nouvelles et Pratiques* journal in 1902.

Deux jouets mécaniques français au catalogue d'un grand magasin parisien: un autobus à impériale et une automobile de guerre.

Two French clockwork toys shown in a Paris department store catalogue: a double decker bus and an armoured car.

Omnibus de Dion-Bouton mécanique de fabrication française, en tôle peinte jaune, long de 45 cm.

Clockwork de Dion-Bouton bus of French manufacture, in yellow painted tin plate, 17.7 inches long.

Omnibus à impériale mécanique de fabrication française, en tôle peinte, long de 48 cm.

Clockwork double-decker bus of French manufacture, in painted tin plate, 18.9 inches long.

Omnibus mécanique Edmond Faivre et Dessein (France), en tôle peinte, long de 25 cm. Les personnages sont en terre cuite. Coll. G. Scherpereel.

Clockwork bus co-produced by Edmond Faivre and Dessein in France, in painted tin plate, 9.8 inches long. The figures are in terra cotta. (G. Scherpereel collection)

Pompe à incendie mécanique Pinard (France), en tôle peinte rouge, longue de 33 cm. La chaudière peut être déchargée en utilisant la rampe. Coll. J. Alsac.

Clockwork fire pump by the French firm, Pinard, in red painted tin plate, 13 inches long. The boiler could be unloaded by sliding it down the ramp at the back. (J. Alsac collection)

Auto-pompe mécanique Bing (Allemagne), en tôle peinte, longue de 33 cm.

Clockwork fire pump by the German firm, Bing, in painted tin plate, 13 inches long.

Pompe à incendie à vapeur du fabricant allemand Bing, en tôle peinte, longue de 26,5 cm. La mécanique actionne la pompe à eau. La cheminée n'est pas d'origine. Coll. J. Alsac.

Steam fire pump by the German manufacturer, Bing, in painted tin-late, 10.4 inches long. The mechanism works the water pump. The funnel is not original. (J. Alsac collection)

Pompe à incendie à vapeur Charles Rossignol (France), en tôle peinte au vernis, entraînement par crémaillère, 17,5 cm de haut. Coll. J. Milet.

Steam fire pump from Charles Rossignol (France), in lacquered tin plate, fitted with rack and pinion drive, 6.9 inches high. (J. Milet collection)

Auto de pompiers Delahaye mécanique produite par Pinard ▷ (France), en tôle peinte, longue de 47 cm. Sous le châssis, on distingue le logement de la pile alimentant les phares, le soufflet de la sirène et le mouvement à ressort. Le radiateur portait, peinte au pochoir, la marque du véhicule.

Clockwork Delahaye fire engine made by Pinard (France), in painted tin plate, 18.5 inches long. Under the chassis can be seen the battery holder (connected to the headlamps), the bellows for the siren, and the clockwork motor. The make of the vehicle was stencilled onto the radiator.

Auto de pompiers Pinard (France) mécanique, en tôle peinte, longue de 35 cm.

Clockwork fire engine from Pinard (France), in painted tinplate, 13.8 inches long.

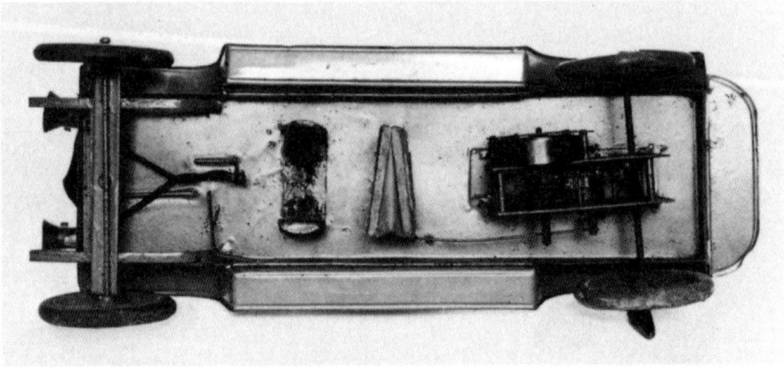

Grande échelle mécanique fabriquée par Pinard (France), en tôle peinte, longue de 41 cm. Le jouet est équipé de phares électriques et d'une sirène à soufflet.

Clockwork ladder from Pinard (France), in painted tin plate, 16.1 inches long. The toy had electric headlamps and a bellows-driven siren.

Cabriolet mécanique Märklin (Allemagne), en tôle peinte couleur gris artillerie avec filets noirs et blanc, long de 36 cm. Le frein sur une roue arrière, la marche et l'arrêt sont commandés par leviers. Coll. J. Alsac.

Clockwork convertible by the German firm, Märklin, in tin plae painted military grey with white and black trim lines, 14.2 inches long. The levers are to switch the motor on/off and to put on the left rear wheel brake. (J. Alsac collection)

Voiture de pompiers mécanique Pinard (France), en tôle peinte, longue de 27 cm. Les phares sont électriques. Comme en témoigne cette illustration extraite du catalogue du fabricant publié vers 1925, ces voitures étaient vendues avec des personnages qui manquent sur cet exemplaire-ci. (Catalogue coll. J. Alsac, voiture coll. F. Boucrot.)

Clockwork fire engine from Pinard (France), in painted tin plate, 10.6 inches long, with electric headlamps. As illustrated in the Pinard catalogue of around 1925, this model was sold with a crew of firemen; these are missing from the model shown here. (Catalogue: J. Alsac collection; model: F. Boucrot collection)

Torpédo à friction Pintel (France), en tôle peinte, longue de 17 cm. Le volant d'inertie était lancé à la manivelle. Coll. J. Alsac.

Friction-drive tourer by the French firm, Pintel, in painted tin plate, 6.7 inches long. A crank handle set the flywheel in motion. (J. Alsac collection)

Taxi à vapeur de fabrication française, en tôle peinte de couleur marron, long de 24 cm. On distingue sur le dessous du châssis le logement de la lampe à alcool et le pignon d'entraînement monté sur l'axe avant. Coll. J. Alsac.

Steam-powered taxi of French manufacture, in chestnut painted tin plate, 9.4 inches long. On the underside of the chassis can be seen the spirit-lamp holder and the drive gear on the front axle. (J. Alsac collection)

Rouleau compresseur à vapeur Bing (Allemagne), en tôle peinte et laiton bleui, long de 26 cm. Coll. J. Alsac.

Steam roller by the German manufacturer, Bing, in painted tin plate and brass, 10.2 inches long. (J. Alsac collection)

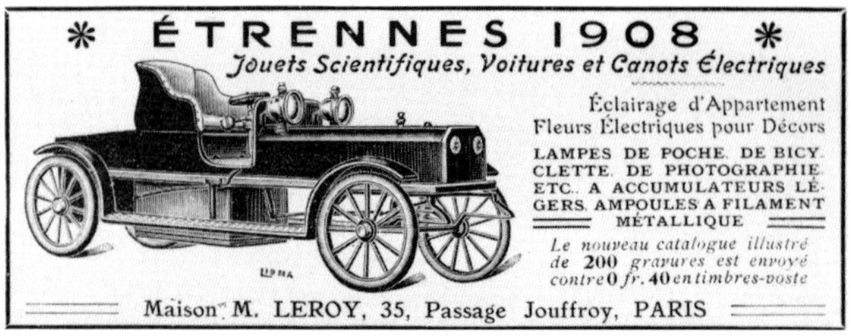

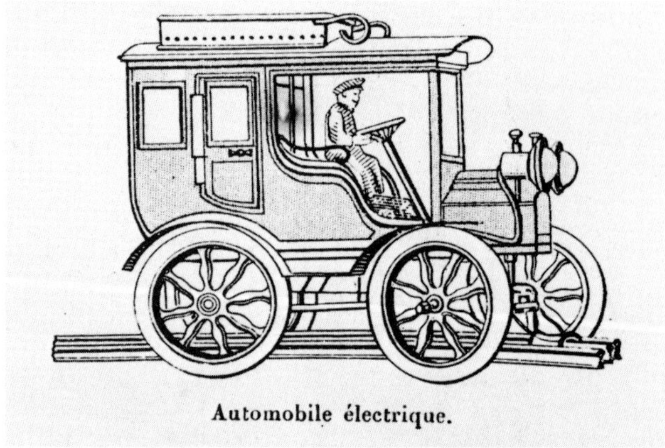

Trois exemples de voitures électriques: celle de la maison Leroy à Paris en 1908, celle du fabricant Henry (France) et celle de Brianne (France), très fortement inspirée du modèle Märklin.

Three electric cars from French manufacturers: Leroy in Paris, Henry, and Brianne (the latter maker's model bearing a striking resemblance to a certain Märklin).

Pompe à vapeur J. Schoenner (Allemagne), fonctionnant à la vapeur, longue de 18 cm. Coll. J. Alsac.

Steam pump from German manufacturer J. Schoenner, 7.1 inches long; steam powered. (J. Alsac collection)

Illustration d'une voiture automobile jouet parue dans les *Nouvelles Scientifiques*.

Steam-powered automobile toy illustrated in *Nouvelles Scientifiques* magazine.

Voiturette à vapeur de fabrication française, en tôle peinte rouge, longue de 26 cm. La porte arrière s'ouvre, les phares et la lanterne arrière sont électriques. La poupée a une tête en porcelaine.

Steam-driven tonneau of French manufacture, in red painted tin plate, 10.2 inches long. The rear door opens and the head and rear lamps are electric. The doll has a porcelain head.

◁ Mécanisme de l'auto à turbine Charles Rossignol: on voit le tube de sortie de vapeur débouchant sur les ailettes du volant d'inertie. Coll. A. Giansanti-Coluzzi.

Mechanism of the Charles Rossignol turbine car; steam flows through the pipe onto the blades fitted to the flywheel. (A. Giansanti-Coluzzi collection)

Voiturette à vapeur de fabrication française, en tôle peinte en blanc, longue de 30 cm. A l'arrière de la voiture, on trouve la chaudière au-dessus du brûleur à alcool. Coll. D. Rémy.

Steam-driven car of French manufacture, in white painted tin plate, 11.8 inches long. The boiler and spirit lamp are at the rear. (D. Rémy collection)

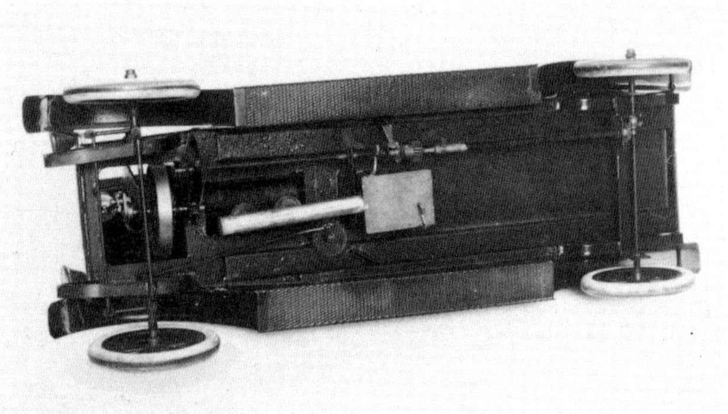

Phaéton Doll & Cie (J. Sondheim et P. Doll) à vapeur, fabriqué en Allemagne en 1917. Il est doté d'un moteur à vapeur dont on distingue, sous le châssis, le volant d'entraînement et la lampe à alcool, et, sous le capot ouvrant, la chaudière et le cylindre. La voiture est en tôle peinte et mesure 50 cm. Coll. A. Giansanti-Coluzzi.

Doll & Cie (J. Sondheim and P. Doll) steam phaeton, made in Germany in 1917. The model is steam powered; under the chassis can be seen the flywheel and spirit lamp, while the lifting bonnet reveals the boiler and piston. The car is 19.7 inches long, in painted tin plate. (A. Giansanti-Coluzzi collection)

Fourgon postal mécanique fabriqué en Angleterre par Brimtoy ▷ (licence Bing), en tôle imprimée rouge et noir, long de 28 cm. Coll. P. Ottenheimer. La marque que le fabricant apposait sur ses modèles précisait qu'il s'agissait d'une production britannique.

Clockwork Royal Mail van made in Britain by Brimtoy (a licensee of the German firm, Bing), in lithographed tin plate, red and black, 11 inches long. (P. Ottenheir collection). The Brimtoy trademark certainly didn't stress the relationship with Bing.

Réunion de quelques amateurs à l'occasion du 2e Congrès international des collectionneurs de jouets organisé au Grand Hôtel de Paris par François Theimer et Jacky Broutin les 20 et 21 mars 1982. De gauche à droite: Philippe Berinstain, Francis Boucrot, Armand Garnier, Daniel Rémy, Tony Daval, Bernard Barenholtz, Jac Remise, Jacques Milet, M. et Mme David Pressland, Clive Lamming, Monique Milet (en robe blanche), Jacky Broutin et son épouse.

From the left: Philippe Berinstain, Francis Boucrot, Armand Garnier, Daniel Rémy, Tony Daval, Bernard Barenholtz, Jac Remise, Jacques Milet, Mr and Mrs David Pressland, Clive Lamming, Monique Milet (in the white dress), Jacky Broutin and his wife. The photo was taken at the Second International Toy Collectors Congress held at the Grand Hôtel de Paris (France) 20-21 March 1982, organized by François Theimer and Jacky Broutin.

Petit chauffeur sur carte postale 1900.
French postcard of the 1900s.

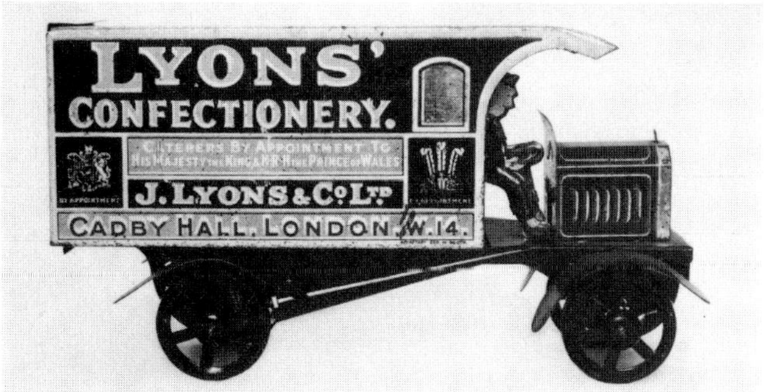

Boîte à biscuits reproduisant un camion. Il s'agit d'une production Minerva (Angleterre) en tôle imprimée, longue de 17,5 cm. Coll. P. Ottenheimer.

Biscuit-tin/truck by the British firm, Minerva, in lithographed tin plate, 6.9 inches long. (P. Ottenheimer collection)

Deux autobus londoniens mécaniques de Minerva (Angleterre). Le «General» mesure 21,5 cm et le «Safety» 21,5 cm. Ils sont réalisés en tôle de récupération imprimée, comme on peut le constater en examinant l'intérieur des véhicules. Coll. P. Ottenheimer.

Two clockwork London buses by the British firm, Minerva, the "General" and the "Safety", both 8.5 inches long. They were made from scrap lithographed sheet metal, as is evident on exa nining the interiors. (P. Ottenheimer collection)

Cabriolet mécanique Burnett (Angleterre), en tôle imprimée vert, long de 20 cm.

Clockwork convertible by the British firm, Burnett, in green lithographed tin plate, 7.9 inches long.

Limousine mécanique Burnett (Angleterre), en tôle imprimée de couleurs noir et bleu, longue de 34 cm. Ce modèle ressemble fort à la Carette de 35,5 cm. Coll. P. Ottenheimer.

Clockwork limousine from Burnett in Britain, in lithographed tin plate, blue and black, 13.4 inches long. This model strongly resembles the 14-inch-long Carette. (P. Ottenheimer collection)

Estampilles du fabricant anglais Burnett Ltd.

Trademarks of British manufacturer Burnett Ltd.

Limousine fabriquée en Italie par la marque Metalgraf, établie, comme le montre son estampille, à Milan. Le jouet mécanique est en tôle imprimée. La clef de remontage est placée à l' arrière, au-dessus de la plaque minéralogique. Coll. P. Ottenheimer.

Limousine made in Italy by Metalgraf (a firm based in Milan, as indicated on the trademark); a clockwork toy in lithographed tin plate. Illegally obscuring the rear number plate is the key to wind the motor. (P. Ottenheimer collection)

Caserne de pompiers et véhicules en bois fabriqués en Tchécoslovaquie. La caserne mesure 26 cm, les voitures 6 cm. Ces jouets ont été achetés par le collectionneur lui-même alors âgé de 11 ans. Coll. Giansanti-Coluzzi.

Czechoslovakian-built wooden fire station set. The building is 10.3 inches wide; the vehicles are 2.4 inches long. Count Giansanti-Coluzzi bought this set with his pocket money when he was 11 years old, and it remains in his collection.

Les autos à pédales et à moteur

Cars with Pedals and with Motors

Les automobiles à pédales sont des jouets d'exception que de rares enfants ont eu la chance de posséder. Ayant été parmi ces jeunes privilégiés, je me dois de signaler que le modèle Eureka 1930-32 qui me fut offert par mes parents n'avait pas mon estime, parce que ses roues, trop minces, creusaient des sillons dans la terre. Je ne pouvais bien rouler dans cette voiture que sur des terrains cimentés. Ce détail irritant, dont se plaignaient beaucoup d'autres enfants, me fit rêver de posséder une plus grande Eureka à pédales, type Bugatti, à larges pneus, que j'avais vue pour la première fois à Mers-les-Bains entre les mains d'un jeune voisin de plage.

Cette auto de course comportait une manette de gaz fictive, placée au volant, à laquelle j'attachais candidement une grande importance. J'enviais ce camarade, mais je n'eus pas l'audace de faire valoir le désir que j'avais de posséder une telle auto, lorsque je la vis plus tard, avec mon grand-père, au rayon des jouets de l'ex-magasin *Mestre et Blatgé*, avenue de la Grande Armée, à Paris (il y avait deux modèles de ce type en 1932-34, l'un valait F 775, l'autre F 925).

Mon grand-père était fortuné et généreux et il m'aurait suffit de lui dire qu'elle me plaisait pour lui donner l'idée de m'offrir cette auto. Je regrettais ma timidité durant les vacances qui suivirent, en retrouvant la petite Eureka dont les roues persistaient à s'enfoncer dans la terre.

Les voitures à pédales plus anciennes souffraient du même défaut, car elles étaient équipées de roues à bandages très minces.

Entre 1890 et 1918, on construisait les caisses de ces jouets en bois, en carton, en osier, ou en métal. Ceux-ci comportaient un capiton intérieur en moleskine et un frein à main, commandé par un levier, agissant sur le moyeu, par l'intermédiaire d'une sangle de cuir.

Ce levier se trouvait placé sur le côté extérieur de la carrosserie. Sur les modèles «riches» s'ajoutaient des lanternes et une trompette en cuivre, des garde-boue et des pneus gonflables (très rares), un pédalier relié par une chaîne à un pignon monté sur l'axe des roues arrière. On équipait d'autres autos de pédaliers reliés par deux bielles à l'axe des roues arrière, coudé en forme de vilebrequin, comme sur les «auto-rameurs»: chariots propulsés par des bras de leviers qu'on manœuvrait comme les rames d'une barque.

L'auto-rameur était, disait-on, un jouet hygiénique qui permettait de développer non seulement les muscles des jambes, par le jeu de la direction aux pieds, mais aussi ceux des bras.

Un excellent modèle à chaînes, réalisé par M. Roullot, (34, Bvd de l'Ouest, au Raincy) eut droit aux élo-

Pedal cars were exceptional toys that few children were lucky enough to own. Having been one of those priveleged children myself, I must own up that I was no great admirer of the 1930-32 Eureka my parents bought me, because the wheels were too thin and cut tracks in the ground. I could only drive properly on cemented surfaces. This irritating detail, of which many children complained, made me dream of owning a larger, Bugatti-type Eureka pedal car, with big tyres, which I saw for the first time at Mers-les-Bains in the hands of another child on the beach.

This racing car had an imitation throttle-control lever on the steering wheel, to which I attached a great deal of importance. I was envious of that child, but I wasn't brave enough to assert the desire I had for such a car when I saw one later, with my grandfather, in the toy department of Mestre et Blatgé, avenue de la Grande-Armée, Paris (now closed down). There were two types available in 1932-34: one for 775, the other for 925 francs.

My grandfather was wealthy and generous and it would have been enough for me to have told him I liked the car for him to get the idea of buying it for me. I regretted my timidity all through the following holidays while driving the little Eureka, whose wheels continued to get stuck in the ground.

The older pedal cars, fitted with very thin wheels, all suffered from this same defect.

Between 1890 and 1918, bodies for these cars would be made of wood, cardboard, wicker or metal. Metal cars would have imitation-leather interiors and a hand-operated brake, controlled with a lever, acting on the axle via a leather strap.

The brake handle would be outside the body, on one side. The really de luxe models also had lamps and horn, mudguards, inflatable tyres (very rare indeed), and a pedal-wheel for chain drive via a sprocket on the rear axle. Other cars had the pedals linked to a crankshaft-style rear axle, as did the "auto-rameurs" (carts powered by hand using two levers in a rowing motion).

The "auto-rameur", it was said, promoted muscle development not only of the legs (since steering was done by the feet), but also of the arms.

An excellent chain-drive model produced by M. Roullot (at 34, Bvd de l'Ouest, Raincy) received the following praise from the editor responsible for writing an account of the results of the 1906 toy-of-the-year competition:

M. Roullot has built a car functioning by means of a lever moved in a rowing motion. The to-and-fro movement thus produced is transformed into circular

ges du rédacteur chargé de rendre compte des résultats du concours des jouets de l'année 1906:
M. Roullot a construit une voiture qui fonctionne au moyen d'un levier qu'on actionne en faisant les gestes du rameur. Le mouvement de va-et-vient ainsi produit est transformé en mouvement circulaire, non au moyen de bielles et de manivelles, comme cela se fait d'ordinaire, mais au moyen de chaînes qui s'enroulent et se déroulent sur des pignons à cliquets, analogues à ceux des bicyclettes à roue libre.
Il en résulte une très grande douceur et une sûreté de mise en marche qui permet même à de très jeunes enfants de se servir de la voiture. La direction est donnée au moyen des pieds reposant sur l'axe des deux roues d'avant qui peuvent prendre une certaine inclinaison.
Toujours en 1906, un modèle, nommé «l'Autorame», fut une des vedettes du Concours Lépine. On le commenta ainsi dans le répertoire C.V.N.C. de E. Mathieu:
Cette voiture est certainement l'un des clous de cette année; nous pouvons dire aisément et sans crainte beaucoup de bien de ce grand et beau jouet qui conviendra aussi bien aux grands garçonnets qu'aux fillettes de 3 à 10 ans.
Cette voiture, qui affecte la forme d'une auto, puisque c'est le véhicule du jour, se nomme aussi «l'Autorame», pour la raison bien simple que le fonctionnement s'opère en ramant. L'enfant, une fois installé dans sa voiture, n'a qu'à saisir le guidon A et, par un mouvement de va-et-vient AH, met en marche sa voiture et lui donne la vitesse qu'il désire d'après l'impulsion plus ou moins forte et rapide; la direction se fait à l'aide des pieds.
Voici un jouet hygiénique pour les enfants. Un moyen de les rendre forts, de développer leur poitrine, d'ouvrir leurs poumons, de leur donner la santé.
L'exercice le plus salutaire pour eux, la voiture pour la promenade, le jouet par excellence, car il réunit l'amusement et la santé.
En faisant le même mouvement que pour ramer, l'enfant met en marche un engrenage qui fait tourner les roues de la voiture. Ce sont les bienfaits de la rame, sans les dangers de l'eau.
Ayant eu un certain goût pour les mini-Bugatti, dans son enfance, le comte Giansanti-Coluzzi s'offrit plus tard un des modèles électriques fabriqués en série, vers 1932, dans les usines de Molsheim*. Et le Comte de souligner que la France, qui était alors un des rares

* Une Bugatti électrique, type course, Grand Prix, valait entre 2 250 F et 5 000 F. Sa durée de marche variait, selon les modèles, entre 3 et 4 heures et sa vitesse était de 15 à 18 km/h.

motion not by means of cranks, as is normally the case, but by means of chains winding and unwinding on ratcheted sprocket wheels just like those on free-wheel bicycles.
The result is extreme smoothness and unerringness of operation allowing even very young children to drive the car. Steering is by means of placing the feet on the pivoting axle of the two front wheels.
Still in 1906, a model called "L'Autorame" was one of the stars of the Concours Lépine. It was described as follows in the E. Mathieu CVNC catalogue:
This car is certainly one of the stars of the year; we could easily say, without fear, a great deal about this large and beautiful toy, which will suit 3- to 10-year-old boys and girls equally well.
This cart, in the shape of an automobile, since this is the vehicle of the moment, is called the "Autorame" ["self-" or "car-rower"] for the simple reason that it works by rowing. The child, once in the car, only has to grip handle A, and with a to-and-fro movement (AH) drive off, setting the required speed by harder or softer, quicker or slower movements. Steering is with the feet.
This is a healthy toy for children. A means of making them strong, developing the chest, opening the lungs, and keeping them hale.
The most beneficial exercise for them is driving around in such a car, the best toy of all, since it combines pleasure with health.
By making the same movement as a rower, the child powers the gearing that turns the wheels of the car. This gives the benefits of rowing without the danger of water.
As a boy Count Giansanti-Coluzzi had always had his eyes on a mini-Bugatti, but it was only later that he bought himself one of the Molsheim production-line electric models, made in around 1932.* The Count stresses that France, one of the few countries where such marvels were made, had by this time regained its lead in the world of toys from Germany. To back up this theory, he mentions also the JEPs and Citroëns, and the electric Citroënette a child could ride in.
Antonio Giansanti-Coluzzi likes these "super-toys", but finds them, unfortunately, too big to have many in the house. Obviously, he says, this is prejudicial to their remaining on the market, since nearly all collectors are limited by the same constraint. And yet most of these toys deserve a better fate than to end their days in the rubbish dump or a scrap yard!

* A Grand Prix racing-type electric Bugatti cost between 2250 and 5000 francs. It could drive, without stopping, for between 3 and 4 hours at between 9 and 11 mph, according to the model.

pays à fabriquer de telles merveilles, reprit à l'Allemagne le label de qualité dans le domaine du jouet. Il cite d'autres modèles à l'appui de cette affirmation, les JEP, les Citroën et la Citroënette électrique, à bord desquelles un enfant pouvait monter.
Antonio Giansanti-Coluzzi aime les «super-jouets», mais il les trouve, hélas, trop encombrants pour en avoir beaucoup chez lui. Il pense, bien évidemment, que ce détail est préjudiciable à leur sauvegarde, sachant que la presque totalité des collectionneurs de jouets automobiles se trouvent en proie aux mêmes contraintes. Pourtant, beaucoup de ces jouets mériteraient mieux que de finir à la décharge publique, ou chez les ferrailleurs!
Le Comte imagine sans peine le plaisir des enfants qui se sont amusés avec de si belles autos, en particulier avec les 5 CV Trèfle, qu'il voyait évoluer dans sa jeunesse à Cannes, sur la Croisette.
C'est peut-être pour cette raison qu'il acheta, plus tard, sous le couvert de la collection, une 5 CV Citroën, puis une C6 électrique et la Bugatti.
De telles voitures équipées de moteurs électriques ne furent pas les premières à circuler dans les allées des parcs et des jardins d'autrefois. Construites à l'unité ou en très petite série, elles fonctionnaient à l'électricité ou au pétrole, comme cette voiturette à deux places en tandem de Southsea (Angleterre) ou ce cabriolet qui fut offert au prince Olaf de Suède par la reine Alexandra.
J'ai relevé, dans un numéro de la revue *La Nature* de 1912, la description d'une automobile pour enfant, à moteur à pétrole, qui se fabriquait à la commande par M. Kaufmann, 69, rue Campans, à Paris:
A l'époque où les autos commencèrent à parcourir les grandes routes, plusieurs inventeurs imaginèrent des voitures dont la carrosserie rappelait celle des grandes automobiles, mais qui étaient actionnées par les jambes. Le désir de faire mieux a tenté un inventeur persévérant, M. Kaufmann, qui a construit, pour les petits, un vrai teuf-teuf avec moteur à essence.
La voiture a deux mètres de longueur; elle est à deux places et spider sur la pointe de course arrière. Le capot abrite le moteur, monocylindrique, à ailettes de 3/4 de CV, vrai petit bijou très robuste et d'un fonctionnement très régulier. La distribution a été établie pour faciliter la mise en marche qui incombe à l'enfant, éviter l'échauffement et donner une bonne souplesse. Il est vrai que la consommation s'en ressent quelque peu, mais l'enfant qui a son auto n'y regarde pas de si près, et son papa encore moins. Le carburateur automatique à gicleur est situé au-dessus du moteur pour le réchauffage; il aspire directement dans

The Count finds it easy to imagine the pleasure children had with such fine cars, in particular with the 5 CV Trèfle he saw as a boy being driven along the Croisette in Cannes.
This was perhaps the reason behind his later purchase, in the name of collecting, of a 5 CV Citroën, then an electric C6, and the Bugatti.

Such cars were not the most commonly found toys in the streets, parks and gardens of yesteryear. They would be built as one-off jobs or in small series. The motor could be either electric or internal combustion; petrol was the fuel for the tandem two-seater built in Southsea in England, and the convertible presented by Queen Alexandra to young Prince Olaf of Sweden.
I found the following description of a petrol-engined car for children, made to order by M. Kaufmann at 69, rue Campans, Paris, in a 1912 issue of *La Nature* magazine:
At the time when cars first started to drive along the great highways, many inventors dreamed up cars with bodywork recalling that of the de luxe automobiles but which could be powered by the legs. The desire to do better has tempted one persevering inventor, M. Kaufmann, to construct a real petrol-engined car for children.
The car is over 6 feet long; it is a two-seater with a dicky-seat in the boat tail. The 3/4 CV, fan-cooled, single cylinder engine, a real gem, sturdily built and functioning very steadily, is under the bonnet. The whole is set up to facilitate the child-driver's task, prevent overheating and give good flexibility. It is true

le réservoir qui contient une quantité d'essence suffisante pour trois heures de marche. L'allumage se fait par piles sèches et bobine d'induction et sa distribution est assurée par le poussoir de soupape qui ne provoque le contact que pendant un instant, laissant ainsi à la pile une durée indéfinie. Ce poussoir remplit en même temps les fonctions de régulateur. L'embrayage est progressif et le pont arrière, à vis sans fin irreversible commandant une roue hélicoïdale enfermée, ainsi que la vis, dans un carter rempli de graisse. L'entraînement se fait par la roue arrière droite. L'essieu porte deux tambours sur lesquels agissent deux lames de frein commandées l'une par une pédale, l'autre par un levier à main.

Le modèle exposé est à roues en bois avec bandage en fer, mais on peut aisément remplacer ces roues par d'autres munies de pneumatiques.

Cette petite voiture peut être, sans aucune crainte, confiée à des enfants de 10 à 15 ans. La vitesse prévue est de 4 kilomètres seulement et elle ne peut être dépassée, même dans les descentes, grâce à la combinaison du régulateur de moteur et du pont arrière irreversible qui évite l'entraînement de la voiture par son propre poids. Les pédales de frein et d'embrayage sont disposées de telle sorte qu'il est nécessaire d'appuyer sur elles avec les pieds pour avancer. Si l'enfant aperçoit un obstacle ou s'il prend peur, il lève instinctivement un pied ou l'autre et provoque ainsi l'arrêt de sa voiture. Enfin, il n'existe aucune difficulté de conduite: pas de changement de vitesse, pas de manettes à manœuvrer; le régulateur et le carburateur automatique font le nécessaire.

Ce beau jouet n'est malheureusement pas à la portée de toutes les bourses (l'inventeur l'établit pour 900 F), il fera les délices des enfants ayant un parc à leur disposition. La voiture aurait également beaucoup de succès sur les plages et dans tous les lieux où les attractions les plus pittoresques sont recherchées. Les antédiluviennes voitures à chèvres des Champs-Elysées devront bientôt céder la place aux automobiles plus modernes et combien plus attrayantes!

Walter Störchli s'intéresse également aux voitures pour enfants, mais il n'en possède que deux (à pédales) en raison de la place qu'elles occupent. Il aimerait pouvoir les «réduire», afin d'en posséder davantage, car il estime que ces jouets témoignent souvent d'un grand intérêt technique et qu'ils se rapprochent plus que les petits modèles des véritables autos.

Peter Ottenheimer n'est pas attiré par ces monstres à l'exception d'une voiture de course anglaise, fabriquée entre les deux guerres, dont il garde un excellent souvenir. Cette auto possédait deux roues de secours et

that this has its effect on fuel consumption, but the child owner will not worry too much about that, and his father still less. The automatic carburetter is placed above the motor for heating; it takes fuel directly from the tank, which holds enough petrol for three hours driving. The ignition system uses dry batteries and an induction coil; distribution is controlled by a push-rod contact breaker, so that the life of the batteries is almost indefinite. This push-rod is also used to control the governor. Transmission is through a friction clutch to the rear axle, where a worm and helical gear, movable in only one direction, are enclosed in a grease-filled housing, driving the right wheel. The axle bears two drums upon which act two brake shoes, one controlled with a foot-pedal, the other with a hand lever.

The demonstration model has wooden wheels with metal rims, but wheels with pneumatic tyres could easily be substituted.

This miniature car might be given to any child from 10 to 15 years old without worry. Top speed is only 2.5 mph and cannot be exceeded, even downhill, thanks to the one-way rear axle gearing, preventing the car being powered by its own weight. The brake and other control pedals are set up in such a way that pressure on them is needed for the car to move at all. If the child sees an obstacle or panics, the instinctive reaction is to lift one or the other foot, which thus stops the car. There is therefore no difficulty whatsoever in driving the car: no changing gear, no handles to manipulate; the automatic carburetter and the governor do everything necessary.

This fine toy is unfortunately not within the reach of everyone's budget (the inventor prices it at 900 francs); it would be the delight of children having a private park to play in. The car should also have great success on the beach and wherever colourful attractions are sought. The prehistoric goat-drawn carriages in the Champs-Elysées should soon make way for more modern and more attractive automobiles!

Walter Störchli is also interested in cars for children, but he only has two, pedal-powered examples because of the space they take up. He would like to be able to "shrink" them so that he could have more, since he considers these toys as often being of great technical interest and as being closer to real cars than are the scale models.

Peter Ottenheimer is not attracted by these "monsters" except for one British racing car of 1918-1939 manufacture of which he has fond memories. This car had two spare wheels and a bon-

un capot en aluminium qui lui donnait un air de Rolls.
Jean Alsac, dont la collection de jouets automobiles français est si variée, ne possède qu'une seule voiture à pédales, parce qu'il n'eut que très rarement l'occasion d'en trouver au cours de ses recherches.
Son grand regret est de ne pas avoir pu acheter la 5 CV à pédales qu'il vit rouler sur la Côte d'Azur, il y a quelques années: l'enfant qui la massacrait ne voulut pas lui donner l'adresse de ses parents, à qui Jean Alsac envisageait, en bon Samaritain du jouet, d'acheter le modèle pour le sauver. Mais comme le veut la règle du jeu, la 5 CV, restée dans les mains de son jeune bourreau, subit le destin cruel qui est souvent celui des jouets!

net in aluminium that made it somewhat reminiscent of a Rolls-Royce.
Jean Alsac, whose collection of French car toys is so varied, only has one pedal-car, since he only very rarely comes across them.
His greatest regret lies in not having bought a 5 CV pedal-car he saw on the Côte d'Azur some years ago. The child who was in the act of massacring it would not give his address: Jean Alsac, ever a Good Samaritan of toys, had had the idea of buying the model from the child's parents to save it. But, as the rules of the game would have it, the 5 CV, left in the hands of its young executioner, suffered the cruel fate that lies in store for so many toys.

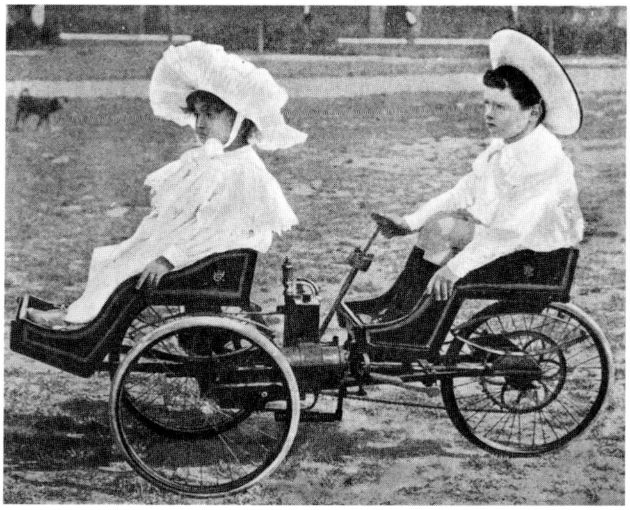

Cette voiturette électrique à trois roues à été réalisée en 1902 par un constructeur d'automobiles de Southsea en Angleterre. Elle pouvait atteindre une vitesse de 16 km/h.

This electric, children's three-wheeler was made in 1902 in Southsea, England, by a manufacturer of full size vehicles. Top speed was just under 10 mph.

La reine Alexandra, épouse d'Edouard VII, offrit au jeune prince Olaf de Suède un cabriolet à démarreur électrique. On put le voir circuler durant ses essais dans les rues de Londres.

A present from Queen Alexandra, Edward VII's wife, to young Prince Olaf of Sweden: a convertible with internal combustion engine and electric starter motor. The photo was taken during trials in London.

Chariot autorame au catalogue d'un magasin français. La description précise: «fonctionnant avec les bras».

"Autorame" in a French shop catalogue. The description tells us that is was "worked with the arms".

«L'Autorame»: ce «jouet hygiénique pour enfant» fut l'un des clous du Concours Lépine de 1909. Il était vendu 29 F avec roues en fer et 35 F avec roues caoutchoutées.

"L'Autorame", described as "a healthy toy for children", was one of the stars of the show at the 1909 *Concours Lépine*. It cost 29 francs with iron wheels, or 35 francs with rubber tyres.

◅ Auto-skiff fabriqué en Allemagne par Maisch-Sportwagen. Il mesure 120 cm. A noter le frein par levier sur une roue arrière.

"Auto-skiff" by the German firm, Maisch-Sportwagen, just under 4 feet long. Note the brake handle, connected to the rear wheel.

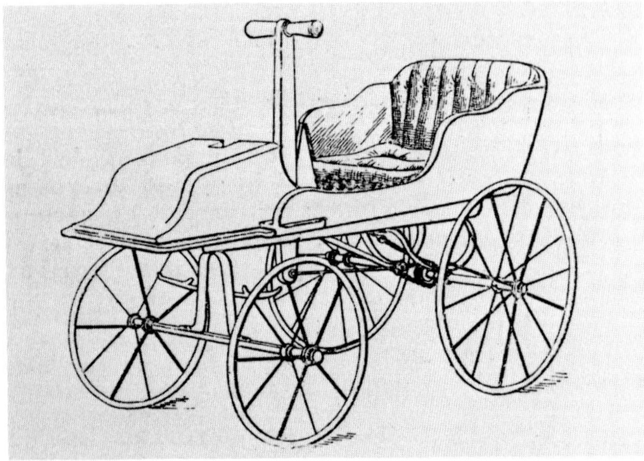

«Auto-rameur» de M. Roullot tel qu'il était illustré dans la revue scientifique *La Nature*.

"Auto-rameur", a car driven by a rowing motion, as illustrated in French scientific magazine *La Nature*.

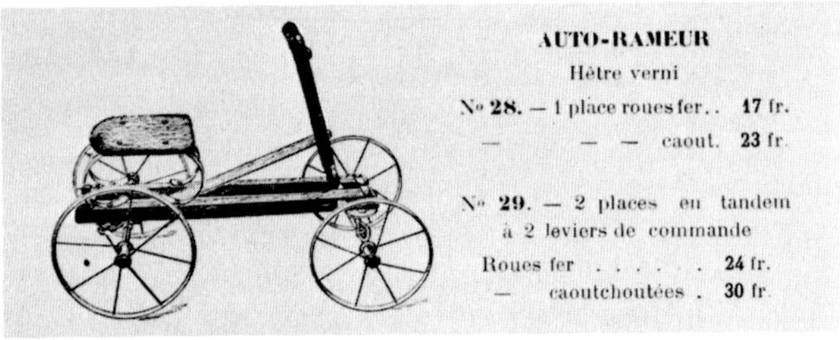

AUTO-RAMEUR

Hêtre verni

Nº **28.** — 1 place roues fer. . **17** fr.

— — — caout. **23** fr.

Nº **29.** — 2 places en tandem à 2 leviers de commande

Roues fer . . . . . . **24** fr.

— caoutchoutées . **30** fr.

«Auto-rameur» en bois vendu par F. Sevette (France). Il existait également un modèle à deux places.

Wooden "Auto-rameur" sold by F. Sevette in France. A tandem version was also available.

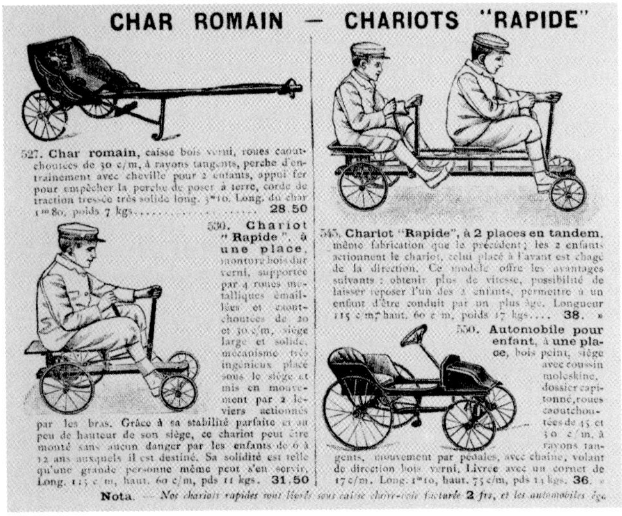

CHAR ROMAIN — CHARIOTS "RAPIDE"

527. **Char romain,** caisse bois verni, roues caoutchoutées de 30 c/m, à rayons tangents, perche d'entraînement avec cheville pour 2 enfants, appui fer pour empêcher la perche de poser à terre, corde de traction tressée très solide long. 3m10. Long. du char 1m80, poids 7 kgs. **28.50**

530. **Chariot "Rapide", à une place,** monture bois dur verni, supportée par 4 roues métalliques émaillées et caoutchoutées de 20 et 30 c/m, siège large et solide, mécanisme très ingénieux placé sous le siège et mis en mouvement par 2 leviers actionnés par les bras. Grâce à sa stabilité parfaite et au peu de hauteur de son siège, ce chariot peut être monté sans aucun danger par les enfants de 6 à 12 ans auxquels il est destiné. Sa solidité est telle qu'une grande personne même peut s'en servir. Long. 115 c/m, haut. 60 c/m, pds 11 kgs. **31.50**

545. **Chariot "Rapide", à 2 places en tandem,** même fabrication que le précédent; les 2 enfants actionnent le chariot, celui placé à l'avant est chagé de la direction. Ce modèle offre les avantages suivants : obtenir plus de vitesse, possibilité de laisser reposer l'un des 2 enfants, permettre à un enfant d'être conduit par un plus âgé. Longueur 115 c/m, haut. 60 c/m, poids 17 kgs. . . . **38.** »

550. **Automobile pour enfant, à une place,** bois peint, siège avec coussin moleskine, dossier capitonné, roues caoutchoutées de 45 et 30 c/m, à rayons tangents, mouvement par pédales, avec chaîne, volant de direction bois verni. Livrée avec un cornet de 17 c/m. Long. 1m10, haut. 75 c/m, pds 14 kgs. **36.** »

Nota. — *Nos chariots rapides sont livrés sous caisse claire-voie facturé* **2** *frs, et les automobiles éga*

Extrait du catalogue de la Manufacture des Armes et Cycles de St. Etienne, édition de 1912.

Extract from the 1912 catalogue of the Manufacture des Armes et Cycles de St. Etienne.

Comme une vraie... Et il s'agit en effet d'une voiture à moteur à essence de construction anglaise, de grande taille puisqu'elle permet au jeune chauffeur d'emmener sa petite amie confortablement installée sur la banquette arrière.

Just like the real thing... This British-made car had an internal combustion engine and plenty of room for the girlfriend in the back.

Auto à pédales Renault type A.C.F. Elle est en métal peint en jaune avec filets rouges. Elle est équipée de quatre lanternes et de deux trompes en cuivre. Elle mesure 160 cm.

Renault ACF-type pedal car, in metal, painted yellow with red trim lines, with four lamps and two horns in copper. Length is 5 feet 3 inches.

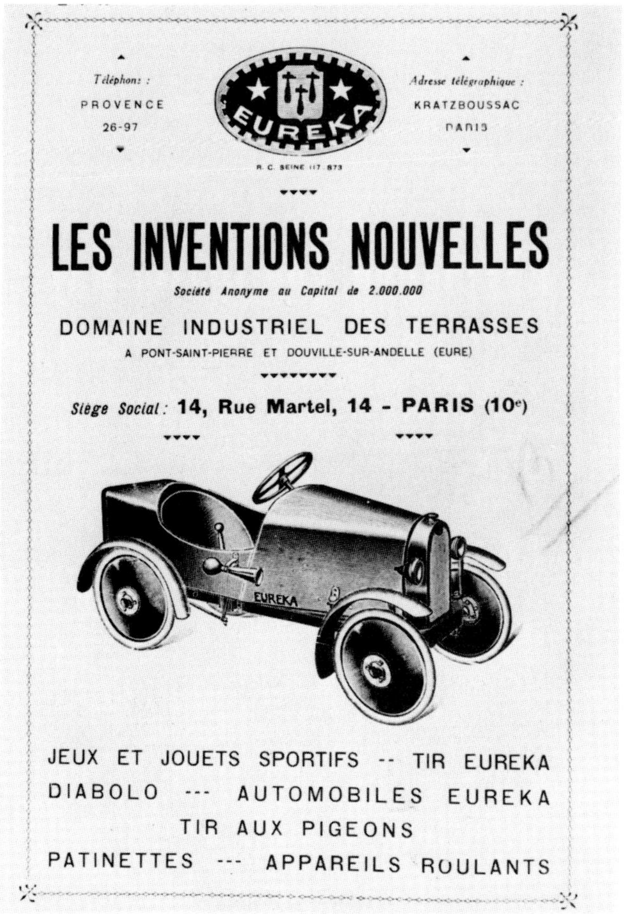

Jac Remise (à gauche), à côté de son frère Georges, au volant d'une voiture à pédales de marque Eureka, dans le jardin de la maison de leur grand-père à Villeneuvotte en 1931. Les Eureka étaient fabriquées par la société Les Inventions Nouvelles, spécialisée comme l'indiquait son catalogue dans les jeux et jouets sportifs. Ce modèle-ci possédait un siège réglable, un éclairage électrique, un frein à main, un capot amovible et une trompe. Le radiateur avait un petit air Bugatti.

Jac Remise (on the left) and brother Georges, driving Eureka pedal cars in their grandfather's garden, in Villeneuvotte, 1931. Eurekas were made by Les Inventions Nouvelles ("New Inventions"), which specialized in games, sports and toys, as the catalogue extract says. This particular model had an adjustable seat, electric lighting, a handbrake, removable bonnet, and a horn. Note the Bugatti-style radiator.

Cette Bugatti électrique, construite en 1926 aux usines de Molsheim, pouvait rouler à 20 km/h. Coll. Giansanti-Coluzzi.

This electric Bugatti, built in 1926 at the Molsheim works, could drive at 12.4 mph. (A. Giansanti-Coluzzi collection)

Une Citroën 5 CV Trèfle échouée sur un manège parisien, en 1967.

Citroën 5 CV Trèfle anchored to a merry-go-round in Paris, France, seen in 1967.

Renault 6 CV à pédales fabriquée en France en 1923. Elle est en bois et métal, peinte en vert olive, et mesure 140 cm.

Renault 6 CV pedal car, made in France in 1923. Part wood, part metal, and painted in olive green, the car is 4 feet 7 inches long.

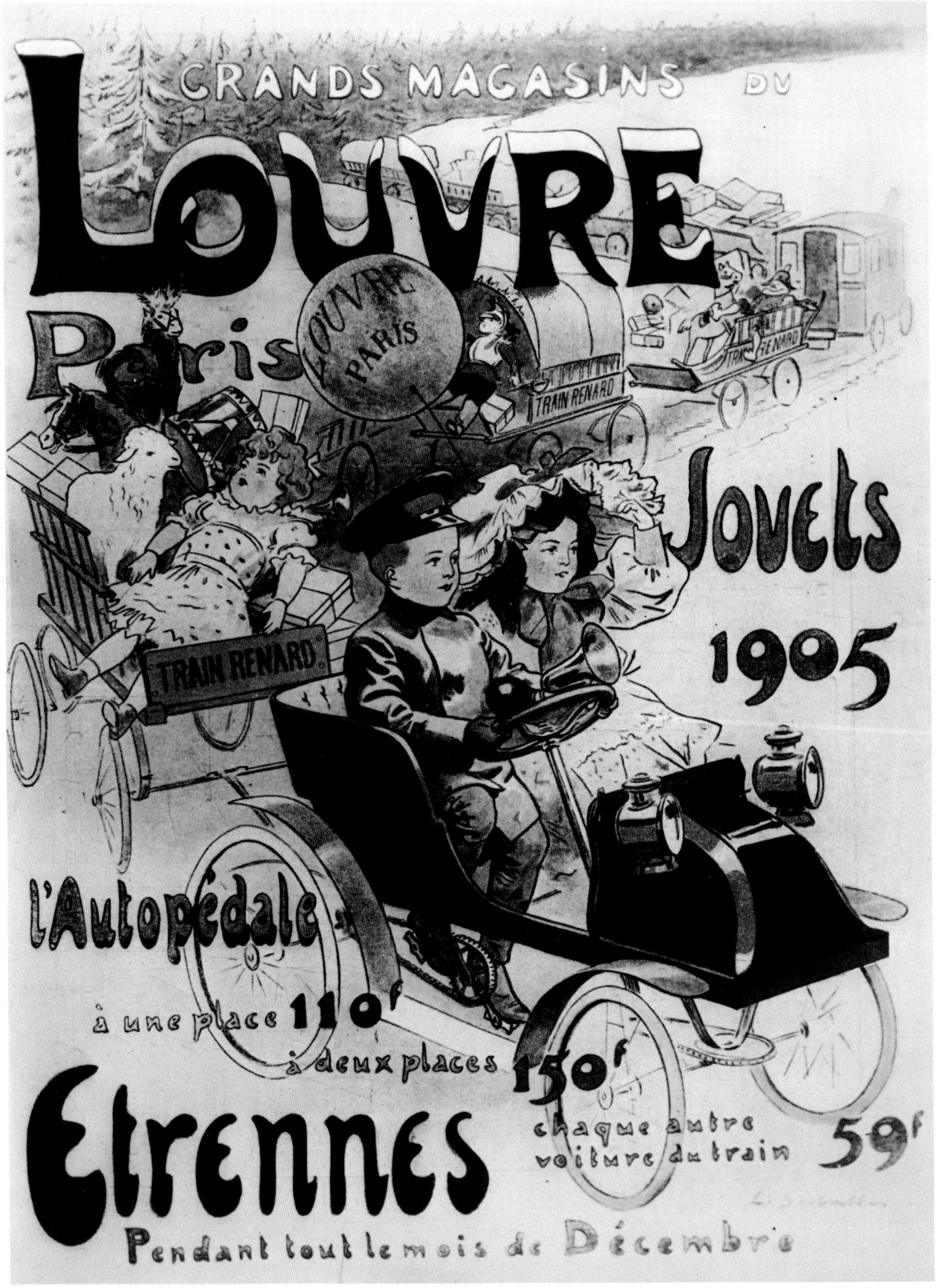
GRANDS MAGASINS DU
LOUVRE
Paris
LOUVRE PARIS
TRAIN RENARD
TRAIN RENARD
TRAIN RENARD
Jouets
1905
l'Autopédale
à une place 110f
à deux places 150f
Etrennes
chaque autre voiture du train 59f
Pendant tout le mois de Décembre

Cinq pages au catalogue F. Sevette (France). Le modèle le plus simple, «auto pour bébé», est vendu 30 F. Le modèle le plus élaboré, «auto-tandem No. 66», coûte 200 F. ▷

Five pages from the F. Sevette (France) catalogue. The simplest model, a "car for babies", cost 30 francs; at the other end of the scale, the covered tandem cost 200 francs.

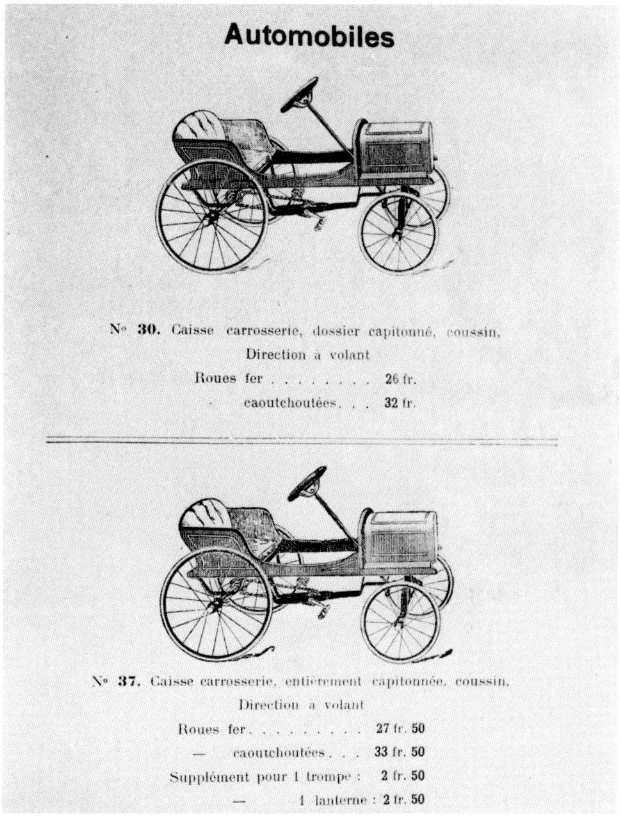

Auto à pédales F. Sevette (France) à carrosserie forme runabout (photo d'époque).

Runabout-bodied pedal car by the French firm, F. Sevette, in a contemporary photograph.

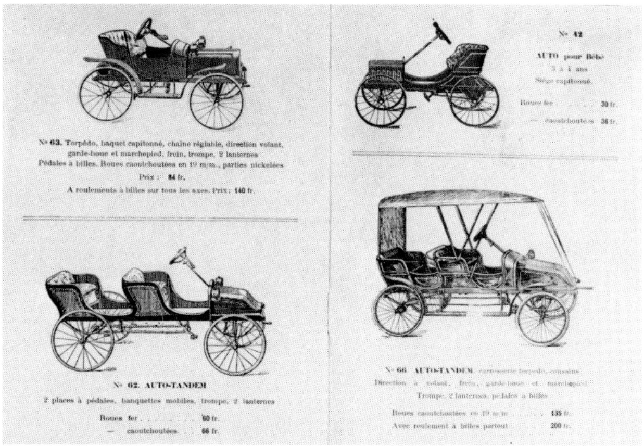

Grand choix d'autos à pédales aux *Grands Magasins du Louvre*. La plus luxueuse est une torpédo à deux places qui coûte 225 F.

Large selection of pedal cars on sale in the *Grands Magasins du Louvre* in Paris, France. Top of the line was a two-seater torpedo at 225 francs.

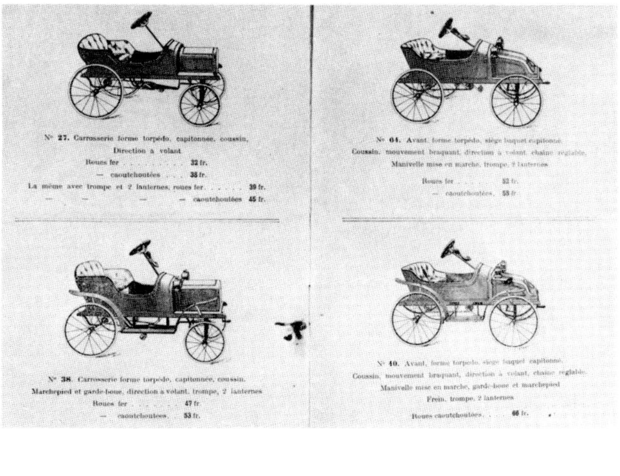

◁ Couverture du catalogue 1905 des *Grands Magasins du Louvre* à Paris. «L'Autopédale» à une place est annoncée à 110 F, celle à deux places à 150 F et chaque voiture du train Renard 59 F.

Cover of the 1905 catalogue of the *Grands Magasins du Louvre* in Paris, France. A single-seater "Autopédale" cost 110 francs; the two-seater version was 150 francs, and each trailer cost 59 francs.

Jac Remise s'installe pour la première fois dans une voiture à pédales. Sur le capot, son frère Georges. La photo a été prise à Mers-les-Bains en 1930. A noter la tringlerie du pédalier et le système de serrage du frein à main, agissant sur le moyeu de la roue arrière droite.

Jac Remise in a pedal-car driving seat for the first time, with brother Georges on the bonnet, at Mers-les-Bains, France, in 1930. Note the handbrake acting on the rear right wheel hub.

Auto à pédales de fabrication française (photo d'époque): siège baquet capitonné, roues en fer sans bandages, direction par le volant.

Contemporary photograph of a French pedal car with upholstered bucket seat, spoked iron-rimmed wheels, and functional steering wheel.

Ces deux enfants, de 9 et 11 ans, ont pris place à bord de cette voiture de 3,5 CV de construction française. La photo a été faite dans le département de l'Allier. Elle est extraite d'une publication d'époque qui ne nous en dit pas plus. ▷

Two children, 9 and 11 years, off for a drive in a French 3.5 CV; extract from a contemporary publication, which gives no further details except that the shot was taken in the Allier *département* in central France.

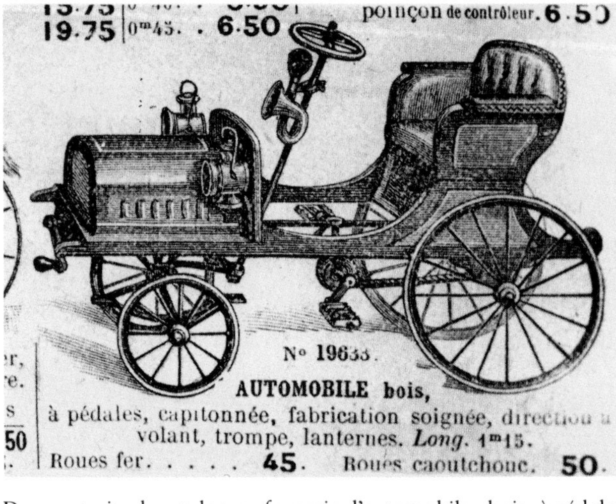

Deux extraits de catalogues français: l'automobile «bois, à pédales, capitonnée, fabrication soignée, direction à volant, trompe, lanternes» est longue de 115 cm. Elle coûte 45 F avec roues fer ou 50 avec roues caoutchoutées. Le second modèle «mécanique, pour enfants de 6 à 10 ans» est vendu 20 F de plus.

Two French catalogue extracts: the car "in wood, with pedals, upholstered, fine workmanship, functional steering wheel, horn, and lamps" was 3 feet 9 inches long and cost 45 francs with iron wheels or 50 francs with rubber tyres. The second was "mechanical, for children aged 6 to 10 years" and cost 20 francs more.

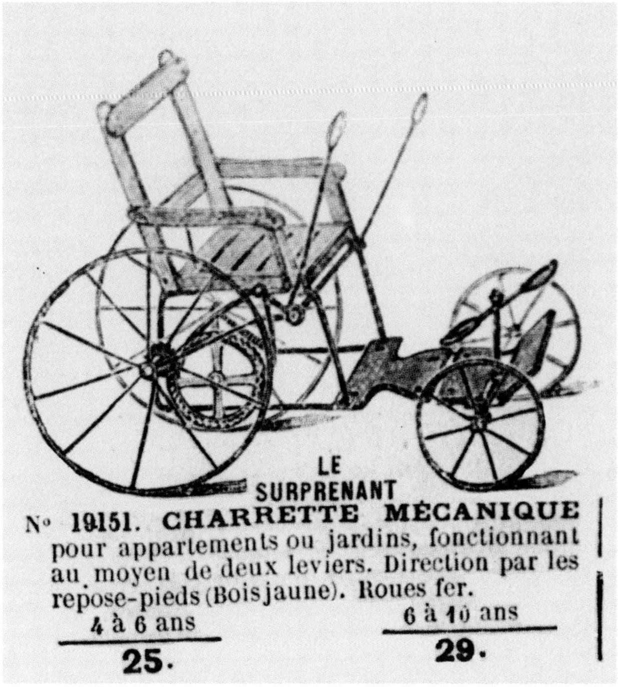

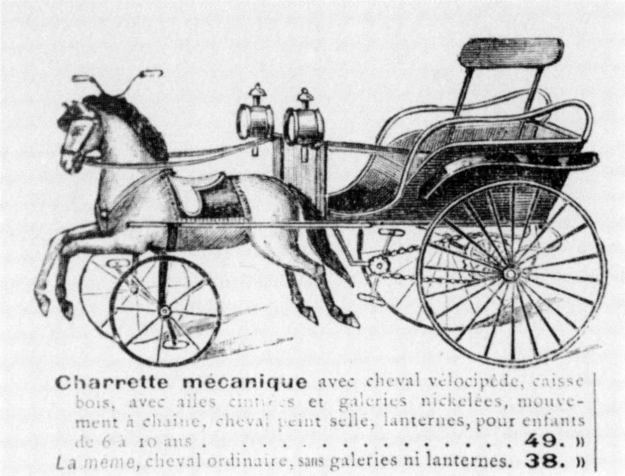

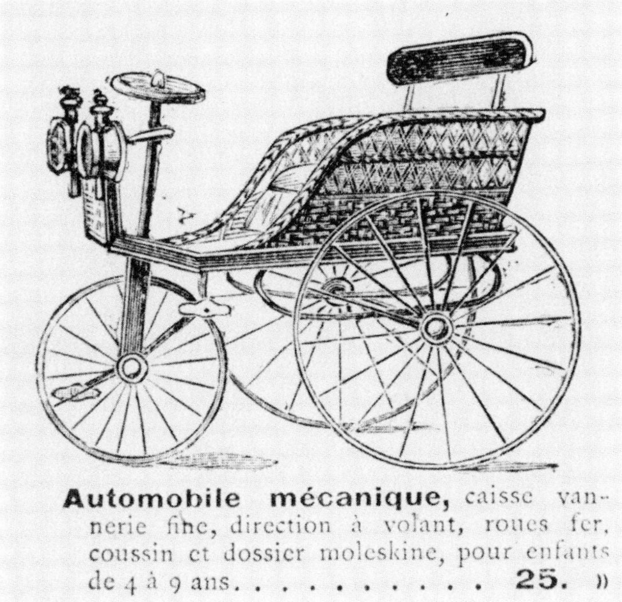

Divers modèles de véhicules à pédales figurant aux catalogues de magasins français: une charrette mécanique avec cheval vélocpiède; «Le Surprenant» charrette mécanique fonctionnant au moyen de deux leviers avec direction par repose-pieds; automobile pour enfants de 6 à 10 ans avec mouvement à chaîne; automobile mécanique pour enfants de 4 à 9 ans avec pédalier monté sur la roue directrice.

Assorted pedal cars featured in French retailers' catalogues: a tandem horse and cart; "Le Surprenant" ("The surprising"), driven by two hand levers and steered with the feet; a runabout with chain drive for 6 to 10 year olds; and a three wheeler for the 4- to 9-year age group with the pedals driving the front wheel directly.

Les jouets Georges Carette

Georges Carette

Les automobiles du fabricant Georges Carette sont de gracieux «classiques», devant lesquels on ne peut rester insensible.
Créée en 1886, à Nuremberg, la société Carette employait durant sa période florissante (1905 à 1914) plus de 400 personnes.
Grâce aux catalogues réédités et aux jouets de collection, on peut dire que nous connaissons aujourd'hui toutes les automobiles qui ont été fabriquées dans l'usine de Nuremberg.
En revanche, nous continuons à ignorer certains points d'histoire relatifs à la vie personnelle et professionnelle de ce constructeur allemand... qui était de nationalité française (c'est pour cette raison qu'à la déclaration de la guerre de 1914, il cessa de diriger l'entreprise qui portait son nom et qu'il regagna la France, où s'écoula le reste de son existence).
En avril 1982, ayant eu la chance de rencontrer sa petite-fille, Mme Elisabeth-Pauline Warren, il me fut possible d'obtenir des informations inédites sur Georges Carette.
Madame Warren vit en France, près de Creil (Oise), non loin de la maison dans laquelle son grand-père passa la fin de sa vie*. Elle ne possède, hélas, aucun jouet commercial Carette, mais deux jouets que son grand-père réalisa spécialement pour sa fille (la mère de Mme Warren): une cuisine miniature, avec tous ses accessoires, et un guignol, comportant une série de décors et des marionnettes. Elle se souvient avec nostalgie de la cuisine, dans laquelle elle préparait des plats pour ses poupées...
Avec sa sœur Gertrude, Mme Warren réunit sur son grand-père des documents inédits, qu'elle m'autorisa aimablement à reproduire, pour faire connaître les grandes lignes de la vie de ses ancêtres.
Né à Paris, le 16 juillet 1862 (à midi), 36, rue du Temple, Louis, Henri, Georges Carette était le fils d'un Français, Théodule, Charles Carette et d'une Allemande, Babet Engelschein.
Ayant rejoint la famille de sa mère en Allemagne, après la guerre franco-allemande de 1870, Georges Carette apprit l'allemand et entra, à dix-sept ans, chez les frères Bing, pour effectuer un stage de deux ans (d'avril 1879 à avril 1881). Quand il quitta la société Bing, après être passé de la condition d'apprenti au grade de «commis», il reçut un excellent certificat, stipulant qu'il avait donné entière satisfaction dans son travail. Les frères Bing précisaient qu'ils avaient remarqué ses aptitudes professionnelles et apprécié son esprit inventif. Ils ajoutaient qu'il s'était brillam-

* Il vécut de 1934 à sa mort (1954) rue des Cascades, à Chantilly.

Georges Carette toys are graceful classics bound to have a strong appeal to everyone.
The firm of Carette was founded in Nuremberg in 1886 and, in its most flourishing period (1905-1914), employed more than 400 people.
Thanks to facsimile editions of the catalogues, and the toys in collections, we can safely say that we have a complete list of all the toys produced in the Nuremberg factory.
On the other hand, we still do not know certain details of the manufacturer's personal and professional life. Georges Carette was French, although the firm was German (which was why he ceased to direct the firm that bore his name on the declaration of war in 1914, and returned to his native country, where he remained for the rest of his life).
I had the opportunity to meet his granddaughter, Mme Elisabeth-Pauline Warren, in April 1982, and obtained some details from her that have never before been published.
Mme Warren lives in France, near Creil, Oise, not far from the house where her grandfather spent the latter part of his life.* She has no commercially produced Carette toys, more's the pity, but she does have two toys Carette made specially for his daughter (Mme Carette's mother): a miniature kitchen, with full accessories, and a puppet theatre, with various pieces of scenery and puppets. She fondly remembers playing with that kitchen, in which she used to prepare meals for her dolls.
With her sister Gertrude, Mme Warren has collected several previously unpublished photographs and documents, which she graciously allowed me to reproduce here by way of making better known the outlines of her grandfather's life.
Born in Paris on 16 July 1862 (at noon), 36, rue du Temple, Louis Henri Georges Carette was the son of Théodule Charles Carette, a Frenchman, and Babet, née Engelschein, a German.
After rejoining his mother's family in Germany after the Franco-Prussian war of 1870, Georges Carette learned German and, at the age of 17, took up a two-year apprenticeship at Bing (April 1879-April 1881). When he left Bing, after receiving his grading as an "office boy", he was given an excellent reference stating that he had given entire satisfaction in his work. The Bing brothers added that they had noted his professional aptitude and appreciated his inventiveness, and that he had carried out quite brilliantly all the tasks he had been given in widely varying

* He lived in rue des Cascades, in Chantilly (France), from 1934 until his death in 1954.

ment acquitté de toutes les tâches qui lui avaient été confiées dans les domaines les plus variés: bureau d'études, bureau commercial, atelier de fabrication, etc. Les frères Bing ajoutaient même qu'ils regrettaient de voir partir Georges Carette.

Nous ne savons pas exactement ce qu'il fit après son départ de la société Bing, mais on suppose qu'il retourna à Paris aider sa mère, qui s'y trouvait seule depuis la mort de son mari (Mme Carette exerçait la profession de «coucheuse d'or», ou accoucheuse).

Ce retour à Paris corrobore les informations qui me furent données, en 1961, par M. René Lapierre (90 ans), ancien fabricant de lanternes magiques, qui se souvenait avoir reçu Georges Carette dans son usine de Lagny.

René Lapierre* m'expliqua que George Carette lui avait inspiré à la fois de l'estime et une certaine méfiance, car il ne pouvait s'empêcher de craindre qu'il ne fût venu d'Allemagne pour l'«espionner».

Après la guerre de 1870, la concurrence allemande était devenue redoutable pour l'industrie française du jouet, et René Lapierre, héritier d'une affaire familiale qui n'avait jamais connu de rivaux, voyait d'un œil plutôt suspicieux tout spécialiste du jouet arrivant d'Allemagne!

Aucune autre information ne nous permet de dire à l'heure actuelle ce que fit Georges Carette entre 1881, date de son départ de la société Bing, et 1885, date de son retour en Allemagne.

En 1885, donc, il vint s'installer chez sa tante (la sœur de sa mère) qui vivait à Nuremberg depuis son mariage avec un marchand de houblon très fortuné, Sigismond Hopf. C'est à cette époque que sa mère vint le rejoindre, mais elle mourut soudainement, sur la voie publique, quelques temps plus tard. Désormais orphelin, Georges Carette trouva un nouveau foyer chez son oncle et sa tante qui devinrent ses parents nourriciers — le couple Hopf n'avait pas d'enfant légitime —, puis il renoua des relations avec les frères Bing, et créa avec eux et un certain Bloch une société de fabrication d'objets métalliques émaillés.

Mais, en 1886, n'ayant pas réussi à s'entendre vraiment avec ses associés, Georges Carette reprit sa liberté et fonda à Nuremberg, avec un nouveau collaborateur du nom de Josefsthal, et avec l'appui financier de son père nourricier Sigismond Hopf, une fabrique de jouets dont la raison sociale fut *Georges Carette et Compagnie*.

Dès sa création, cette usine produisit des jouets très variés, et notamment beaucoup de lanternes magi-

* Je parlerai plus longuement de René Lapierre dans le tome de cette encyclopédie qui sera consacré aux jouets optiques.

fields: in the design office, in the commercial office, in the workshops etc. The Bing brothers even added that they were sorry to see Georges Carette go.

We do not know exactly what he did after leaving Bing, but it is likely that he returned to Paris to look after his mother, by then a widow, who worked as a midwife.

This return to Paris corroborates the information supplied to me in 1961 by M. René Lapierre (then aged 90), a one-time maker of magic lanterns, who remembered a visit by Georges Carette to his factory in Lagny.

René Lapierre* explained to me that his reaction to Georges Carette was one of esteem mixed with mistrust: he could not help but believe he had only come from Germany to spy on him.

After the Franco-Prussian war, German competition had become a force to reckon with for French industry, and René Lapierre, inheritor of a family business that had never known a rival, was suspicious of any toy specialist who came from Germany!

No other information is available concerning Georges Carette's actions between 1881, the date of his leaving Bing, and 1885, the date of his return to his mother's country, Germany.

In 1885 he went to live with his aunt (his mother's sister), who had lived in Nuremberg since her marriage to a very wealthy hop merchant by the name of Sigismond Hopf. Also at this time his mother came to join them, but she died soon afterwards, suddenly, in the middle of the street. Thus left an orphan, Georges Carette found a new home in his uncle and aunt's house, and they became his foster parents (the Hopfs had no legitimate children). He then renewed his relationship with the Bing brothers, and formed, in collaboration with them and a certain Herr Bloch, a company to manufacture enamelled goods. But in 1886, not having being able to reach full agreement with his associates, Georges Carette took his leave and, with a new partner called Josefsthal and the financial backing of his foster father Sigismond Hopf, formed a toy firm in Nuremberg registered as *Georges Carette & Co.*

Right from the start, the factory produced a great range of toys, particularly magic lanterns. Carette had a small workshop not far from Nuremberg equipped with a forge and carpentry facilities. There was also a water-wheel there, enabling him to grind the glass for his magic lanterns.

* I will speak of René Lapierre at greater length in a future volume of this series devoted to optical toys.

ques. G. Carette disposait, non loin de Nuremberg, d'un petit atelier, équipé d'une forge et d'un matériel de menuiserie, pour fabriquer certaines pièces et des matrices de jouets. Il y avait aussi, dans cet atelier, une roue à aubes qui lui permettait de tailler les verres des lanternes magiques.
Quelques temps plus tard, Georges Carette rencontra à Nuremberg Marguerit Pauline Lederer (fille d'un célèbre brasseur de la ville) qu'il épousa, le 10 avril 1888. Son oncle S. Hopf lui abandonna alors, en guise de cadeau de mariage, les sommes qu'il lui avait avancées pour monter son affaire.
Georges Carette s'occupait autant de la direction commerciale que de la création et de la fabrication des jouets. Débordant d'activité, il était par ailleurs président d'une association qu'il avait fondée pour accueillir les émigés français, et membre de l'Automobile-Club de Nuremberg.
Il n'est pas improbable qu'il fabriqua des modèles inspirés de ses premières voitures — ces tacots, dira-t-il plus tard avec humour, qu'il fallait pousser dans les côtes et freiner dans les descentes!
Vers 1900, la société G. Carette, qui avait acquis une réputation internationale, avait des dépôts de vente en Russie, en Angleterre, en France et en Allemagne, (à Londres, E.C. Finsbury Square 8; à Berlin, S. Ritterstrasse 93; à Hambourg, Hopfenmarkt 1; à Paris, 64 rue de Turenne; à Vienne, Mariahilferstrasse 19/21).
On sait aujourd'hui combien fut intéressante la production de ses usines de Nuremberg, jusqu'à la veille du premier conflit mondial. En 1914, malheureusement, Georges Carette et son épouse se virent contraints de fuir l'Allemagne et de regagner la France.
Entre-temps, le couple avait eu trois enfants: Gounda (la mère de Mme Warren), Jean et Théophile.
Mariée à un Allemand, Gounda, demeurée en Allemagne, fut bouleversée de se voir, comme les autres membres de sa famille, déchirée entre les deux pays. Sur la foi d'une fausse nouvelle, elle crut même que ses parents avaient été fusillés au cours de leur voyage pour regagner la France. Ce n'est que quelques mois plus tard, alors que la guerre faisait rage, qu'elle apprit par la Croix-Rouge que son père et sa mère se trouvaient sains et saufs à Paris, où ils étaient parvenus en passant par la Suisse.
En 1914, Georges Carette n'avait plus l'âge d'être mobilisé. Par contre, ses deux fils le furent dans l'armée française, tandis que son gendre combattait dans l'armée allemande.
Georges Carette s'était installé à Paris, rue du Pont-au-Choux, dans le quartier du Marais. Il gagnait sa vie en fabriquant des perruques de poupées pour un

Some time later, Georges Carette met Marguerit Pauline Lederer (daughter of a celebrated Nuremberg brewer), whom he married on 10 April 1888. His uncle, Sigismond Hopf, then gave him, as a wedding gift, the money he had advanced to put the Carette firm in business.
Georges Carette was as much concerned with the commercial side of the business as with the design and manufacture of the toys. Bursting with energy, he was also president of an association he had founded to receive French immigrants, and was a member of the Nuremberg automobile club. It is not unlikely that some of the firm's toys were inspired by his first cars — those old crocks, he was later to call them, that you had to push uphill and brake downhill!
By about 1900, the firm of G. Carette had built up an international reputation and had depots in Russia, Britain, France, Austria and Germany (in London at 8 Finsbury Square, in Berlin at S. Ritterstrasse 93, in Hamburg at Hopfenmarkt 1, in Paris at 64 rue de Turenne, in Vienna at Mariahilferstrasse 19/21).
Today we are well aware of just how interesting the Nuremberg factory's production was prior to World War I. Unfortunately, in 1914 Georges Carette and his wife were obliged to flee to France.
In the intervening period the couple had had three children: Gounda (Mme Warren's mother), Jean and Théophile.
Gounda, who remained in Germany with her German husband, was heartbroken to see the family thus split between two countries. She was even led to believe by an incorrect piece of news that her parents had been shot on their way to France. It was only several months later, with the war at its height, that she learned from the Red Cross that her parents were safe and sound in Paris, which they had reached via Switzerland.
By 1914 Georges Carette was too old to be called up to fight. But such was not the case for his two sons, who fought for the French army while others of their kin were fighting for Germany.
Georges Carette stayed in Paris at rue Pont-au-Choux, in the Marais *quartier*, earning a living by making wigs and puppets for a certain M. Fabre, owner of a small factory in Gaillac, in the Tarn *département* of southern France.
In 1921, after liquidating his assets in Nuremberg and receiving a certain amount of war damages, 59-year-old Georges Carette retired to a house he had bought in Sucy-en-Brie. He never again attempted to take up any professional activity to do with toys, and never returned to see his old factory.

nommé Fabre, qui tenait une petite fabrique à Gaillac, dans le département du Tarn.
En 1921, après avoir liquidé ses affaires à Nuremberg et touché quelques dommages de guerre, Georges Carette, âgé de 59 ans, achcta une propriété à Sucy-en-Brie pour se retirer. Il ne chercha jamais plus à reprendre une activité dans le jouet, ni même à revoir son ancienne usine.
On comprend que le destin qui avait interrompu si brutalement sa carrière d'industriel l'ait rempli d'amertume.
Georges Carette cessa donc toute activité professionnelle pour se consacrer à ses petits enfants. Madame Warren se souvient des séances de guignol qu'il donnait à leur intention dans de jolis décors. Il se plaisait, dit-elle, à inverser les syllabes des mots de son texte pour les faire rire. Et, toujours ingénieux, il s'était construit lui même un poste de TSF équipé d'une grande antenne.
Il avait un chien qui passait, aux yeux de ses petits enfants, pour un animal exceptionnellement intelligent: par exemple, il venait embrasser l'oreille de son maître quand il lui en donnait l'ordre (en fait, Georges Carette avait dissimulé subrepticement un morceau de sucre derrière son oreille), comme s'il comprenait tout ce qu'on lui disait. Un autre tour consistait à placer un morceau de sucre sur le dessus de la main et à l'envoyer, en tapant celle-ci d'un coup sec avec l'autre main, dans la gueule de l'animal.
Cet homme, qui avait eu l'étoffe d'un industriel, avait retrouvé, auprès de ses enfants, le goût des joies simples et de l'humour.
Mme Warren conserve précieusement un dessin que son grand-père fit en vacances, d'après nature (un paysage), et des petits montages qu'il réalisait avec des morceaux de papier à la façon de Tom Tit*. Il avait toujours les poches pleines de ficelles, de bouts de bois, de carton, de papiers, d'élastiques et de petits outils, pour improviser des jouets, sitôt qu'une idée lui venait à l'esprit.
L'un des rares objets que Georges Carette ait pu rapporter d'Allemagne est un voilier, qu'il avait fait spécialement fabriquer pour le suspendre, comme un exvoto, dans sa maison de Nuremberg. Cette relique a depuis lors trouvé place chez une parente.
Après la Seconde Guerre mondiale, la maison des Hopf, qui avait subi des dommages, fut restaurée pour abriter un centre de rééducation pour aveugles

* Tom Tit (Arthur Good de son vrai nom) publia vers 1900 un certain nombre d'ouvrages de jeux et jouets faciles à réaliser avec des objets usuels: *La science amusante, Les bons Jeudis, Pour amuser les petits,* etc.

It is understandable that fate, which had so brutally interrupted his industrial career, had left him bitter.
Georges Carette thus gave up all professional activity to devote himself to his grandchildren. Madame Warren remembers the puppet shows he used to put on for them, with their fine decorations. He used to like to make the children laugh by mixing up the syllables of the words. As ingenious as ever, he also set up a wireless set with a huge aeriel.
He had a dog which seemed to the children to be extraordinarily intelligent. For example, it would come and nuzzle up against his ear just by being told to (in fact Georges Carette had surreptitiously placed a bit of sugar behind his ear), as though it understood every word he said. Another of his tricks was to place a lump of sugar on the back of his hand and, by hitting this hand sharply with the other, send the sugar straight into the dog's mouth.
The man who had proved himself as a capable industrialist had rediscovered, with his grandchildren on his knee, a taste for humour and simple joys.
Madame Warren carefully preserves a drawing her grandfather once made during a holiday, and a landscape with tiny mountains he built out of pieces of paper, *à la* Tom Tit.* He always had his pockets full of such things as bits of string, pieces of wood, paper and elastic bands, and some small tools for making toys on the spur of the moment if he was struck by a sudden idea.
One of the few objects Georges Carette had been able to take with him from Germany was a model sailing boat he had had specially made to hang, like a votive offering, in his house at Nuremberg. Since then this relic has found a new home in the house of one of the family.
After World War II, the Hopfs' house, which had been damaged, was restored to house a centre for the re-education of the blind, and the gardens were taken over by the city and turned into a public walk called the *Carett'scher Park*.
Georges Carette died in 1954, at the age of 92. He was buried in Rieux, in the *département* of Oise (northern France).
Thanks to the current strong interest in antique toys, his name is not forgotten, but shines burning bright on the Olympus of toy history, in the place reserved for the names of the greatest of the European toymakers.

* Tom Tit (whose real name was Arthur Good) published, in around 1900, a number of books on games and toys that could be easily constructed from everyday objetcs.

tandis que le jardin, transformé par la ville de Nuremberg, est devenu une promenade publique, connue sous le nom de *Carett'scher Park*.
Georges Carette s'éteignit en 1954, à l'âge de 92 ans. Il repose au cimetière de Rieux, dans l'Oise.
Grâce à l'engouement dont les jouets anciens sont aujourd'hui l'objet, son nom, sorti de l'oubli, brille dans l'Olympe de l'histoire du jouet, aux côtés des plus grands constructeurs européens.
Le collectionneur enthousiaste qu'est Walter Störchli, classe les automobiles créées et fabriquées par Georges Carette en deuxième position après celles de Günthermann.
Peter Ottenheimer les situe ex æquo avec les Bing, en quatrième position, après les Günthermann, les Hess et les Lehmann.
Jacques Milet les classe en cinquième position, après les Rossignol, les Günthermann, les Lehmann et les Märklin.
Malgré les compliments qu'ils adressent si souvent à Georges Carette pour la qualité de ses jouets, certains collectionneurs lui font le reproche d'avoir exagérément exploité ses grands classiques, comme la fameuse limousine vert foncé que Jacques Milet nous présente dans ces pages.
C'est la raison pour laquelle Peter Ottenheimer donne un léger avantage à la production Bing, qui témoigne de plus d'imagination. Il considère en effet que les astuces de fabrication, qui permirent à Georges Carette d'amortir rapidement son outillage et d'être compétitif par rapport à ses concurrents, sont préjudiciables au jugement que les collectionneurs portent aujourd'hui sur ses jouets.
L'une de ces astuces consistait à fabriquer, à partir du même châssis, une torpédo, une limousine et un coupé. Le constructeur équipait en outre ses modèles d'une ou de plusieurs lanternes, d'un pare-brise amovible ou non, de roues sans ailes ou avec ailes, d'un ou de plusieurs personnages... Si ces divers procédés ont nui à l'originalité des créations qu'on pouvait attendre de Carette, il est intéressant de noter que ces jouets préfiguraient la conception modulaire imaginée récemment par certains constructeurs et la politique technico-commerciale, suivie par tous les groupes automobiles, pour réaliser des économies d'échelle et diversifier leurs gammes de modèles au moindre coût.
Quant au montage d'accessoires supplémentaires, il est à l'image des options proposées par toutes les marques de voitures. Georges Carette a donc été, sur le plan du jouet (avec Günthermann, qui modifia également certains châssis), un pionnier des conceptions industrielles actuelles.

Enthusiastic collector Walter Störchli classes the cars designed and made by Georges Carette as second only to the Günthermann toys.
Peter Ottenheimer places Carette equal fourth with Bing in his list, after Günthermann, Hess and Lehmann.
Jacques Milet puts Carette fifth, after Rossignol, Günthermann, Lehmann and Märklin.
Despite the praise they often give Georges Carette for the quality of his toys, certain collectors criticize his over-exploitation of the real classics, such as the famous deep green limousine, Jacques Milet's example of which is photographed here.
This is why Peter Ottenheimer places Bing, who showed more imagination, slightly ahead of Carette. In effect, he says, the clever production tricks Georges Carette used to get a rapid return on his investment in machinery, and to keep his prices competitive, were prejudicial to the even higher esteem his toys might otherwise be held in today.
One of his tricks was to use the same chassis to produce a torpedo, a limousine and a coupe. He would also sell, as different toys, the same model either with one or with several lamps, either with or without a fixed windscreen, with or without mudguards, with one or with several figures, and so forth. Given that such procedures have had their detrimental effect on the originality you should expect of a Carette model, it is interesting to note that exactly this theme-and-variations policy is now followed by several present-day modelmakers and, of course, in the sphere of commercial technology, by all car manufacturers, whose common aim is to economize series production and diversify the range of models at the lowest possible cost.
As for the fitting of supplementary accessories, this is a practice followed by all today's car manufacturers. Toymaker Georges Carette (alongside Günthermann, who also doubled up on some chassis) was thus a true pioneer of contemporary industrial concepts.
Like Bing, Carette decorated his models by lithography, or sometimes with enamel-lacquer, but Carette was one of the few to use friction drive on small toys.
Peter Ottenheimer, sensitive to the colours of the toys he collects, thinks Carette's choices were better than Bing's in this area.
I myself am a real lover of the Carette cars, to me some of the most beautiful ever made. Their lines are clean, their colours are bold and, on the lithographed models, the strong trim lines in black, white or red provide a lot of contrast.

Comme Bing, Carette réalisa des modèles décorés de lithographies, ou émaillés, mais Carette fut un des rares à produire des petits modèles à friction.
Sensible aux couleurs des jouets qu'il collectionne, Peter Ottenheimer pense que Carette fit dans ce domaine de meilleurs choix que Bing.
J'aime quant à moi les automobiles Carette que je classe parmi les plus belles. Elles ont des lignes pures, des couleurs franches et de larges filets noirs, blanc ou rouges (pour les modèles en tôle imprimée), qui leur donnent beaucoup de contraste.
Parmi ces merveilles, les plus connues sont le tonneau N° 50, à quatre personnes, et la limousine de Jacques Milet. La première voiture rayonne de poésie et la seconde, remarquable par son dessin rigoureux, ressuscite un modèle typique de son temps.

Among all these superb toys, the best known are the No. 50 tonneau with driver and three passengers and the limousine as found in Jacques Milet's collection. The tonneau is an artistic gem and the limousine, remarkable for the realism of its design, faithfully embodies the typical car of its time.

Georges Carette (en costume clair) entouré des principaux collaborateurs de son entreprise, avec, à gauche, son associé Josefsthal. Photo E.P. Warren.

Georges Carette (in the light suit) and his chief employees, with, on the left, his partner, Josefsthal. (Photo: E.P. Warren)

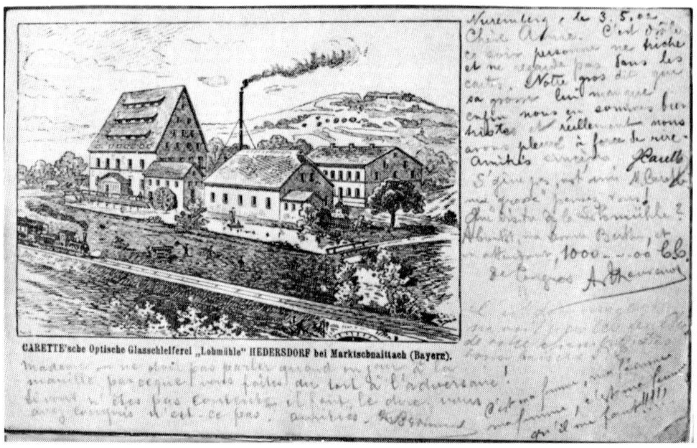

L'usine de verres optiques de Georges Carette à Hedersdorf où se fabriquaient ses lanternes magiques. Ce village se trouve dans la région de Nuremberg, tout près de Schnaittach. Les dix premières lignes du texte manuscrit sont écrites par Georges Carette, les six autres par son épouse, et la suite par une autre personne non identifiée. Doc. E.P. Warren.

The Georges Carette optical glass and magic lantern factory in Hedersdorf, near Marktschnaittach, in the Nuremberg area. The first ten lines of writing are in Carette's own hand, the next six in that of his wife; the rest is unidentified. (E.P. Warren collection)

Voiture à vapeur «Courier automobile» (sic) de Carette, en tôle peinte, longue de 28 cm. Coll. G. Scherpereel.

The Carette "Courier automobile" steam car, in painted tin plate, 11 inches long. (G. Scherpereel collection)

Fabrique Carette: emballage des pièces détachées de machines à vapeur. Photo E.P. Warren.

The Carette factory steam engine assembly shop. (Photo: E.P. Warren)

Vue d'un autre atelier: emboutissage de cylindres formant le corps des machines à vapeur Carette.

Another Carette workshop; pressing boilers for steam toys.

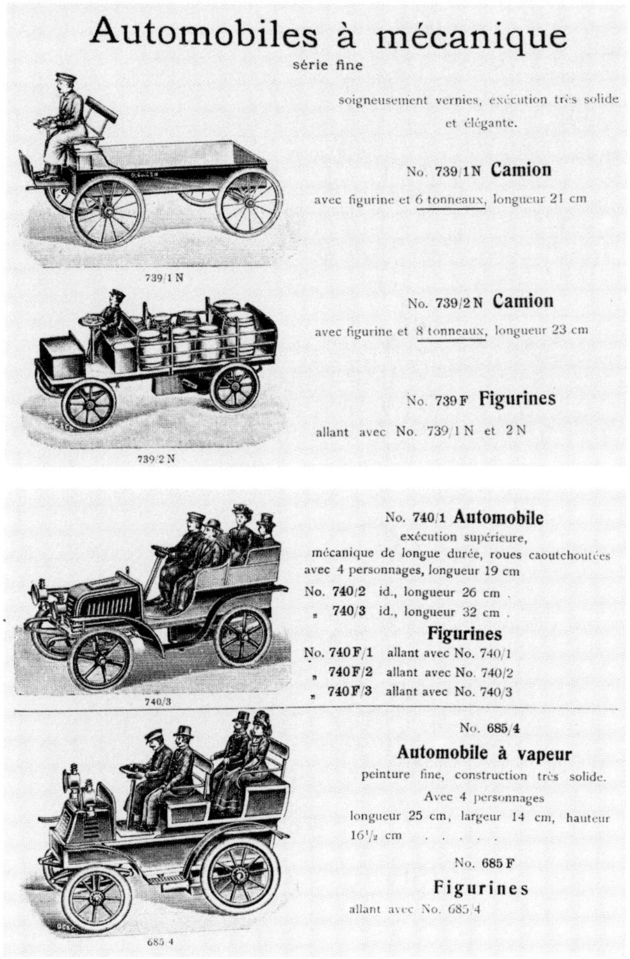

Automobiles à mécanique

série fine

soigneusement vernies, exécution très solide et élégante.

No. 739/1N Camion

avec figurine et 6 tonneaux, longueur 21 cm

739/1 N

No. 739/2N Camion

avec figurine et 8 tonneaux, longueur 23 cm

No. 739F Figurines

allant avec No. 739/1 N et 2 N

739/2 N

No. 740/1 Automobile

exécution supérieure, mécanique de longue durée, roues caoutchoutées avec 4 personnages, longueur 19 cm

No. 740/2 id., longueur 26 cm .

„ 740/3 id., longueur 32 cm .

Figurines

No. 740F/1 allant avec No. 740/1

„ 740F/2 allant avec No. 740/2

„ 740F/3 allant avec No. 740/3

740/3

No. 685/4

Automobile à vapeur

peinture fine, construction très solide.

Avec 4 personnages

longueur 25 cm, largeur 14 cm, hauteur 16½ cm . . . . .

No. 685F

Figurines

allant avec No. 685/4

685/4

« Automobiles à mécanique » figurant au catalogue Carette de 1905.

Extract from the 1905 Carette catalogue listing the mechanical vehicles series.

Jean Alsac a une certaine tendresse pour les jouets français, mais il n'en reste pas moins sensible à la beauté des jouets allemands. Il nous présente un tonneau Carette auquel il tient tout spécialement.

Jean Alsac's soft spot is for French toys, but that doesn't mean he doesn't appreciate the fine German ones. Here he is holding a Carette tonneau of which he is especially fond.

Tonneau mécanique Carette, en tôle imprimée, long de 25,5 cm. Ce modèle existe avec quatre personnages. Le tricycle à friction mesure 12,5 cm. Coll. P. Ottenheimer.

Carette clockwork tonneau, in lithographed tin plate, 10 inches long (also sold with four figures). The friction-drive tricycle is 4.9 inches long. (P. Ottenheimer collection)

Assemblage d'un train aux ateliers Carette. On distingue la locomotive et un wagon à lanterneaux, entre les deux ouvriers.

Carette workshops; train assembly. Between the two workers is a locomotive and a passenger coach/car with skylights.

Détail du pilote de la voiture de course numéro 3. Carette apportait un soin particulier à la réalisation des personnages comme en témoignent ici les lunettes en relief. Coll. U. Zumbühl.

Detail of the driver of the No. 3 racing car. Carette took great care in producing figures; note that the goggles were a separate pressing. (U. Zumbühl collection)

Voiturette mécanique Carette, en tôle imprimée de couleur crème, longue de 26,5 cm. Coll. P. Ottenheimer.

Carette clockwork runabout, in cream lithographed tin plate, 10.4 inches long. (P. Ottenheimer collection)

Tonneau mécanique Carette, en tôle imprimée, long de 20 cm. Ce modèle est plus simple, mais moins courant que le numéro 50 dont il possède les mêmes banquettes. Coll. W. Störchli.

Carette clockwork tonneau, in lithographed tin plate, 7.9 inches long. This model is simpler (but rarer) than No. 50, which has the same seats. (W. Störchli collection)

Auto à pédales française, Clément-Bayard (1902). Le modèle est en bois et «carton bouilli». Il est équipé de lanternes en cuivre, d'un siège en moleskine capitonné et mesure 125 cm.

Pedal car made by French firm Clément-Bayard in 1902, in wood and "hardboard". With copper lamps and imitation-leather upholstered seats, the car is 4 feet 1 inch long.

Voiture de course numéro 3 de Carette. Ce jouet rare est mécanique, en tôle imprimée, long de 30 cm. Coll. U. Zumbühl.

Carette racing car No. 3. This rare toy is clockwork, in lithographed tin plate, 11.8 inches long. (U. Zumbühl collection)

Torpédo et limousine mécaniques Carette, en tôle imprimée, longues de 32 cm. Coll. P. Ottenheimer. ▷

Carette clockwork limousine, in lithographed tin plate, 12.4 inches long. The wheels only turn towards the right.

Tonneau et berline numéro 50 de Carette. Ces deux jouets mécaniques, en tôle imprimée, longs de 21 cm, illustrent une astuce de fabrication consistant à obtenir plusieurs voitures avec un même châssis. ▷

Carette tonneau No. 50 in open and covered versions, with rubber wheels. These two clockwork toys, in lithographed tin plate, are a good example of the maker's ruse of producing a whole range of vehicles on the same chassis.

Limousine Carette, en tôle peinte, longue de 40 cm. Coll. A. Giansanti-Coluzzi.

Carette limousine, in painted tin plate, 15.7 inches long. (A. Giansanti-Coluzzi collection)

50
50

Tonneau mécanique Carette, en tôle imprimée, long de 31,5 cm. Il lui manque un personnage. Coll. J. Alsac.

Carette clockwork tonneau, in lithographed tin plate, 12.4 inches long. The front seat passenger is missing. (J. Alsac collection)

Limousines mécaniques Carette, de 41, 32 et 22,5 cm. Le grand modèle est doté de glaces biseautées et de trois strapontins; le personnage n'est pas d'origine. Coll. P. Ottenheimer.

Carette clockwork limousines, 16.1, 12.6, and 8.9 inches long. The big car has bevelled windows and three flap seats; the figure is not original. (P. Ottenheimer collection)

Chaîne de montage de machines à vapeur verticales aux ateliers Georges Carette.

Vertical steam engine assembly line at Carette.

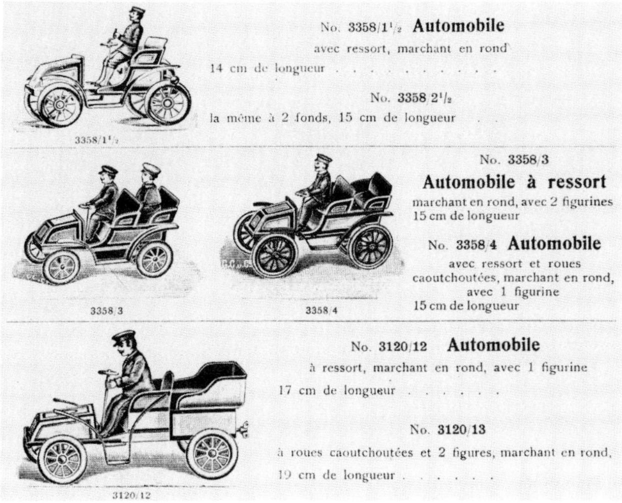

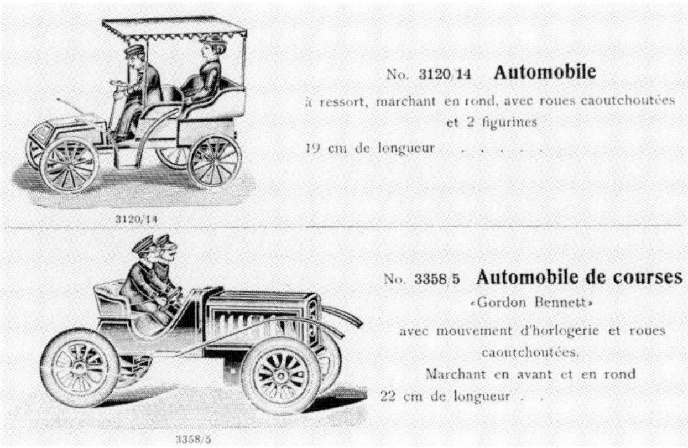

Extraits du catalogue Carette de 1905: tous ces modèles sont dotés d'un mécanisme à ressort.

Extracts from the 1905 Carette catalogue. All these cars had clockwork motors.

Voiturette et tonneau mécaniques Carette, en tôle imprimée. La voiturette mesure 22 cm, le tonneau (à droite) 24,5 cm; celui-ci est différent du numéro 50 par ses roues en fer et son phare unique.

Carette clockwork runabout and tonneau, in lithographed tin plate, 8.7 and 9.6 inches long, respectively. The tonneau differs from No. 50 in having iron wheels and only a single headlamp.

Georges Carette au volant de sa voiture (modèle de droite). Il fut l'un des premiers membres de l'Automobile Club de Nuremberg. Photo E.P. Warren.

Georges Carette at the wheel of a full-size car (his is the one on the right). He was one of the first members of the Nuremberg automobile club. (Photo: E.P. Warren)

Limousine et landaulet mécaniques Carette, en tôle imprimée, longs de 26 cm (modèle de gauche) et 25,5 cm. Coll. P. Ottenheimer.

Carette clockwork limousine and landaulet, in lithographed tin plate, 10.2 and 10 inches long. (P. Ottenheimer collection)

Dépôt de Georges Carette en Russie. Monsieur Maleschewski était le représentant principal pour ce pays. Photo E.P. Warren.

The Georges Carette depot in Russia. A certain Mr Maleschewski was chief Russian representative. (Photo: E.P. Warren)

Limousine mécanique Carette, en tôle imprimée, longue de 31,5 cm. Les roues ne braquent que vers la droite.

Carette clockwork limousine, in lithographed tin plate, 12.4 inches long. The wheels only tura towards the right.

Torpédo et berline mécaniques Carette, en tôle imprimée. La torpédo, longue de 31 cm, est de couleur grenat. La berline, longue de 35,5 cm, est grise et noire. Coll. P. Ottenheimer.

Carette clockwork tourer and saloon, in lithographed tin plate. The tourer, 12.2 inches long, is garnet-red; the saloon, 14 inches long, is grey and black. (P. Ottenheimer collection)

Limousine mécanique Carette, en tôle imprimée, mesurant 22,5 cm de long.

Carette 8.9-inch clockwork limousine, in lithographed tin plate.

Voiturette à friction Carette, en tôle imprimée rouge, longue de 15,5 cm.

Carette friction-drive runabout, in red lithographed tin plate, 6.1 inches long.

Torpédo mécanique Carette, en tôle imprimée vert foncé, longue de 33,5 cm. Le pare-brise et les strapontins basculent. Le capitonnage des sièges est simulé en relief. Le mouvement est à ressort à boudin. Coll. J. Alsac.

Carette clockwork tourer, in deep green lithographed tin plate, 13.2 inches long. Windscreen and flap seats fold down. The pattern on the seats is raised to simulate upholstery. Drive is from a coil spring. (J. Alsac collection)

Limousine mécanique Carette, en tôle imprimée de couleur grise, longue de 27 cm. Les quatre pneus manquent. Coll. J. Alsac.

Carette clockwork limousine, in grey lithographed tin plate, 10.6 inches long. All four tyres are missing. (J. Alsac collection)

Limousine mécanique Carette, en tôle imprimée, longue de 26 cm.

Carette 10.2-inch clockwork limousine, in lithographed tin plate.

Un contremaître des ateliers Carette en conversation avec un client. Ils assistent à l'assemblage de wagons. Photo E.P. Warren.

A foreman in conversation with a client in the Carette model train assembly shop. (Photo: E.P. Warren)

Ci-contre et les trois pages suivantes, extraits de deux catalogues ▷ Carette en langue anglaise — la couverture du premier date de 1911.

Right and following three pages, extracts from two English-language Carette catalogues. The cover of the first dates from 1911.

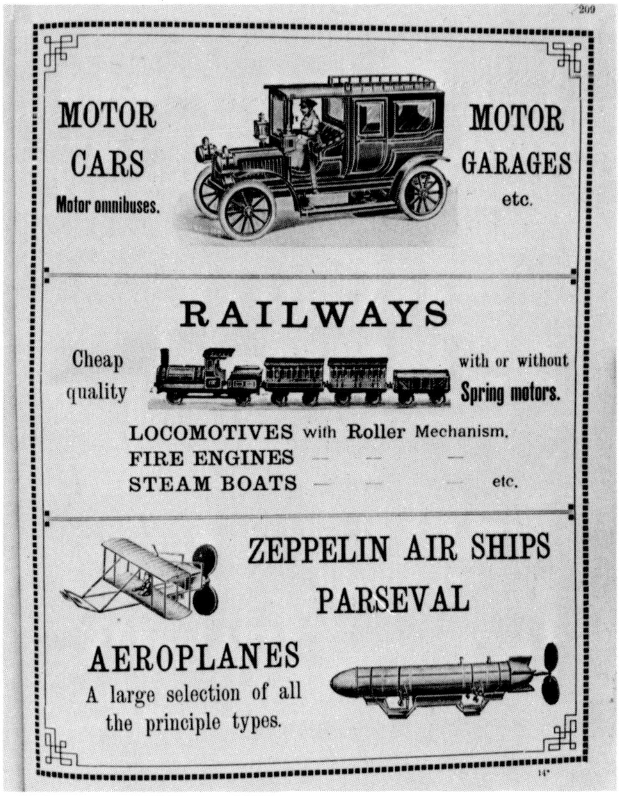

209

MOTOR CARS
Motor omnibuses.

MOTOR GARAGES
etc.

RAILWAYS

Cheap quality

with or without Spring motors.

LOCOMOTIVES with Roller Mechanism.
FIRE ENGINES — — —
STEAM BOATS — — — etc.

ZEPPELIN AIR SHIPS
PARSEVAL

AEROPLANES
A large selection of all the principle types.

14*

213

739/7 739/4 707/1

No. 739/7

Motor Wagons well japanned, with strong mechanism and brake, with chauffeur adjustable for running straight or circular, 10½" long . . . . . each 2/4

No. 739/4 **Goods delivery motors** well japanned, strong mechanism and brake, adjustable for running straight or circular with chauffeur, 10½" long, 5" high, each 2/6

No. 707/1 **Royal mail van** well japanned, strong mechanism, with chauffeur, 7½" long . . . . . dozen 15/6

No. 739/8 **Motor road-water-wagon** best japanning, with strong mechanism, sprinkling attachment with stop cock, brake, adjustable for straight or circular running with chauffeur, wheels with rubber tyres, 11" long, 5½" high each 5/4

739/8

Motor Garages

strong quality and well japanned.

No 645/1 with 2 windows, work bench with vice, 11" long, 7½" wide, 6¾" high, each 2/6

— 645/2 the same, but larger, with 4 windows, 14¼" long, 10" wide, 9" high, each 3/4

— 645/4 with large closing double doors, 4 windows, 14¼" long 9" wide, 8¼" high, each 4/-

645/1 645/4

Separate Figures for motor cars.

No. 741 F

1 Box of figures to suit motor bus 741/3 R and 3 A, containing 24 figures sewn on card, namely 11 ladies, 11 gentlemen, 1 conductor and 1 motor driver

box 4/6

741 F

Chauffeurs for motor cars.

(Papier maché figures) of fine quality

No. 741 F/1 3" high . . . . . doz. 2/4
— 741 F/2 4" high . . . . . — 3/4
— 741 F/3 High class design, with goggles, 4½" high (specially for cars No. 3358/42—44, page 211—212) . . . . . each -/10

Passengers (ladies and gentlemen) for motors

(Papier maché)

No. 740 F/4 Gentlemen, fine quality, 3½" high . . . . . doz. 2/4
— 740 F/5 Ladies — — 3½" high . . . . . — 3/4
— 740 F/6 Ladies, best quality with motor veils, 4½" high (specially for cars 3358/42—44 page 211—212) . . . . . each -/10

741 F/2 740 F/6

Motor head lights

No. 741 L.
with bull's eye front
(specially for motor bus 741)
each -/3

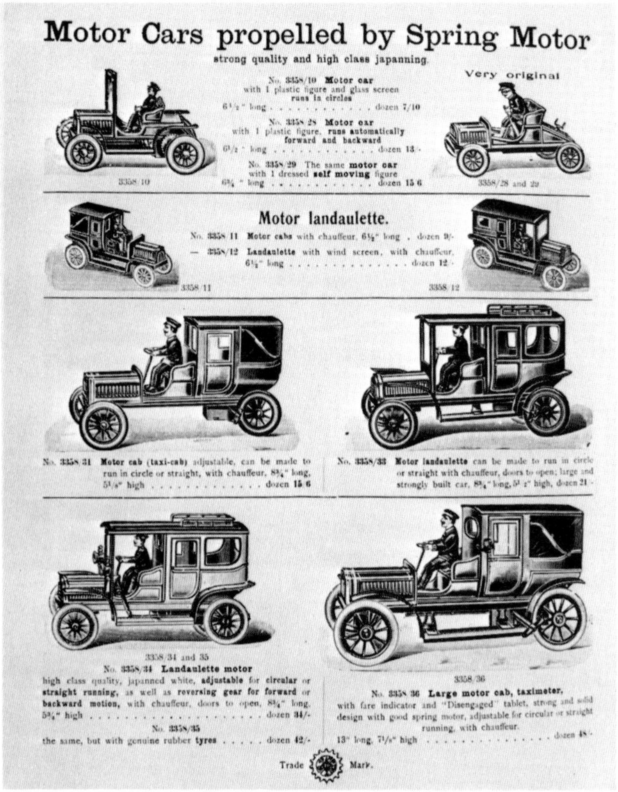

Motor Cars propelled by Spring Motor

strong quality and high class japanning.

Very original

No. 3358/10 **Motor car** with 1 plastic figure and glass screen **runs in circles** $6\frac{1}{2}$" long . . . . dozen 7/10

No. 3358/28 **Motor car** with 1 plastic figure, **runs automatically forward and backward** $6\frac{1}{2}$" long . . . . dozen 13/-

No. 3358/29 The same **motor car** with 1 dressed **self moving** figure $6\frac{3}{4}$" long . . . . dozen 15/6

3358/10

3358/28 and 29

Motor landaulette.

No. 3358/11 **Motor cabs** with chauffeur, $6\frac{1}{2}$" long . dozen 9/-

— 3358/12 **Landaulette** with wind screen, with chauffeur, $6\frac{1}{2}$" long . . . . dozen 12/-

3358/11

3358/12

No. 3358/31 **Motor cab (taxi-cab)** adjustable, can be made to run in circle or straight, with chauffeur, $8\frac{3}{4}$" long, $5\frac{1}{8}$" high . . . . dozen 15/6

No. 3358/33 **Motor landaulette** can be made to run in circle or straight with chauffeur, doors to open; large and strongly built car, $8\frac{3}{4}$" long, $5\frac{1}{2}$" high, dozen 21/-

3358/34 and 35

No. 3358/34 **Landaulette motor**

high class quality, japanned white, **adjustable** for **circular** or **straight running,** as well as **reversing gear for forward** or **backward motion,** with chauffeur, doors to open, $8\frac{3}{4}$" long, $5\frac{3}{4}$" high . . . . dozen 34/-

No. 3358/35

the same, but with genuine rubber **tyres** . . . . . dozen 42/-

3358/36

No. 3358/36 **Large motor cab, taximeter,**

with fare indicator and "Disengaged" tablet, strong and solid design with good spring motor, adjustable for circular or straight running, with chauffeur.

13" long, $7\frac{1}{8}$" high . . . . dozen 48/-

Trade Mark.

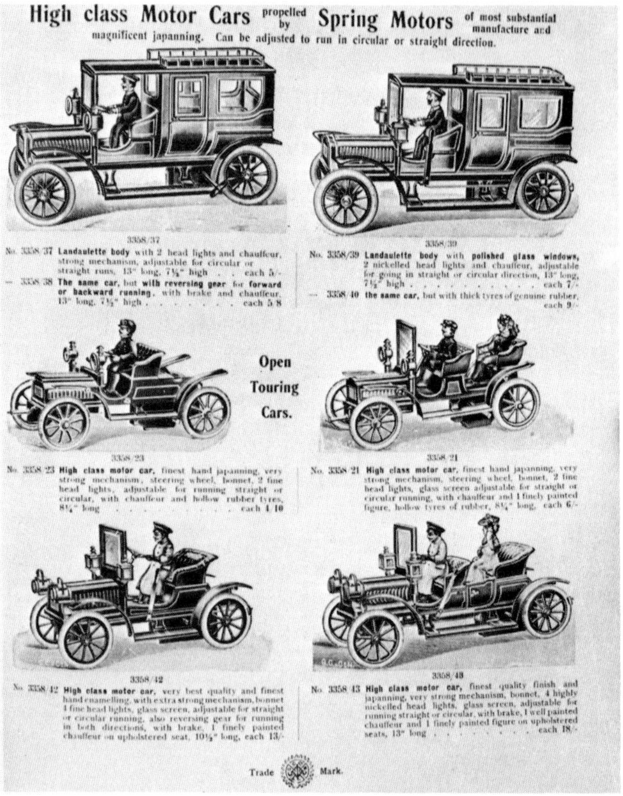

High class Motor Cars propelled by Spring Motors of most substantial manufacture and magnificent japanning. Can be adjusted to run in circular or straight direction.

3358/37

No. 3358/37 **Landaulette body** with 2 head lights and chauffeur, strong mechanism, adjustable for circular or straight runs, 13" long, $7\frac{1}{2}$" high . . each 5/-

— 3358/38 **The same car,** but **with reversing gear** for **forward or backward running,** with brake and chauffeur, 13" long, $7\frac{1}{2}$" high . . . . each 5/8

3358/39

No. 3358/39 **Landaulette body** with **polished glass windows,** 2 nickelled head lights and chauffeur, adjustable for going in straight or circular direction, 13" long, $7\frac{1}{2}$" high . . . . each 7/-

— 3358/40 **the same car,** but with thick tyres of genuine rubber, each 9/-

Open Touring Cars.

3358/23

No. 3358/23 **High class motor car,** finest hand japanning, very strong mechanism, steering wheel, bonnet, 2 fine head lights, adjustable for running straight or circular, with chauffeur and hollow rubber tyres, $8\frac{1}{4}$" long . . . . each 4/10

3358/21

No. 3358/21 **High class motor car,** finest hand japanning, very strong mechanism, steering wheel, bonnet, 2 fine head lights, glass screen adjustable for straight or circular running, with chauffeur and 1 finely painted figure, hollow tyres of rubber, $8\frac{1}{4}$" long, each 6/-

3358/42

No. 3358/42 **High class motor car,** very best quality and finest hand enamelling, with extra strong mechanism, bonnet 4 fine head lights, glass screen, adjustable for straight or circular running, also reversing gear for running in both directions, with brake, 1 finely painted chauffeur on upholstered seat, $10\frac{1}{2}$" long, each 13/-

3358/43

No. 3358/43 **High class motor car,** finest quality finish and japanning, very strong mechanism, bonnet, 4 highly nickelled head lights, glass screen, adjustable for running straight or circular, with brake, 1 well painted chauffeur and 1 finely painted figure on upholstered seats, 13" long . . . . each 18/-

Trade Mark.

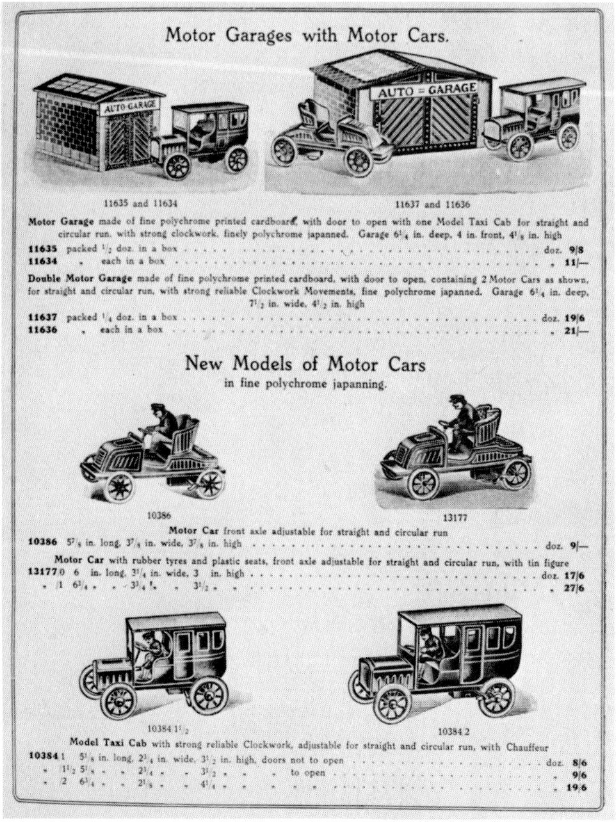

Motor Garages with Motor Cars.

11635 and 11634

11637 and 11636

Motor Garage made of fine polychrome printed cardboard, with door to open with one Model Taxi Cab for straight and circular run, with strong clockwork, finely polychrome japanned. Garage $6\frac{1}{4}$ in. deep, 4 in. front, $4\frac{1}{8}$ in. high

11635	packed $\frac{1}{2}$ doz. in a box	doz. **9/8**
11634	" each in a box	" **11/—**

Double Motor Garage made of fine polychrome printed cardboard, with door to open, containing 2 Motor Cars as shown, for straight and circular run, with strong reliable Clockwork Movements, fine polychrome japanned. Garage $6\frac{1}{4}$ in. deep, $7\frac{1}{2}$ in. wide, $4\frac{1}{2}$ in. high

11637	packed $\frac{1}{4}$ doz. in a box	doz. **19/6**
11636	" each in a box	" **21/—**

New Models of Motor Cars

in fine polychrome japanning.

10386

13177

Motor Car front axle adjustable for straight and circular run

10386	$5\frac{7}{8}$ in. long, $3\frac{7}{8}$ in. wide, $3\frac{7}{8}$ in. high	doz. **9/—**

Motor Car with rubber tyres and plastic seats, front axle adjustable for straight and circular run, with tin figure

13177/0	6 in. long, $3\frac{1}{4}$ in. wide, 3 in. high	doz. **17/6**
" /1	$6\frac{3}{4}$ " " $3\frac{1}{4}$ " " $3\frac{1}{2}$ " "	" **27/6**

10384/$1\frac{1}{2}$

10384/2

Model Taxi Cab with strong reliable Clockwork, adjustable for straight and circular run, with Chauffeur

10384/1	$5\frac{1}{8}$ in. long, $2\frac{1}{4}$ in. wide, $3\frac{1}{2}$ in. high, doors not to open	doz. **8/6**
" /$1\frac{1}{2}$	$5\frac{1}{8}$ " " $2\frac{1}{4}$ " " $3\frac{1}{2}$ " " " to open	" **9/6**
" /2	$6\frac{1}{4}$ " " $2\frac{1}{8}$ " " $4\frac{1}{4}$ " " " " "	" **19/6**

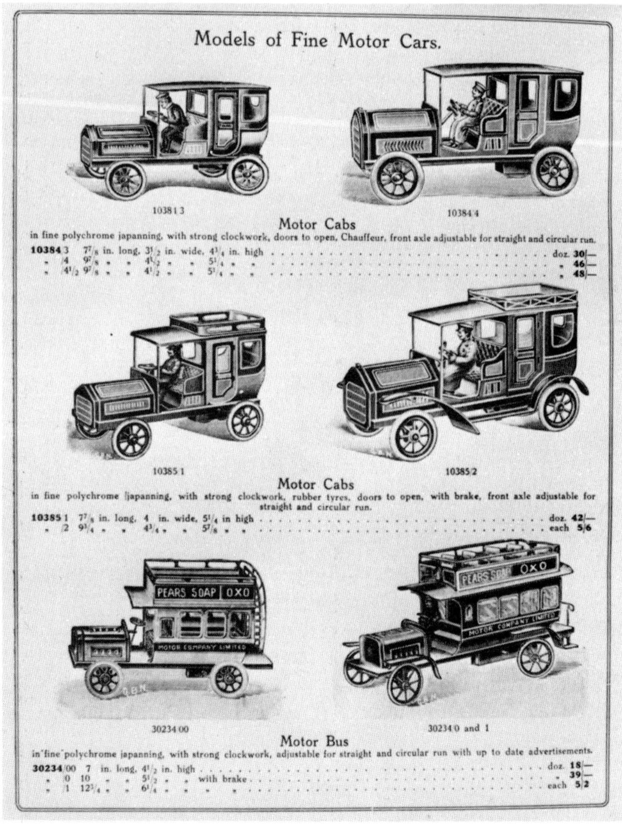

Models of Fine Motor Cars.

10384/3

10384/4

Motor Cabs

in fine polychrome japanning, with strong clockwork, doors to open, Chauffeur, front axle adjustable for straight and circular run.

10384/3	$7\frac{7}{8}$ in. long, $3\frac{1}{2}$ in. wide, $4\frac{1}{4}$ in. high	doz. **30/—**
" /4	$9\frac{7}{8}$ " " $4\frac{1}{2}$ " " $5\frac{1}{4}$ " "	" **46/—**
" /$4\frac{1}{2}$	$9\frac{7}{8}$ " " $4\frac{1}{2}$ " " $5\frac{1}{4}$ " "	" **48/—**

10385/1

10385/2

Motor Cabs

in fine polychrome japanning, with strong clockwork, rubber tyres, doors to open, with brake, front axle adjustable for straight and circular run.

10385/1	$7\frac{7}{8}$ in. long, 4 in. wide, $5\frac{1}{4}$ in high	doz. **42/—**
" /2	$9\frac{3}{4}$ " " $4\frac{3}{4}$ " " $5\frac{7}{8}$ " "	each **5/6**

30234/00

30234/0 and 1

Motor Bus

in fine polychrome japanning, with strong clockwork, adjustable for straight and circular run with up to date advertisements.

30234/00	7 in. long, $4\frac{1}{2}$ in. high	doz. **18/—**
" /0	10 " " $5\frac{1}{2}$ " " with brake	" **39/—**
" /1	$12\frac{3}{4}$ " " $6\frac{1}{4}$ " " " "	each **5/2**

Best quality Motor Cars with spring motor mechanism.

Strongest quality and best japanning,
adjustable for running in straight or circular direction.

3358/41

3358/44

Motor car of handsome and prettily got up style, doors to open, fine rubber tyres, well designed figures, nickelled head lights, with reversing gear for running in either direction, with brake, adjustable for straight or circular running, handsomely painted chauffeur

No. **3358/41 Motor landaulette** to seat 4 with 1 figure, $9\frac{1}{2}$" long, 6" high, each **7/4**

No. **3358/44 Motor landaulette** with 4 upholstered seats and 1 figure, 4 highly nickelled head lights, 13" long, $7\frac{1}{2}$" high each **20/-**

741/3 R

741/3 A

Motor Omnibus, strong quality and fine japanning

No. **741/3 R Motor Omnibus** with strong mechanism, adjustable for straight or circular runs, with brake and strong rubber tyres, 12" long, $6\frac{1}{2}$" high, each **4/10**

No. **741/3 A Motor Bus** with various lettering
Exact model of the London Motor Bus,
adjustable for running in circle or straight, with brake, also strong rubber tyres, 12" long, $6\frac{1}{2}$" high, each **4/10**

741/3RC

No. **741/3 RC Motor Bus with passengers,** same quality as 741/3R but with 24 handsomely painted figures, namely 11 ladies, 11 gentlemen, 1 conductor and 1 chauffeur, fitted with 2 head lights, packed in handsome covered cardboard box, each **10/-**

No. **741/3 AC Motor Bus with passengers,** same quality as 741/3A, but with 24 handsomely painted figures, as above described, also with 2 head lights, packed in handsome covered cardboard box, each **10/-**

Trade Mark.

MANUFACTURERS

of Mechanical, Optical, Electrical and Physical

Toys and Working Models

Models of Fine Motor Cars with Clockwork.

10375/1

10375/2 and 3

New series of 4 seated open Touring Cars of the Latest Type

finely painted and elegantly finished, with strong clockwork, rubber tyres and plastic seats, with brake, front axle adjustable for straight and circular run.

10375/1	$9\frac{1}{2}$ in. long, $3\frac{7}{8}$ in. wide	each	**8/6**
„ /2	$12\frac{3}{8}$ „ „ $5\frac{7}{8}$ „ „	„	**16/—**
„ /3	$15\frac{1}{2}$ „ „ $6\frac{1}{8}$ „ „	„	**28/6**

10376/1 and 2

10376/3 and 4

Model Motor Limousine of the Latest Type

finely painted and very elegantly finished, with extra strong clockwork, bevelled glass windows, rubber tyres, doors made to open and plastical seats, with brake, front axle adjustable for straight and circular run, with Chauffeur.

10376/1	$10\frac{1}{2}$ in. long, $4\frac{1}{2}$ in. wide	each	**12/6**
„ /2	$13\frac{1}{8}$ „ „ $5\frac{1}{2}$ „ „	„	**21/—**
„ /3	$16\frac{1}{4}$ „ „ $6\frac{1}{8}$ „ „	„	**34/—**
„ /4	$18\frac{5}{8}$ „ „ $7\frac{1}{8}$ „ „	„	**45/6**

Salvage Corps and Fire Escapes.

156/80

156/82

Salvage Corps very elegant and strong finish, finely japanned, with ladders and tool box, lantern and bell

156/80	with 4 **small ladders,** 2 pails and 4 figures, $9\frac{1}{2}$ in. long, (without shaft), 4 in. wide, $6\frac{1}{4}$ in. high	each	**9/6**
„ **/81**	with 2 **large ladders,** 2 hooks, 2 pails and 5 figures, 10 in. long, (without shaft), $4\frac{1}{4}$ in. wide, $7\frac{1}{8}$ in. high	„	**13/4**
„ **/82**	with 1 **mechanical Fire Escape, 3 ladders, 1 hand pump,** (very powerful), 2 hooks and 5 figures, $11\frac{3}{4}$ in. long (without shaft), 6 in. wide, $14\frac{1}{4}$ in. high	„	**23/—**

156/90

156/100

156/90 **Mechanical Fire Escape, adjustable** (for upright position of the ladder), $25\frac{1}{2}$ in. high, (measured at full height) . . . each **15/4**

Mechanical Fire Escapes on wheels, strong finish finely japanned

156/100	**Fire Escapes,** 23 in. high (measured at full height)	each	**6/—**
„ **101**	„ „ $30\frac{3}{4}$ „ „ „ „ „	„	**8/6**

New Motor Cars

finely japanned with strong regulated clockwork, brake at driver's seat, extra strong rubber tyres, plastic seats, chassis, very elegantly finished, chauffeur. Front axle adjustable for straight and circular run.

10191/1

10191/4

New Series of 2 seated Motor Cars

10191/1	7 in. long, $3\frac{1}{2}$ in. wide, $3\frac{3}{8}$ in. high	each **4/4**
" /2	$7\frac{7}{8}$ " " 4 " " 4 " "	" **4/10**
" /3	$10\frac{1}{4}$ " " $5\frac{1}{8}$ " " 5 " "	" **8/6**
" /4	11 " " $5\frac{1}{2}$ " " $5\frac{3}{8}$ " "	" **12/—**

10192/2

10332 with electric lights

New 4 seated Open Touring Cars with wind screens

10192/1	$7\frac{1}{2}$ in. long, $3\frac{1}{2}$ in. wide, $3\frac{1}{2}$ in. high	each **6/2**
" /2	$8\frac{1}{4}$ " " 4 " " $3\frac{3}{4}$ " "	" **7/10**

New Model Motor Brougham

with 2 electric head lights, the light of which is supplied by a dry battery; body finely japanned, with strong clockwork movement, rubber tyres, brake, front axle adjustable for straight and circular run

10332	$9\frac{7}{8}$ in. long, $4\frac{3}{4}$ in. wide, $5\frac{3}{4}$ in. high	each **10/2**
10219/2	dry battery fitting above Car	doz. **14/—**

Motor Cars finely finished with Clockwork.

14001/2

Superior open Touring Cars

finely hand japanned with extra strong regulated clockwork, brake to be worked from Chauffeurs seat, extra strong rubber tyres, plastical seats, bonnet, elegant and thoroughly good finish throughout, front axle adjustable for straight and circular run, with glass wind screen (sizes 2 and 3 with bevelled glass)

with Motor horn sounding, when the car is in motion

14001/1,	$10\frac{5}{8}$ in. long, $5\frac{1}{8}$ in. wide	each **15/—**
" /2,	$12\frac{1}{4}$ " " $5\frac{1}{2}$ " "	" **20/6**
" /3,	$14\frac{1}{2}$ " " $6\frac{3}{4}$ " "	" **31/6**

Motor Goods Vans (Lorries)

highly finished with extra strong clockwork.

10350/1 and 2

10351/1 and 2

best finish, with strong clockwork, with sacks and tarpaulin adjustable for straight and circular run

10350/1	$8\frac{1}{4}$ in. long, $3\frac{1}{2}$ in. wide	each **4/—**
" /2	with rubber tyres, 11 in. long, $4\frac{1}{4}$ in. wide	" **7/6**

for carrying sand with tilting arrangement, highly japanned, adjustable for straight and circular run, wheels with rubber tyres

10351/1	12 in. long, $3\frac{1}{2}$ in. wide	each **8/10**
" /2	15 " " $4\frac{3}{4}$ " "	" **15/6**

10352/1 and 2

10352/1	Motor Goods Van with Trailer, $18\frac{1}{4}$ in. long, $3\frac{1}{2}$ in. wide	each **13/6**
" /2	" " " " " 25 " " $4\frac{1}{4}$ " "	" **23/6**

Motor Delivery Vans

14412/2

with driver, best finish, with strong clockwork and various packages, adjustable for straight and circular run, doors to open.

14412/1	with tin wheels, $6\frac{3}{4}$ in. long, $3\frac{1}{4}$ in. wide	each **3/10**
" 2	with India rubber wheels, $8\frac{3}{4}$ in. long, $4\frac{1}{2}$ in. wide	each **7/4**
" /3	with 2 lanterns, steering gear and brake, wheels pneumatic tyres, 12 in. long, $5\frac{1}{2}$ in. wide	each **14/6**

Auto-Garage

14480/0

tin stamped and japanned (brickwork imitation) with corrugated tin roof, lattice windows, work-table and vice.

14480/0 with 1 doorway, $9\frac{1}{2}$ in. wide, 11 in. deep, 7 in. high each **6/4**

Chauffeurs finely japanned

13103

13103/6	$2\frac{1}{2}$ in. high	doz. **2/4**
" /7	$2\frac{3}{4}$ " "	" **3/4**
" /8	$3\frac{1}{4}$ " "	" **4/—**
" /10	4 " "	" **7/4**
" /11	$4\frac{1}{4}$ " "	" **9/6**
" /13	$5\frac{1}{8}$ " "	" **10/—**
" /15	6 " "	" **14/—**

10394

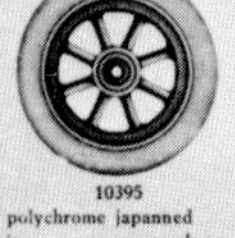

10395

10396

Tin wheels, stamped polychrome japanned

10394/1	outside diamet. $1\frac{3}{8}$ in.	doz. **—/8**
" /2	" " $1\frac{5}{8}$ "	" **1/—**
" /3	" " $1\frac{3}{4}$ "	" **1/4**

Tin wheels, stamped, japanned **with rubber tyres**

10395/1	outside diamet. $1\frac{3}{8}$ in.	doz. **1/8**
" /2	" " $1\frac{7}{16}$ "	" **2/—**
" /3	" " $1\frac{3}{4}$ "	" **3/6**
" /4	" " $1\frac{15}{16}$ "	" **5/—**
" /5	" " $2\frac{3}{16}$ "	" **5/6**
" /6	" " $2\frac{3}{8}$ "	" **7/—**
" /7	" " $2\frac{7}{16}$ "	" **9/—**
" /8	" " $2\frac{7}{16}$ "	" **9/—**
" /9	" " $2\frac{15}{16}$ "	" **13/6**
" /10	" " $3\frac{3}{4}$ "	" **19/6**

Rubber Tyres extra fitting these wheels

10396/1	inside diamet. $1\frac{1}{16}$ in.	doz. **—/8**
" /2	" " $1\frac{5}{16}$ "	" **1/—**
" /3	" " $1\frac{7}{16}$ "	" **2/—**
" /4	" " $1\frac{9}{16}$ "	" **3/—**
" /5	" " $1\frac{9}{16}$ "	" **3/6**
" /6	" " $1\frac{3}{4}$ "	" **4/—**
" /7	" " $1\frac{3}{4}$ "	" **5/—**
" /8	" " $1\frac{15}{16}$ "	" **6/—**
" /9	" " $1\frac{15}{16}$ "	" **10/—**
" /10	" " $2\frac{9}{16}$ "	" **12/—**

Motor Fire Engines, Escapes &c.

with extra strong Clockwork, finely japanned.

156/162/1

156/162/3

Motor Fire Engines, with strong Clockwork Movements, with air chamber, hose and figures, reservoir, wheels with rubber tyres, front axle adjustable, for straight and circular run, with exchange gear, either to drive the wheels or the pump, with brake and bell, sounding while running.

156/161/1	$10\frac{1}{4}$ in. long, $4\frac{1}{8}$ in. wide, $5\frac{1}{4}$ in. high	each **13/6**
" /**162**/1	$12\frac{3}{8}$ " " $4\frac{3}{4}$ " " $6\frac{1}{4}$ " "	" **22/—**

Motor Fire Escape, with strong Clockwork with 3 actions; one to put the ladder into an upright position, the other to swing the ladder round into any direction required and the third to extend the ladder, with bell sounding while running, brake, bell and figures, wheels with rubber tyres, front axle adjustable for straight and circular run.

156/161/3	30 in. long with ladder extended, 4 in. wide $5\frac{1}{4}$ in. high	each **9/2**
" **162**/3	36 " " " " " $4\frac{3}{4}$ " " $6\frac{1}{4}$ " "	" **15/6**

156/162/2

156/162/4

Motor Salvage Corps, with strong Clockwork with brake, 4 ladders, hose windlass, bell and figures, wheels with rubber tyres, front axle adjustable for straight and circular run; giving a bell signal while running.

156/161/2	$10\frac{1}{4}$ in. long, $3\frac{7}{8}$ in. wide, $4\frac{3}{4}$ in. high	each **8/—**
" /**162**/2	12 " " $4\frac{3}{4}$ " " $6\frac{1}{8}$ " "	" **14/—**

Motor Ambulance, with strong clockwork finely polychrome japanned, wheels with rubber tyres, with Chauffeur, doors to open, with brake, front axle adjustable for straight and circular run.

156/161/4	$7\frac{7}{8}$ in. long, 5 in. wide, $5\frac{1}{4}$ in. high	each **3/6**
" /**162**/4	$9\frac{7}{8}$ " " $4\frac{3}{4}$ " " 6 " "	" **5/—**

Jacques Milet aime les détails de ce «grand classique» Carette, comme sa couleur vert bouteille, ses glaces biseautées et ses lignes élégantes, qui en font un jouet de qualité. De la main droite, il nous présente une moto Günthermann de 1910.

Jacques Milet likes the detail work on this Carette classic, and its bottle-green colour, bevelled windows and elegant lines give it all the hallmarks of quality. In his right hand is a 1910 Günthermann motorcycle.

Carte postale du 25e anniversaire de la fabrique Georges Carette & Co. fêté en 1911. Elle est écrite et signée par Georges Carette lui-même. On le reconnaît, à droite sur le médaillon, en compagnie de son associé Josefsthal. Document E.P. Warren.

Georges Carette dans l'un de ses ateliers. On y assemble des machines à vapeur. Derrière lui, un stock de locomotives et de rails. Photo E.P. Warren.

Georges Carette overseeing assembly of his steam engines. Behind him is a stock of locomotives and rails. (Photo: E.P. Warren)

Postcard celebrating the 25th anniversary of the Georges Carette & Co. factory in 1911, written and signed by Carette himself. Carette and partner Josefsthal are depicted in the vignette (with Carette on the right). (E.P. Warren collection)

Catalogue des automobiles allemandes

Catalogue of German Car Toys

Le catalogue illustré qui suit a pour but de faciliter les comparaisons et l'identification des modèles des marques allemandes présentant de grandes similitudes entre elles.
Il permettra en outre de voir combien les jouets fabriqués en Allemagne étaient différents des jouets produits en France et de constater que la majorité des pièces présentées, à l'exception des premiers Bing et des Märklin, étaient en tôle imprimée.
Nous allons pouvoir apprécier les autos Hess pour leur aspect classique et pour leurs mécanismes à friction si parfaits. Les Günthermann vont nous apparaître parmi les plus riches d'entre toutes, mêlant la fantaisie des Lehmann au charme des Carette.
Nous allons, enfin, découvrir des marques moins connues: Ebo, Stock, Fischer, etc. dont certains modèles sont des petits chefs-d'œuvre. Je citerai le taxi Fischer, la torpédo *Chaff-Chaff* de Stock et les limousines Hans Eberl généralement reconnaissables à leur galerie très ouvragée se terminant en spirale.
Les marques présentes dans ce chapitre sont les suivantes: A.S., Bing, Doll, Fischer, Greppert-Kelch, Günthermann, Hans Eberl, Hess, Johann Distler, K.B.N., Lehmann, Märklin, Müller & Kadeler, Orobr, Richter, Stock et Tipp Co.

The following illustrated catalogue is designed to facilitate comparing and identifying the models of the various German makers, whose productions showed a great deal of similarity.
The catalogue also shows just how different German toys were from those made in France, and that in the majority of cases shown, with the exception of the first Bings and the Märklins, these toys were in lithographed tin plate.
The reader will be able to appreciate here the classic lines of the Hess toys and the perfection of their friction motors. The Günthermanns can be seen here as the richest of all, mixing the imagination of the Lehmanns with the charm of the Carettes.
Also to be found here are several less well known makes: Ebo, Stock, Fischer and others, some of whose models are masterpieces in miniature. As examples, take the Fischer taxi, the "Chaff-Chaff" tourer from Stock, and the Hans Eberl limousines, generally recognizable by their very ornate roof racks.
The makes presented in this chapter list as follows: AS, Bing, Doll, Fischer, Greppert-Kelch, Günthermann, Hans Eberl, Hess, Johann Distler, KBN, Lehmann, Märklin, Müller & Kadeler, Orobr, Richter, Stock and Tipp Co.

Double phaéton mécanique A.S., en tôle imprimée, long de 26 cm.

AS clockwork double phaeton, in lithographed tin plate, 10.2 inches long.

Estampilles Bing avant et après 1923.

Bing trademarks before and after 1923.

Double phaéton mécanique Bing, en tôle peinte rouge, long de 22,5 cm. Coll. W. Störchli.

Bing clockwork double phaeton, in red painted tin plate, 8.9 inches long. (W. Störchli collection)

Peter Ottenheimer préfère les automobiles Günthermann, Hess et Lehmann à celles des autres marques, à l'exception de ce double phaéton Bing de 1905 (long de 35 cm) qui est, selon lui, un chef-d'œuvre.

Peter Ottenheimer's favourite marques are Günthermann, Hess and Lehmann, but he makes an exception for this 1905 Bing double phaeton (13.8 inches long), which he thinks is a real masterpiece.

Runabout mécanique Bing, en tôle peinte bleu ciel et rouge, long de 21,5 cm.

Bing clockwork runabout, in tin plate painted light blue and red, 8.5 inches long.

Voiturettes mécaniques Bing, en tôle peinte : à gauche, de couleur rouge, longue de 17,5 cm; au centre, jaune, de 21,5 cm; à droite, blanche, de 24,5 cm — un modèle rare. Coll. P. Ottenheimer.

Bing clockwork runabouts, in painted tin plate: left, 6.9 inches long, red; centre, 8.5 inches long, yellow; right, 9.6 inches long, white (a rare model). (P. Ottenheimer collection)

Voiturette mécanique Bing, en tôle peinte en blanc, longue de 24 cm. Coll. J. Alsac.

Bing clockwork runabout, in white painted tin plate, 9.4 inches long. (J. Alsac collection)

Tonneau mécanique Bing, en tôle peinte de couleur crème, long de 24 cm. Le volant se soulève et se bloque sur les pignons crantés pour tourner les roues. Coll. D. Rémy.

Bing clockwork tonneau, in cream painted tin plate, 9.4 inches long. The steering wheel pulls up to disengage the gears and alter the lock. (D. Rémy collection)

Tonneau mécanique Bing, en tôle peinte rouge, long de 27 cm. Un modèle similaire, peint en blanc, est exposé au Musée de Nuremberg. Coll. W. Störchli.

Bing clockwork tonneau, in red painted tin plate, 10.6 inches long. A similar model, in white, is on view in the Spielzeug Museum in Nuremberg. (W. Störchli collection)

Berline et tonneau mécaniques Bing, en tôle peinte. La berline mesure 22 cm, le tonneau 21,5 cm.

Bing clockwork saloon and tonneau, in painted tin plate, 8.7 inches and 8.5 inches long, respectively.

Tonneau mécanique Bing, en tôle peinte rouge, long de 22 cm. On distingue sur le dessous du châssis le mouvement à ressort et la came permettant de braquer l'axe avant de différentes façons.

Bing clockwork tonneau, in red painted tin plate, 8.7 inches long. On the underside of the chassis can be seen the clockwork motor and the adjustable cam mechanism to control the steering.

Camion mécanique Bing, en tôle peinte, long de 42,5 cm.

Bing clockwork truck, in painted tin plate, 16.7 inches long.

Camion mécanique Bing, en tôle peinte, long de 28 cm.

Bing clockwork truck, in painted tin plate, 11 inches long.

Camion mécanique Bing, en tôle peinte, long de 38 cm. Les pneus noirs ne sont pas d'origine. Coll. W. Störchli.

Bing clockwork truck, in painted tin plate, 15 inches long. The black tyres are not original. (W. Störchli collection)

Détail d'un compteur de taxi Bing (41,5 cm) animé par la marche du jouet. Coll. P. Ottenheimer.

Detail of the taximeter on a 16.3-inch Bing taxi; it operated as the toy drove along. (P. Ottenheimer collection)

Grand modèle du taxi mécanique Bing (49 cm), en tôle peinte.

Big version of the Bing clockwork taxi, 19.3 inches long, in painted tin plate.

◁ Deux jouets inspirés d'une Renault: à gauche, celui de Bing; à droite, celui de Charles Rossignol — il est rare en bleu. Coll. P. Ottenheimer.

Two Renault-inspired models: on the left, from Bing; on the right, from French firm Charles Rossignol — a rare find in blue. (P. Ottenheimer collection)

Double phaéton mécanique Bing, en tôle peinte marron, long de 19,5 cm. Coll. P. Ottenheimer.

Bing clockwork double phaeton, in chestnut painted tin plate, 7.7 inches long. (P. Ottenheimer collection)

A gauche, une torpédo mécanique Bing, de couleur verte, longue de 25,5 cm. A droite, une voiturette mécanique Bub, de couleur blanche, longue de 22,5 cm. Coll. P. Ottenheimer.

On the left, a Bing clockwork tourer, in green, 10 inches long. On the right, a clockwork runabout from Bub, in white, 8.9 inches long. (P. Ottenheimer collection)

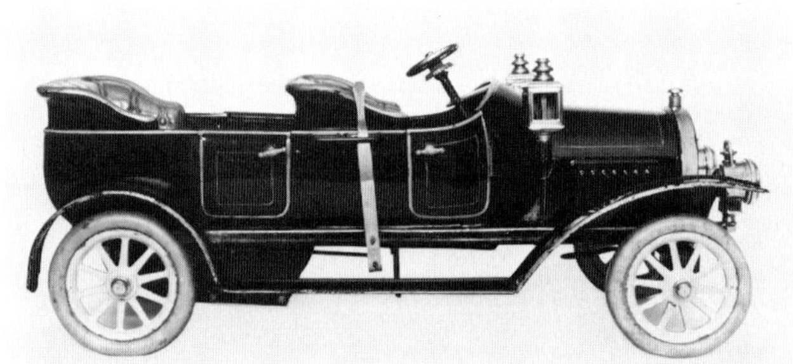

Torpédo mécanique Bing, en tôle peinte, noir, longue de 33 cm. Coll. A. Giansanti-Coluzzi.

Bing clockwork tourer, in black painted tin plate, 13 inches long. (A. Giansanti-Coluzzi collection)

Berlines mécaniques Bing; de gauche à droite, 21 cm (tôle imprimée) verte, 25 cm (tôle imprimée) rouge, 26,5 cm (tôle peinte) rouge. Coll. P. Ottenheimer.

Bing tin-plate clockwork toys. From the left: in green, lithographed, 8.3 inches long; in red, lithographed, 9.8 inches long; in red, painted, 10.4 inches long. (P. Ottenheimer collection)

Torpédo mécanique Bing, en tôle peinte bleu foncé, longue de 31,5 cm. Coll. P. Ottenheimer.

Bing clockwork tourer, in tin plate painted deep blue, 12.4 inches long. (P. Ottenheimer collection)

Voiturette mécanique Bing, en tôle peinte vert foncé, longue de 25,5 cm. Coll. P. Ottenheimer.

Bing clockwork runabout, in tin plate painted deep green, 10 inches long. (P. Ottenheimer collection)

Torpédo mécanique Bing, en tôle peinte. La carrosserie est bleu foncé avec des filets roses. Les banquettes sont peintes en rouge. Coll. P. Ottenheimer.

Bing clockwork tourer in painted tin plate. The bodywork is blue with red trim; the seats are red. (P.Ottenheimer collection)

Limousine mécanique Bing, en tôle imprimée de couleur grise, longue de 32,5 cm. Ce modèle militaire, orné d'un aigle sur chaque portière, porte l'inscription "Etappen Station" sur le capot. Coll. P. Ottenheimer.

Bing clockwork limousine, in grey lithographed tin plate, 12.8 inches long. This military model, which had an eagle on both passenger doors, bore the inscription "Etappen Station" on the bonnet. (P. Ottenheimer collection)

Torpédo mécanique Bing, en tôle peinte, longue de 40,5 cm. Personnage et lanternes ne sont pas d'origine. Coll. P. Ottenheimer.

Bing clockwork tourer, in painted tin plate, 15.9 inches long. The driver and lamps are not original. (P. Ottenheimer collection)

Limousine mécanique Bing, en tôle imprimée, noir et vert foncé, longue de 32 cm. Coll. W. Störchli.

Bing clockwork limousine, in lithographed tin plate, black and deep green, 12.6 inches long. (W. Störchli collection)

Limousine mécanique Bing, en tôle peinte, longue de 35,5 cm. Ce modèle de luxe possède un pare-brise réglable et des glaces biseautées. Coll. P. Ottenheimer.

Bing clockwork limousine, in painted tin plate, 14 inches long. This de luxe model had an adjustable windscreen and bevelled windows. (P. Ottenheimer collection)

Limousine mécanique Bing, en tôle imprimée de couleurs mauve, noir et rose, longue de 33 cm. Ce modèle est relativement courant en vert et noir. Coll. P. Ottenheimer.

Bing clockwork limousine, in lithographed tin plate, mauve, black and pink, 13 inches long. This model is fairly common in green and ◁ black. (P. Ottenheimer collection)

◁ Cabriolet à friction Carette (long de 15 cm, rouge) et camionnette mécanique Greppert-Kelch (G.K.), longue de 14 cm. Coll. P. Ottenheimer.

Carette friction-drive convertible, in red, 5.9 inches long, and Greppert-Kelch (GK) clockwork delivery van, 5.5 inches long. (P. Ottenheimer collection)

Limousines mécaniques Bub datant de 1920, en tôle imprimée, longues de 26,5 cm. Le modèle de droite porte curieusement des emblèmes de la Croix-Rouge. Coll. P. Ottenheimer.

Bub clockwork limousines, dating from 1920, in lithographed tin plate, both 10.4 inches long. For some unknown reason, the model on the right bears Red Cross emblems. (P. Ottenheimer collection)

Coupé et torpédo Ford mécaniques de Bing, en tôle imprimée de couleur noire, longs de 16 et 17 cm. Coll. A. Giansanti-Coluzzi.

Ford Model T coupé and tourer, from Bing, in black lithographed tin plate. Clockwork toys, 6.3 and 6.7 inches long, respectively. (A. Giansanti-Coluzzi collection)

Berline mécanique Bing, en tôle peinte rouge foncé, longue de 27 cm. Coll. P. Ottenheimer.

Bing clockwork saloon, in tin plate painted deep red, 10.6 inches long. (P. Ottenheimer collection)

Autobus mécanique Bing, en tôle imprimée, long de 29 cm. Coll. P. Ottenheimer.

Bing clockwork bus, in lithographed tin plate, 11.4 inches long. (P. Ottenheimer collection)

Taxi mécanique Bing, en tôle peinte, long de 41,5 cm. Coll. P. Ottenheimer.

Bing clockwork taxi, in painted tin plate, 16.3 inches long. (P. Ottenheimer collection)

Tracteur agricole à vapeur Doll, en tôle peinte en vert (les roues sont de couleur orange), long de 16 cm. Il lui manque son conducteur. Sous le châssis, on remarque la lampe à alcool, le cylindre et la courroie de transmission à la roue arrière gauche. Coll. A. Giansanti-Coluzzi.

Doll steam tractor, in green painted tin plate (the wheels are orange), 6.3 inches long. The driver is missing. Under the chassis can be seen the spirit lamp, piston, and drive belt connected to the rear left wheel. (A. Giansanti-Coluzzi collection)

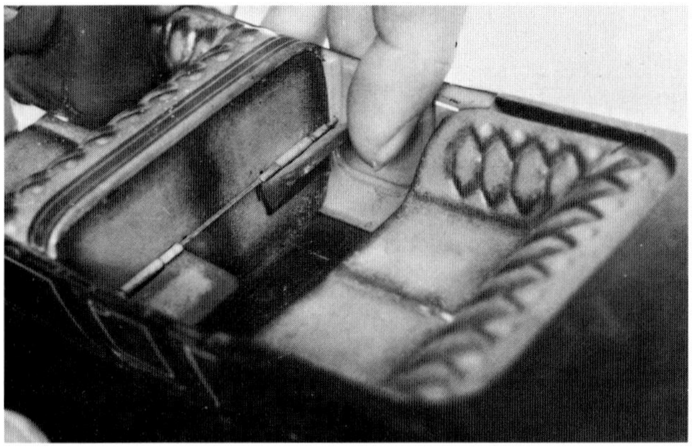

Au premier plan, torpédo mécanique Fischer, en tôle imprimée vert foncé, longue de 33 cm. Elle est dotée de phares électriques et de strapontins repliables. A l'arrière-plan, taxi mécanique du même fabricant, en tôle imprimée de couleur bleue, long de 26,5 cm. Coll. P. Ottenheimer.

In the foreground, a Fischer clockwork tourer, in lithographed tin plate, deep green, 13 inches long. It is fitted with electric lamps and has operating flap seats. Behind it is a clockwork taxi from the same manufacturer, in blue lithographed tin plate, 10.4 inches long. (P. Ottenheimer collection)

Limousine mécanique Fischer, longue de 20,5 cm. Sa clef de remontage était logée sous l'axe arrière. La torpédo mécanique (21,5 cm) est un modèle Carette. Coll. P. Ottenheimer.

Fischer clockwork limousine, 8.1 inches long; the key to wind the motor was under the rear axle. The clockwork tourer, 8.5 inches long, is a Carette model. (P. Ottenheimer collection)

Tonneau mécanique Fischer, en tôle imprimée jaune et blanc, long de 21 cm. Coll. P. Ottenheimer.

Fischer clockwork tonneau, in lithographed tin plate, yellow and white, 8.3 inches long. (P. Ottenheimer collection)

Taxi mécanique Fischer, en tôle imprimée jaune, long de 28 cm. Coll. D. Rémy.

Fischer clockwork taxi, in yellow lithographed tin plate, 11 inches long. (D. Rémy collection)

Voiturette mécanique Bing, en tôle peinte, longue de 22,5 cm. Coll. P. Ottenheimer.

Bing clockwork runabout, in painted tin plate, 8.9 inches long. (P. Ottenheimer collection)

Voiture mécanique de Günthermann (A.S.G.W.) dite de Guillaume II, en tôle imprimée, longue de 27 cm. L'entraînement se fait par chaîne. Les portières sont ornées d'armoiries impériales finement peintes. Coll. A. Giansanti-Coluzzi.

Günthermann (ASGW) clockwork so-called William II car, in lithographed tin plate, 10.6 inches long, with chain drive. The doors are decorated with finely painted coats of arms. (A. Giansanti-Coluzzi collection)

Double phaéton mécanique Märklin, en tôle peinte, long de 28,5 cm. Coll. A. Giansanti-Coluzzi.

Märklin clockwork double phaeton, in painted tin plate, 11.2 inches long. (A. Giansanti-Coluzzi collection)

Double phaéton mecanique Bing, en tôle peinte, long de 35 cm. Coll. A. Giansanti-Coluzzi.

Bing clockwork double phaeton, in painted tin plate, 13.8 inches long. (A. Giansanti-Coluzzi collection)

Tonneau mécanique Günthermann (A.S.G.W., ancien sigle du fabricant), en tôle imprimée, long de 20 cm. Il est équipé d'un sifflet à soufflet. Coll. P. Ottenheimer.

Günthermann clockwork tonneau, in lithographed tin plate, 7.9 inches long, with a bellows-driven whistle. This model bore the old Günthermann trademark (ASGW). (P. Ottenheimer collection)

Runabout mécanique Bing, en tôle peinte, long de 38 cm.

Bing clockwork runabout, in painted tin plate, 15 inches long.

Berline mécanique Günthermann, en tôle imprimée, longue de 24 cm. Coll. A. Giansanti-Coluzzi. ▷

Günthermann 9.4-inch clockwork saloon, in lithographed tin plate. (A. Giansanti-Coluzzi collection)

La course... deux autos mécaniques Günthermann encadrent l'«auto-accident» de marque A.O. ▷

The thrills and, more to the point, spills of racing... Two Günthermann clockwork racers flanking the "Auto-accident" from French firm AO.

Voiture de course mécanique de la Coupe Gordon Bennett faite par Günthermann (A.S.G.W.), en tôle imprimée, longue de 30 cm. A noter la transmission sur l'axe arrière par chaîne. Coll. A. Giansanti-Coluzzi.

Clockwork Gordon Bennett racing car from Günthermann (ASGW), in lithographed tin plate, 11.8 inches long. Note the chain drive to the rear axle. (A. Giansanti-Coluzzi collection)

12

Voiturette «Ruppiger Junge Fatzke» de Lehmann, en tôle imprimée, longue de 12,5 cm. Le petit garçon essaie de conduire le véhicule, mais reçoit de temps en temps une claque du chauffeur.

"Ruppiger Junge Fatzke" vis-a-vis from Lehmann, in lithographed tin plate, 4.9 inches long. The boy tries to take control of the vehicle, but gets an occasional slap from the driver to keep him in order.

Autre limousine mécanique Märklin, en tôle peinte. Ce modèle plus simple mesure 30 cm. Coll. A. Giansanti-Coluzzi.

Another Märklin limousine in painted tin plate. This less ornate model is 11.8 inches long. (A. Giansanti-Coluzzi collection)

Cyclecar mécanique «Ängstliche Braut Nanni» de Lehmann, en tôle imprimée, long de 21,5 cm. La «fiancée inquiète» se lève et se rassied tout en séchant ses pleurs avec son mouchoir, tandis que le chauffeur fait zizaguer son tricycle. Coll. P. Ottenheimer.

The "Ängstliche Braut Nanni" clockwork cycle-car from Lehmann, in lithographed tin plate, 8.5 inches long. The "anxious bride" stands up and sits back down again as she wipes away her tears with a handkerchief, while her chauffeur drives in zigzags. (P. Ottenheimer collection)

Limousine mécanique Märklin, en tôle peinte, longue de 49 cm. Ce modèle est sans doute l'un des plus beaux qu'ait produit le fabricant allemand. Coll. A. Giansanti-Coluzzi.

Märklin clockwork limousine, in painted tin plate, 19.3 inches long. This must be one of the most beautiful models the German manufacturer ever produced. (A. Giansanti-Coluzzi collection)

Tonneau à friction Hess, en tôle imprimée, long de 26,5 cm. Coll. P. Ottenheimer.

Hess friction-drive tonneau, in lithographed tin plate, 10.4 inches long. (P. Ottenheimer collection)

Taxi mécanique Bing, en tôle peinte, long de 37 cm. Coll. A. Giansanti-Coluzzi.

Bing clockwork taxi, in painted tin plate, 14.6 inches long. (A. Giansanti-Coluzzi collection)

Estampille Fischer.

Fischer trademark.

Voitures Fischer mécaniques, en tôle imprimée. Le grand modèle (27 cm) était conçu sans pare-brise. Coll. P. Ottenheimer.

Fischer clockwork cars in lithographed tin plate, 8.7 and 10.6 inches long. The bigger model never had a windscreen. (P. Ottenheimer collection)

Deux modèles Fischer à gauche (20,5 cm) et au centre (20 cm). La limousine de droite est une Richter (R. & Co.) de 19,5 cm. Coll. P. Ottenheimer.

Two Fischer models (left, 8.1 inches, and centre, 7.9 inches) and a Richter (R & Co) limousine, 7.7 inches long. (P. Ottenheimer collection)

A gauche, fiacre mécanique Günthermann, à roues en tôle, long de 11,5 cm. A droite, taxi mécanique Fischer, à capote en moleskine, long de 17,5 cm. Coll. P. Ottenheimer.

On the left, a Günthermann clockwork cab, with tin plate wheels, 4.5 inches long. On the right, a Fischer clockwork taxi with imitation leather hood, 6.9 inches long. (P. Ottenheimer collection)

Cyclecar mécanique Greppert-Kelch (G.K.), marqué «Ruck-Ruck», en tôle imprimée vert amande, long de 15,5 cm.

Greppert-Kelch (GK) clockwork cycle-car, emblazoned "Ruck-Ruck", in leaf-green lithographed tin plate, 6.1 inches long.

Voiturette mécanique Greppert-Kelch (G.K.), en tôle imprimée rouge, longue de 14,5 cm.

Greppert-Kelch (GK) clockwork racing car, in red lithographed tin plate, 5.7 inches long.

Estampille Günthermann.

Günthermann trademark.

Walter Störchli est un artiste et il sait s'entourer de beaux jouets: il nous présente ici un ravissant tonneau à quatre personnages fabriqué par Günthermann.

Walter Störchli is a man of taste and knows how to surround himself with beautiful toys. Here he is holding a particularly fine Günthermann tonneau with four passengers.

Vis-à-vis mécanique Günthermann, en tôle imprimée, long de 29 cm. Coll. J. Alsac.

Günthermann clockwork vis-a-vis, in lithographed tin plate, 11.4 inches long. (J. Alsac collection)

Vis-à-vis mécanique Günthermann, en tôle imprimée rouge, long de 17 cm. Coll. J. Alsac.

Günthermann clockwork vis-a-vis, in red lithographed tin plate, 6.7 inches long. (J. Alsac collection)

Trois vis-à-vis mécaniques. A gauche, de Günthermann, long de 17 cm (le personnage n'est pas d'origine); au centre, d'un fabricant non identifié, long de 15,5 cm; à droite, de Günthermann, long de 11,5 cm. Coll. P. Ottenheimer.

Three clockwork vis-a-vis models. From the left: a Günthermann, 6.7 inches long (the driver is not original); a 6.1-inch-long model from an unknown manufacturer; and another Günthermann, 4.5 inches long. (P. Ottenheimer collection)

Torpédo mécanique Günthermann, en tôle imprimée rouge, longue de 30 cm.

Günthermann clockwork tourer, in red lithographed tin plate, 11.8 inches long.

Runabout mécanique Günthermann, en tôle imprimée rouge, long de 15 cm.

Günthermann clockwork runabout, in lithographed tin plate, red, 5.9 inches long.

Victoria mécanique Günthermann, en tôle imprimée, longue de 20 cm. Coll. D. Rémy.

Günthermann clockwork Victoria, in lithographed tin plate, 7.9 inches long. (D. Rémy collection)

Runabout mécanique «Paris-Vienne» de Günthermann, en tôle imprimée, long de 14,5 cm. Le nom du modèle et la marque figurent sur le capot. Coll. P. Ottenheimer.

Günthermann "Paris-Vienne" clockwork runabout, in lithographed tin plate, 5.7 inches long. The model's name plate and maker's name appeared on the bonnet. (P. Ottenheimer collection)

Tonneau mécanique Günthermann, en tôle imprimée, long de 25 cm. Coll. D. Rémy.

Günthermann clockwork tonneau, in lithographed tin plate, 9.8 inches long. (D. Rémy collection)

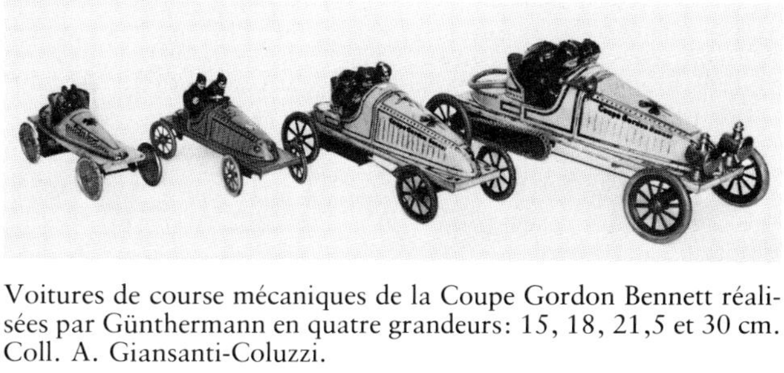

Voitures de course mécaniques de la Coupe Gordon Bennett réalisées par Günthermann en quatre grandeurs: 15, 18, 21,5 et 30 cm. Coll. A. Giansanti-Coluzzi.

Series of clockwork Gordon Bennett racecars from Günthermann; from the left, 5.9, 7.1, 8.5 and 11.8 inches long.

Voiture de course mécanique de la Coupe Gordon Bennett faite par Günthermann, en tôle imprimée, longue de 16 cm. Ce modèle bleu est rare. Coll. P. Ottenheimer.

Clockwork Gordon Bennett racing car from Günthermann, in lithographed tin plate, 6.3 inches long. This blue version is rare. (P. Ottenheimer collection)

Günthermann semblait ignorer l'orthographe correcte de «Bennett»...

You'd have thought Günthermann would have learned how to spell "Bennett" correctly before printing it so many times...

Runabout mécanique Günthermann, en tôle imprimée, long de 22 cm. Un numéro 5 figure sur le radiateur.

Günthermann clockwork runabout, in lithographed tin plate, 8.7 inches long. This was racecar No. 5, according to the lettering on the radiator.

Voiture à transformation de Günthermann, mécanique, en tôle imprimée de couleur brune, longue de 21,5 cm. Coll. A. Giansanti-Coluzzi.

Günthermann two-in-one clockwork car, in brown lithographed tin plate, 8.5 inches long. (A. Giansanti-Coluzzi collection)

Torpédo mécanique Günthermann, en tôle imprimée, longue de 23 cm. Deux officiers français sont conduits par une ordonnance. Coll. W. Störchli.

Günthermann clockwork tourer, in lithographed tin plate, 9.1 inches long, with two French officers and their chauffeur. (W. Störchli collection)

Torpédo mécanique Günthermann, en tôle imprimée rouge, longue de 31 cm. Le ressort à boudin se remonte par l'avant au moyen de la manivelle. Coll. P. Ottenheimer.

Günthermann clockwork tourer, in red lithographed tin plate, 12.2 inches long. The coil spring was wound by a starting-handle style crank at the front. (P. Ottenheimer collection)

Ce même fiacre automobile de Günthermann tel qu'il était illustré ▷ dans la revue *La Nature*.

The same Günthermann cab as illustrated in *La Nature* magazine.

Double phaéton et autobus mécaniques Günthermann, en tôle imprimée. L'automobile mesure 18 cm, l'autobus marqué «Automobil-Club» est long de 16 cm.

Günthermann clockwork double phaeton and "Automobil-Club" bus, in lithographed tin plate, 7.1 and 6.3 inches long, respectively.

Fiacre automobile mécanique de Günthermann, en tôle imprimée, long de 13 cm. Il reproduit un modèle de 1899.

Günthermann clockwork horseless cab, in lithographed tin plate, 5.1 inches long. This was a model of an 1899 vehicle.

Deux autobus à impériale mécaniques: à gauche, un modèle Günthermann de 27 cm à ressort à boudin; à droite, un modèle Bing de 30 cm.

Clockwork open-top buses. On the left, from Günthermann, with coil spring drive, 10.6 inches long; on the right, from Bing, 11.8 inches long.

Landaulet mécanique Günthermann, en tôle imprimée rouge, long de 19,5 cm. Coll. P. Ottenheimer.

Günthermann clockwork landau, in red lithographed tin plate, 7.7 inches long. (P. Ottenheimer collection)

Landaulet mécanique Günthermann, en tôle imprimée, long de 26 cm. Le levier de vitesse au plancher sert à la commande de démarrage. La capote est en moleskine. Coll. D. Rémy.

Günthermann clockwork laudaulet, in lithographed tin plate, 10.2 inches long. The model throttle-control lever serves as a stop/start switch. The hood is in imitation leather. (D. Rémy collection)

Taxi laundaulet mécanique de Günthermann, en tôle imprimée, long de 26 cm. Comme sur le modèle précédent, la commande de démarrage se fait par un levier au plancher. Coll. D. Rémy.

Günthermann clockwork landau taxi, in lithographed tin plate, 10.2 inches long. As on the previous model, start/stop was set with a lever. (D. Rémy collection)

Limousine mécanique Günthermann, en tôle imprimée rouge, longue de 23 cm.

Günthermann clockwork limousine, in lithographed tin plate, 9.1 inches long.

Limousine mécanique Günthermann (A.S.G.W.), en tôle imprimée, longue de 22,5 cm. Son mécanisme comprend un sifflet à soufflet dont on distingue la tringle de commande reliée à une manivelle de l'axe arrière. Coll. W. Störchli.

Günthermann (ASGW) clockwork limousine, in lithographed tin plate, 8.9 inches long. The mechanics included a bellows-blown whistle, worked via a rod driven by a crank on the rear axle. (W. Störchli collection)

Limousine mécanique Günthermann, en tôle imprimée, longue de 19 cm.

Günthermann clockwork limousine, in lithographed tin plate, 7.5 inches long.

Voitures mécaniques Günthermann, en tôle imprimée: à gauche, modèle de 22 cm blanc; au centre, modèle de 19 cm blanc; à droite, modèle de 19 cm rouge. La limousine du centre est équipée d'un mécanisme qui se remonte au moyen d'une clef logée dans le moyeu de la roue arrière droite. Coll. P. Ottenheimer.

Günthermann clockwork cars, in lithographed tin plate. From the left: in white, 8.7 inches; in white again, 7.5 inches; in red, 7.5 inches. The limousine in the centre has a curious mechanism whereby the key to wind the motor is fitted in the hub of the rear right wheel. (P. Ottenheimer collection)

◁ Limousine mécanique Günthermann, en tôle imprimée de couleur bleue, longue de 23 cm. Ce modèle est plus courant en rouge. Collection P. Ottenheimer.

Günthermann clockwork limousine, in blue lithographed tin plate, 9 inches long. This model is more often found in red.
(P. Ottenheimer collection)

Voitures mécaniques Günthermann, en tôle imprimée. A gauche, un modèle de 21 cm rouge et blanc (le personnage n'est pas d'origine). Au centre, un landaulet grenat de 21 cm. A droite, un autre landaulet de couleur rouge, long de 20 cm. Coll. P. Ottenheimer.

Three lithographed tin plate cars from Günthermann. From the left: in red and white, 8.3 inches long (the driver is not original); in garnet-red, 8.3 inches; in red, 7.9 inches. (P. Ottenheimer collection)

Cabriolet mécanique Günthermann, en tôle imprimée, long de 22 cm. La portière porte la marque du fabricant A.S.G.W. entourée de l'inscription «Made in Nürnberg-(Bavaria)».

Günthermann clockwork convertible, in lithographed tin plate, 8.7 inches long. The door bears the ASGW trademark encircled by the wording "Made in Nürnberg (Bavaria)".

Taxi mécanique Günthermann, en tôle imprimée, long de 18,5 cm. Le personnage est de marque C.R.

Günthermann clockwork taxi, in lithographed tin plate, 7.3 inches long. The figure is from CR.

Limousine mécanique Hausmann ou Hans Eberl, en tôle imprimée, longue de 20 cm. Coll. P. Ottenheimer.

Clockwork limousine from either Hausmann or Hans Eberl, in lithographed tin plate, 7.9 inches long. (P. Ottenheimer collection)

Limousine mécanique Hans Eberl (H.E.N.) — plus tard Ebo —, en tôle imprimée, noire et grise, longue de 35,5 cm. Coll. W. Störchli.

Clockwork limousine from Hans Eberl (HEN) — later called Ebo — in lithographed tin plate, black and grey, 14 inches long. (W. Störchli collection)

Limousine mécanique Hans Eberl (H.E.N.), en tôle imprimée rouge et jaune, longue de 35 cm.

Hans Eberl (HEN) clockwork limousine, in lithographed tin plate, red and yellow, 13.8 inches long.

Torpédo mécanique Hans Eberl (H.E.N.), en tôle imprimée rouge, longue de 36,5 cm. Coll. W. Störchli.

Hans Eberl (HEN) clockwork tourer, in red lithographed tin plate, 14.4 inches long. (W. Störchli collection)

Limousine mécanique Hans Eberl (H.E.N.), en tôle imprimée, longue de 26,5 cm. Coll. W. Störchli.

Hans Eberl (HEN) clockwork limousine, in lithographed tin plate, 10.4 inches long. (W. Störchli collection)

Limousine mécanique Hans Eberl (H.E.N.), en tôle imprimée, longue de 22 cm. La galerie est caractéristique de la marque. Coll. P. Ottenheimer.

Hans Eberl (HEN) clockwork limousine, in lithographed tin plate, 8.7 inches long, with characteristic Hans Eberl roof rack. (P. Ottenheimer collection)

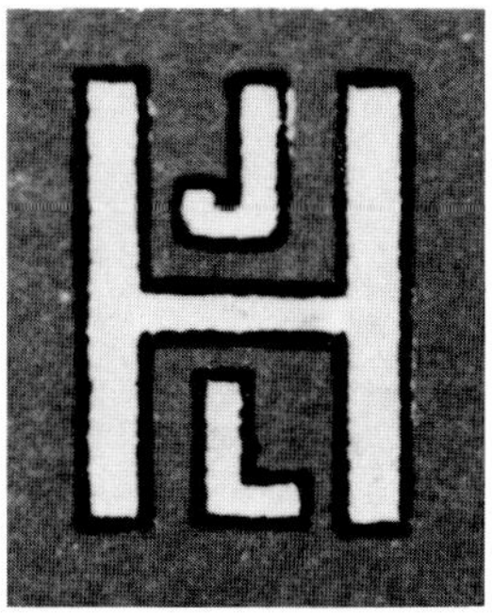

Estampilles du fabricant Hess de Nuremberg: celle de gauche a été utilisée pour l'ancienne fabrication et celle de droite pour la nouvelle fabrication — J.L. sont les initiales du fils Hess, John Leonard.

The early and later (HJL) Hess trademarks.

Char à bancs à friction de Hess, en tôle imprimée rouge et noir, long de 21,5 cm. Coll. P. Ottenheimer.

Friction-drive four-seater from Hess, in lithographed tin plate, red and black, 8.5 inches long. (P. Ottenheimer collection)

Double phaéton à friction de Hess (H.J.L.), en tôle imprimée, long de 25 cm.

Hess (HJL) friction-drive double phaeton, in lithographed tin plate, 9.8 inches long.

Trois «Hessmobil», comme l'indique l'inscription sur chacun des radiateurs: modèles à friction en tôle imprimée, de 19, 20,5 et 22,5 cm. Coll. P. Ottenheimer.

Three "Hessmobils", as it says on the radiators; friction models, in lithographed tin plate, 7.5, 8.1 and 8.9 inches long. (P. Ottenheimer collection)

Double phaéton à friction de Hess (H.J.L.), en tôle imprimée rouge, long de 25 cm. Le volant d'inertie est lancé à la manivelle, il entraîne la roue avant droite. Coll. P. Ottenheimer.

Hess (HJL) friction-drive double phaeton, in red lithographed tin plate, 9.8 inches long. The flywheel was set spinning with a crank handle, and drove the front right wheel. (P. Ottenheimer collection)

Double phaéton mécanique Hess, en tôle imprimée de couleur blanche, long de 20 cm.

Hess clockwork double phaeton, in white lithographed tin plate, 7.9 inches long.

Deux modèles Hess à friction en tôle imprimée: à gauche, un runabout de 25 cm; à droite, un double phaéton de 26 cm. Coll. P. Ottenheimer.

Two friction-drive, lithographed tin plate toys from Hess; a runabout (left), 9.8 inches long, and a double phaeton, 10.2 inches long. (P. Ottenheimer collection)

Détail du mécanisme à friction d'un tonneau Hess de 26,5 cm; le volant d'inertie, monté dans le sens longitudinal, est lancé à la manivelle; il fait tourner la roue avant gauche par l'entremise d'une roulette qui appuie sur le «pneu». Coll. P. Ottenheimer.

Detail of the friction motor in a 10.4-inch-long Hess tonneau. The flywheel, mounted parallel with the wheels, was set in motion with the crank handle, and drove the front left wheel via a friction wheel rubbing against the imitation tyre. (P. Ottenheimer collection)

Runabout «Flirt» de Hess, en tôle imprimée, petit modèle, long de 13 cm. Le mécanisme à friction fonctionne ici par frottement des roues au sol. Coll. P. Ottenheimer.

Hess "Flirt" runabout, in lithographed tin plate. This is the small version, 5.1 inches long; the flywheel was set in motion by pushing the car along the floor. (P. Ottenheimer collection)

Runabout à friction Hess, en tôle imprimée, long de 22 cm.

Hess 8.7-inch friction-drive runabout, in lithographed tin plate.

Voiturette à friction Hess, en tôle imprimée, longue de 18 cm.

Hess 7.1-inch friction-drive runabout, in lithographed tin plate.

Limousine à friction Hess, en tôle imprimée, vert foncé et noir, longue de 26 cm. Coll. P. Ottenheimer.

Hess friction-drive limousine, in lithographed tin plate, deep green and black, 10.2 inches long. (P. Ottenheimer collection)

Limousine et torpédo à friction Hess, en tôle imprimée. La limousine est de couleur violette, longue de 25,5 cm. La torpédo «Hessmobil 47», rouge, mesure 26,5 cm. Coll. P. Ottenheimer.

Hess friction-drive limousine and torpedo, in lithographed tin plate. The limousine is violet, 10 inches long; the "Hessmobil 47" torpedo is red, 10.4 inches long. (P. Ottenheimer collection)

Limousine à friction Hess (estampille H.J.L.), en tôle imprimée, longue de 30 cm.

Hess (HJL) friction-drive limousine, in lithographed tin plate, 11.8 inches long.

Détail d'un radiateur Hess traversé par la manivelle de lancement du mécanisme à friction.

Detail of a Hess radiator showing the crank handle used to power up the flywheel of the friction motor.

Limousine «Hessmobil 121» et torpédo «Hessmobil 122» à friction, en tôle imprimée, longues de 21,5 et 23,5 cm respectivement. Coll. P. Ottenheimer.

Friction-drive "Hessmobil 121" limousine and "Hessmobil 122" tourer, in lithographed tin plate, 8.5 and 9.3 inches long, respectively. (P. Ottenheimer collection)

Torpédo à friction Hess, en tôle imprimée, longue de 23,5 cm.

Hess 9.3 inch friction-drive tourer, in lithographed tin plate.

Limousine à friction Hess (estampille H.J.L.), en tôle imprimée, longue de 21 cm.

Hess (HJL) friction-drive limousine, in lithographed tin plate, 8.3 inches long.

Camion à friction Hess (H.J.L.), en tôle imprimée rouge, long de 28 cm. Le personnage n'est pas d'origine.

Hess (HJL) friction-drive truck, in red lithographed tin plate, 11 inches long. The driver is not original.

Singe en automobile, de Johann Distler (J.D.N.), fabricant de Nuremberg. Le jouet, en tôle imprimée, long de 15 cm, est mécanique : le bras de l'animal est animé pendant la marche et les circuits sont réglables.

Monkey in a car, from Nuremberg manufacturer Johann Distler (JDN). This is a clockwork toy, in lithographed tin plate, 5.9 inches long; the monkey waves as the car drives along, and the steering may be preset.

Torpédo mécanique K.B.N., en tôle imprimée bleu de Prusse, longue de 25 cm. ▷

KBN clockwork tourer, lithographed tin plate, Prussian blue, 9.8 inches long.

Voiturette mécanique K.B.N., en tôle imprimée rouge, longue de 17 cm. Coll. P. Ottenheimer.

KBN clockwork runabout, in red lithographed tin plate, 6.7 inches long. (P. Ottenheimer collection)

Extrait d'un catalogue d'un grand magasin parisien : les deux jouets illustrés sont probablement de marque K.B.N.

Extract from a Paris department store catalogue. The toys illustrated are probably from German firm KBN.

Estampille Lehmann.
Lehmann trademark.

Véhicules comiques Lehmann, en tôle imprimée: à gauche, le modèle «Zick-Zack» (12,5 cm) et, à droite, le modèle «Tut-Tut» (17 cm). Coll. P. Ottenheimer.

Novelty vehicles from Lehmann, in lithographed tin plate: the "Zick-Zack" (left, 4.9 inches) and the «Tut-Tut» (6.7 inches). (P. Ottenheimer collection)

Tricycles mécaniques Lehmann, en tôle imprimée. A gauche, «Mars» long de 12 cm; au centre, «Am Pol» (au pôle) long de 12,5 cm; à droite, «Chimney and Sweep» (cheminée et ramoneur) long de 13 cm. Coll. P. Ottenheimer.

Lehmann clockwork three-wheelers, in lithographed tin plate. From the left: "Mars", 4.7 inches long; "Am Pol", 4.9 inches long; "Chimney and Sweep", 5.1 inches long. (P. Ottenheimer collection)

Le tricycle «Am Pol» au catalogue de la *Maison des inventions nouvelles et pratiques* (1910) sous le nom de «le voyage au pôle».

The "Am Pol" three-wheeler was advertised in the 1910 *Maison des inventions nouvelles et pratiques* catalogue as "journey to the pole".

Voiturettes mécaniques Lehmann, en tôle imprimée; à gauche, un modèle de 10,5 cm; à droite, un modèle de 11,5 cm. Coll. P. Ottenheimer.

Lehmann clockwork vehicles in lithographed tin plate, 4.1 (left) and 4.5 inches long. (P. Ottenheimer collection)

Triporteur et voiturettes mécaniques Lehmann, en tôle imprimée: à gauche, «Mensa», 14 cm; au centre, «Oho», 10,5 cm; à droite, «Also», 10,5 cm. Coll. P. Ottenheimer.

Lithographed tin plate three- and four-wheeler carriers from Lehmann: "Mensa", 5.5 inches, "Oho", 4.1 inches, and "Also", 4.1 inches. (P. Ottenheimer collection)

Fiacre automobile mécanique «Motor Kutsche» de Lehmann, en tôle imprimée, long de 12,5 cm. Coll. P. Ottenheimer.

Lehmann "Motor Kutsche" clockwork cab, in lithographed tin plate, 4.9 inches long. (P. Ottenheimer collection)

Tricycle et cab mécaniques Lehmann, en tôle imprimée. A gauche, «Auto-Onkel», dans lequel l'oncle lève et baisse son chapeau alors que le valet fait tourner le parasol, mesure 12,5 cm. A droite, «Lila» mesure 13,5 cm: le chien tourne la tête, les deux femmes essaient de le déloger à coups de parapluie tandis que le cab poursuit sa course irrégulière.

Lithographed tin plate three-wheeler and hansom cab from Lehmann. On the "Auto-Onkel" (left, 4.9 inches), the "uncle" tips his hat as his servant spins the parasol. The passengers in the "Lila" (5.3 inches) try to shoo off the dog (whose head turns) with their umbrellas while the driver steers in every direction except straight.

Fourgonnettes mécaniques Lehmann, en tôle imprimée, longues de 14,5 cm. A gauche et au centre, modèle postal; à droite, ambulance «Karitas». Coll. P. Ottenheimer. ▷

Lehmann clockwork vans, in lithographed tin plate, all three 5.7 inches long: two mail vans and a "Karitas" ambulance. (P. Ottenheimer collection)

Fourgonnette de livraison mécanique «AHA» de Lehmann, en tôle imprimée jaune et rouge, longue de 14 cm. Coll. P. Ottenheimer.

Lehmann "AHA" clockwork delivery van, in lithographed tin plate, yellow and red, 5.5 inches long. (P. Ottenheimer collection)

Quatre fourgonnettes mécaniques Lehmann, en tôle imprimée. De gauche à droite: ambulance «Salus» à quatre civières, fourgonnette de livraison «La-La», fourgonnette postale «Royal Mail» et fourgonnette «Ihi» à store. Chacun des modèles mesure 17 cm de long et 10,5 cm de haut. Coll. P. Ottenheimer.

Four Lehmann clockwork vans, in lithographed tin plate. From the left: "Salus" ambulance with four stretchers; "La-La" delivery van; "Royal Mail" van; "Ihi" van with roll-up-blind sides. All four are 6.7 inches long by 4.1 inches high. (P. Ottenheimer collection)

Autobus à impériale mécaniques: à gauche, modèle Lehmann en tôle imprimée, de couleur brune (rare), long de 20,5 cm. A droite, modèle Richter & Co. en tôle imprimée, long de 20,5 cm. Coll. P. Ottenheimer.

Clockwork open-top buses in lithographed tin plate. On the left, from Lehmann, in brown (a rare find), 8.1 inches long; on the right, from Richter & Co., also 8.1 inches long. (P. Ottenheimer collection)

Voitures mécaniques Lehmann, en tôle imprimée, longues chacune de 24,5 cm, produites à partir de 1913. De gauche à droite, «Baldur», «Terra», autre «Terra» et «Velleda». Coll. P. Ottenheimer.

Lehmann clockwork cars in lithographed tin plate, all 9.6 inches long, dating from 1913 on: "Baldur", "Terra", another "Terra" and "Velleda". (P. Ottenheimer collection)

Camionnette mécanique «Lu-Lu» Lehmann, en tôle imprimée, longue de 18,5 cm. Elle est dotée d'une double porte à l'arrière. Coll. P. Ottenheimer.

Lehmann "Lu-Lu" clockwork delivery van, in lithographed tin plate, 7.3 inches long. It has a double door at the rear. (P. Ottenheimer collection)

Taxi mécanique Lehmann, en tôle imprimée jaune, long de 18 cm. Comme les modèles de voitures précédents, il porte deux dates de brevets: 2 décembre 1913 et 25 janvier 1927 pour les USA. Coll. P. Ottenheimer.

Lehmann clockwork taxi, in yellow lithographed tin plate, 7.1 inches long. Like the models in the photo above, it bears two patent dates: 2 December 1913, and 25 January 1927 for the USA. (P. Ottenheimer collection)

Camionnette mécanique «Jandorf» Lehmann, en tôle imprimée, jaune et vert foncé, longue de 18,5 cm. Elle est dotée, elle aussi, d'une double porte à l'arrière. Coll. P. Ottenheimer.

Lehmann "Jandorf" clockwork delivery van, in lithographed tin plate, yellow and deep green, 7.3 inches long. This model also has a double door at the rear. (P. Ottenheimer collection)

Voiture amphibie mécanique «Aut UHU», en tôle imprimée, longue de 24 cm. Coll. P. Ottenheimer.

Lehmann "Aut UHU" clockwork amphibious vehicle, in lithographed tin plate, 9.4 inches long. (P. Ottenheimer collection)

Double phaéton mécanique Märklin, en tôle peinte, long de 26 cm. Coll. P. Ottenheimer.

Märklin clockwork double phaeton, in painted tin plate, 10.2 inches long. (P. Ottenheimer collection)

Tonneau mécanique Märklin, en tôle peinte marron, long de 20 cm. Il porte sur le dossier du siège avant la plaque de l'importateur anglais Gamage.

Märklin clockwork tonneau, in chestnut painted tin plate, 7.9 inches long, with Gamage (the British importer) label on the back of the rear seat.

Double phaéton mécanique Märklin, en tôle peinte grenat, long de 47 cm. Les sièges de la rangée intermédiaire sont pivotants. Coll. G. Scherpereel.

Märklin clockwork double phaeton, in garnet-red painted tin plate, 18.5 inches long. The central passenger seats could be swung out of the way to access the rear seats. (G. Scherpereel collection)

Double phaéton mécanique dit «du Kaiser». Ce modèle Märklin, en tôle peinte, mesure 30,5 cm.

The so-called Kaiser double phaeton; a clockwork model from Märklin in painted tin plate, 12 inches long.

Runabout mécanique Märklin, en tôle peinte vert pistache, long de 30,5 cm.

Märklin 12-inch clockwork runabout, in green painted tin plate.

Torpédo mécanique Märklin, en tôle peinte de couleur jaune, longue de 28 cm. Ce modèle a été produit entre 1925 et 1930. Coll. A. Giansanti-Coluzzi.

Märklin clockwork tourer, in yellow painted tin plate, 11 inches long, produced between 1925 and 1930. (A. Giansanti-Coluzzi collection)

Camion à friction Müller & Kadeler (M.K.), en tôle imprimée, long de 24 cm. Le volant d'inertie est lancé à la manivelle, il entraîne une poulie reliée à l'axe arrière, lui-même porteur d'une poulie, par une simple ficelle.

Müller & Kadeler (MK) friction-drive truck, in lithographed tin plate, 9.4 inches long. Winding the crank handle set the flywheel spinning; drive was then via two pulleys connected by a simple piece of string.

Le Père Noël en automobile. Ce jouet mécanique de Tipp Co. date de 1930 environ. Il est réalisé en tôle imprimée et mesure 31 cm. Coll. P. Ottenheimer.

Santa Claus putting his reindeer out of a job; a Tipp Co. toy, made in around 1930, in lithographed tin plate, 12.2 inches long. (P. Ottenheimer collection)

Estampille du fabricant Richter & Co. à Brandebourg.
Trademark of Brandenburg manufacturer Richter & Co.

Omnibus mécanique «made in Brandenburg», en tôle imprimée, long de 26 cm. Il porte en outre les inscriptions suivantes: «Good Morning! Have you used Pear's Soap?» et «Motor Omnibus Co», ce qui le destinait sans aucun doute possible au marché anglais. Coll. P. Ottenheimer.

Clockwork bus stamped simply "made in Brandenburg", in lithographed tin plate, 10.2 inches long. With its "Good Morning! Have you used Pear's Soap?" and "Motor Omnibus Co." inscriptions it must have been destined for the British market. (P. Ottenheimer collection)

Deux camionnettes mécaniques Tipp Co. datant de 1925, en tôle imprimée. Celle de gauche, à phares électriques, longue de 24 cm, est un modèls publicitaire destiné au marché hollandais; elle porte l'inscription «De Bijenkorf Amsterdam Den Haag-Rotterdam». Celle de droite, reproduisant un fourgon postal «Royal Mail», était vendue sur le marché anglais. Elle mesure 24 cm. Coll. P. Ottenheimer.

Two Tipp Co. clockwork delivery vans in lithographed tin plate, dating from 1925. The one on the left, 9.4 inches long, with electric headlamps, is a promotional model for a Dutch firm and bears the inscription: "De Bijenkorf Amsterdam Den Haag-Rotterdam". The Royal Mail van, also 9.4 inches long, was sold in Britain. (P. Ottenheimer collection)

Camionnettes mécaniques Orobr, en tôle imprimée, longues de 20,5 cm. Celle de droite est marquée: «Lebensmittel-Grosseinkauf» et «300 Ka-Ha-Vau-Geschäfte». Coll. P. Ottenheimer.

Orobr clockwork delivery vans, in lithographed tin plate, both 8.1 inches long. The inscriptions read "Lebensmittel-Grosseinkauf" and "300 Ka-Ha-Vau-Geschäfte". (P. Ottenheimer collection)

Estampille Orobr (Oro Werke Neil).

Orobr (Oro Werke Neil) trademark.

Torpédo mécanique «Chaff-Chaff» fabriquée par Stock. Elle est en tôle imprimée de couleurs blanche, noire et dorée. Elle mesure 20,5 cm. Le mécanisme reproduit le bruit d'un moteur. Le radiateur porte le nom du modèle, le capot «D.R.G.M. Made in Germany» et la marque du fabricant figure à plus d'une place sur le jouet.

"Chaff-Chaff" clockwork tourer from Stock, in lithographed tin plate, white and black with gold trim, 8.1 inches long, with mechanism to reproduce the noise of the real vehicle. The name of the model appeared on the radiator; "D.R.G.M. Made in Germany" was printed on the bonnet, and the maker's trademark featured in several places on the model.

Tableau des marques figurant dans cet ouvrage

	Marque	*Lieu et date de fondation*
ALLEMAGNE		
A.S.	—	—
Buchner	—	—
Karl Bub	K.B.N.	Nuremberg, 1880
Georges Carette	G.C. & Co.	Nuremberg, 1886
Johann Distler	J.D.N.	Nuremberg, 1900
Hans Eberl	H.E.N. et Ebo	Nuremberg, début du siècle
Haussmann	—	—
H. Fischer & Co.	—	Début du siècle
Greppert-Kelch	G. & K.	Brandebourg
Siegfried Günthermann et Adolf Weigel	S.G. A.W.	Nuremberg, fin du XIXe siècle
Mathias Hess	H.J.L.	Nuremberg, 1826
Kellermann	C.K.O.	Nuremberg, 1920
Kienberger	KiCo	Nuremberg
Wilhelm Kraus	J.K. Co.	Nuremberg, 1910
Ernst Paul Lehmann	—	Brandebourg, 1881
Maisch. Sportwagen	—	—
Theodor Friedrich Wilhelm Märklin	G.M. et G.M. & Co.	Göppingen, 1859
Müller & Kadeler	M.K.	Nuremberg, 1900
Oro Werke Neil Blechsmidt et Müller	OROBR	Brandebourg, début du siècle
Richter & Co.	R. & Co. B.	Brandebourg
Jean Schoenner	J.S.	Nuremberg, 1875
J. Sondheim et P. Doll	D.C.	Nuremberg, 1898
Sonneberg	—	—
Walter Stock	Marke Stock	Solingen, début du siècle
Tipp Co.	T.C.O.	Nuremberg, 1912
ANGLETERRE		
Brimtoy	—	1914
Burnett Ltd.	—	Birmingham, début du siècle
Minerva	—	Début du siècle
ESPAGNE		
Raimundo Paya	Paya	Ibi, début du siècle

	Marque	*Lieu et date de fondation*
FRANCE		
A.O. (Auto catastrophe)	—	—
Armes et cycles de Saint-Etienne	—	—
Bazinet (catalogue)	—	Champagnolle (Jura), début du siècle
Blondinat (catalogue)	—	Paris, 12 rue du Grenier St. Lazare
Victor Bonnet (successeur de F. Martin)	—	Paris, 88 Bd. Ménilmontant
L. Brianne (catalogue)	—	Paris, 10 rue Alibert et 2 Bd. St. Martin, début du siècle
Bugatti	—	Molsheim, 1926
Cuberly-Blondel-Gerbeau	C.B.G.	Fin du XIXe siècle
Dessein	D.S.	Paris, 13 rue Chapon, Second Empire
E.S.	—	Second Empire
Eureka	—	Paris, 14 rue Martel (10e)
Fontaine-Rigot & Cie	—	Paris, 77 rue du Fg. St. Jacques, vers 1920
Henry (catalogue)	—	Début du siècle
JEP	—	Usines à Montreuil s/Bois, 94 rue de Paris,1899
Jouet Français	—	Paris, début du siècle
J.P. Jouet de Paris	—	1930
Lefèvre	F.V.	Paris, 15 rue Aumaire, Second Empire
G. Lenoble (catalogue), ancienne maison V. Desportes	—	Paris, 197 Bd. Voltaire, 10-12 Impasse Delepine
Leroy (catalogue)	—	Paris, 35 Passage Jouffroy, début du siècle
Fernand Martin	—	Paris, 90 Bd. Ménilmontant, Second Empire
Martinan-Larnaude	—	Paris, 38-40 rue des Panoyaux, vers 1920
Peugeot (catalogue)	—	Valentigney (Doubs), fin du XIXe siècle
Eugène Pinard	—	Paris, 24 rue Charlot, 1900
Roitel-Rossignol	—	Paris, vers 1925
Charles Rossignol	C.R.	Paris, 139 rue du Chemin Vert, 9 Cité Plichon, Second Empire
Roullot (catalogue)	—	—
Frédéric Sevette (catalogue), ancienne maison H. Petitjean et Sevette	—	Paris, 12 Cité Nys, 38 rue de l'Orillon début du siècle
S.R.	—	—
Structa-auto	—	vers 1930
T. et M. France	—	—
G. Vichy	—	Paris, 36 Bd. de Montmorency, Second Empire
Watillaux	—	Paris, début du siècle
ITALIE		
Metalgraf	—	—
RUSSIE		
Jouets sculptés de Bogorodsk	—	—
TCHÉCOSLOVAQUIE		
Jouets en bois	—	—

List of manufacturers featured in this book

Country/manufacturer	*Trademark*	*Date and place of foundation*
CZECHOSLOVAKIA		
Wooden toys	—	—
FRANCE		
A.O. (Auto catastrophe)	—	—
Armes et cycles de Saint-Etienne	—	—
Bazinet (catalogue)	—	Champagnolle (Jura), turn of century
Blondinat (catalogue)	—	Paris, 12 rue du Grenier St. Lazare
Victor Bonnet (F. Martin's successor)	—	Paris, 88 Bd.Ménilmontant
L. Brianne (catalogue)	—	Paris, 10 rue Alibert and 2 Bd St. Martin, turn of century
Bugatti	—	Molsheim, 1926
Cuberly-Blondel-Gerbeau	C.B.G.	end of 19th century
Dessein	D.S.	Paris, 13 rue Chapon, 1852-70
E.S.	—	1852-70
Eureka	—	Paris, 14 rue Martel
Fontaine-Rigot & Cie	—	Paris, 77 rue du Fg. St. Jacques, c.1920
Henry (catalogue)	—	Turn of century
Jouet Français	—	Paris, turn of century
Jouet de Paris	J de P/JEP	Factory at Montreuil s/Bois, 94 rue de Paris, 1899
Lefèvre	F.V.	Paris, 15 rue Aumaire, 1852-70
G. Lenoble (catalogue), formerly V. Desportes	—	Paris, 197 Bd. Voltaire, 10-12 Impasse Delepine
Leroy (catalogue)	—	Paris, 35 Passage Jouffroy, Turn of century
Fernand Martin	—	Paris, 90 Bd. Ménilmontant, 1852-70
Martinan-Larnaude	—	Paris, 38-40 rue des Panoyaux, c. 1920
Peugeot (catalogue)	—	Valentigney (Doubs), end of 19th century
Eugène Pinard	—	Paris, 24 rue Charlot, 1900
Roitel-Rossignol	—	Paris, c. 1925
Charles Rossignol	C.R.	Paris, 139 rue du Chemin Vert, 9 Cité Plichon, 1852-70
Roullot (catalogue)	—	—
Frédéric Sevette (catalogue), formerly H. Petitjean & Sevette	—	Paris, 12 Cité Nys, 38 rue de l'Orillon Turn of century
S.R.	—	—
Structa-auto	—	c. 1930
T. & M. France	—	—
G. Vichy	—	Paris, 36 Bd. de Montmorency, 1852-70
Watillaux	—	Paris, turn of century

GERMANY

A.S.	—	—
Buchner	—	—
Karl Bub	K.B.N.	Nuremberg, 1880
Georges Carette	G.C. & Co.	Nuremberg, 1886
Johan Distler	J.D.N.	Nuremberg, 1900
Hans Eberl	H.E.N. and Ebo	Nuremberg, turn of century
Haussmann	—	—
H. Fischer & Co.	—	Turn of century
Greppert-Kelch	G. & K.	Brandenburg
Siegfried Günthermann & Adolf Weigel	S.G.A.W.	Nuremberg, end of 19th century
Mathias Hess	H.J.L.	Nuremberg, 1826
Kellermann	C.K.O.	Nuremberg, 1920
Kienberger	KiCo	Nuremberg
Wilhelm Kraus	J.K. Co.	Nuremberg, 1910
Ernst Paul Lehmann	—	Brandenburg, 1881
Maisch. Sportwagen	—	—
Theodor Friedrich Wilhelm Märklin	G.M. and G.M. & Co.	Göppingen, 1859
Müller & Kadeler	M.K.	Nuremberg, 1900
Oro Werke Neil Blechsmidt & Müller	OROBR	Brandenburg, turn of century
Richter & Co.	R. & Co. B.	Brandenburg
Jean Schoenner	J.S.	Nuremberg, 1875
J. Sondheim and P. Doll	D.C.	Nuremberg, 1898
Sonneberg	—	—
Walter Stock	Marke Stock	Solingen, turn of century
Tipp Co.	T.C.O.	Nuremberg, 1912

GREAT BRITAIN

Brimtoy	—	1914
Burnett Ltd.	—	Birmingham, turn of century
Minerva	—	Turn of century

ITALY

Metalgraf	—	—

RUSSIA

Carved toys made in Bogorodsk	—	—

SPAIN

Raimundo Paya	Paya	—

Photolitho: Actual, Bienne.
Impression: Imprimeries Populaires, Lausanne.
Reliure: Maurice Busenhart S.A., Lausanne.

Photolithography: Actual, Biel.
Printed by Imprimeries Populaires, Lausanne.
Bound by Maurice Busenhart S.A., Lausanne.

Imprimé en Suisse

Printed in Switzerland